职教师资本科电子与计算机工程专业核心课程系列教材

PLC 基础教程

童旺宇　涂　军　蔡　浩　主　编

科学出版社
北　京

内容简介

本书以国内广泛使用的PLC为例，通过“演示项目＋实例”的模式讲解了PLC技术及应用，介绍了PLC的工作原理、硬件结构、指令系统、编程软件和仿真软件的使用方法；介绍了数字量控制系统梯形图的一整套先进完整的设计方法，这些方法易学易用，可以节约大量的设计时间。对PLC的通信功能作了全面的介绍，还介绍了模拟量模块的使用方法、子程序和中断程序的设计方法，高速计数器和高速输出的应用，PLC在PID闭环控制和变频器控制中的应用，触摸屏的组态与应用，提高PLC控制系统可靠性的措施，详细介绍了常用的编程向导的使用方法。

本书可作为高职师资本科教材，也可作为高职高专院校电气自动化、机电一体化技术、计算机控制技术等自动化类专业教材，也可作为职业培训学校PLC课程的教材，同时还可供从事自动化技术工作的工程技术人员使用。

图书在版编目(CIP)数据

PLC基础教程/童旺宇，涂军，蔡浩主编.—北京：科学出版社，2017.6

职教师资本科电子与计算机工程专业核心课程系列教材

ISBN 978-7-03-050716-7

Ⅰ.①P… Ⅱ.①童… ②涂… ③蔡… Ⅲ.①PLC技术-高等学校-教材 Ⅳ.①TB4

中国版本图书馆CIP数据核字(2016)第277542号

责任编辑：闫 陶 杜 权/责任校对：董 丽

责任印制：彭 超/封面设计：苏 波

科学出版社 出版

北京东黄城根北街16号

邮政编码：100717

http://www.sciencep.com

武汉市首壹印务有限公司印刷

科学出版社发行 各地新华书店经销

*

开本：787×1092 1/16

2017年9月第 一 版 印张：12 3/4

2017年9月第一次印刷 字数：330 000

定价：32.00元

（如有印装质量问题，我社负责调换）

出版说明

《国家中长期教育改革和发展规划纲要(2010—2020年)》颁布实施以来,我国职业教育进入加快构建现代职业教育体系、全面提高技能型人才培养质量的新阶段。加快发展现代职业教育,实现职业教育改革发展新跨越,对职业学校“双师型6”教师队伍建设提出了更高的要求。为此,教育部明确提出,要以推动教师专业化为引领,以加强“双师型”教师队伍建设为重点,以创新制度和机制为动力,以完善培养培训体系为保障,以实施素质提高计划为抓手,统筹规划,突出重点,改革创新,狠抓落实,切实提升职业院校教师队伍整体素质和建设水平,加快建成一支师德高尚、素质优良、技艺精湛、结构合理、专兼结合的高素质专业化的“双师型”教师队伍,为建设具有中国特色、世界水平的现代职业教育体系提供强有力的师资保障。

目前,我国共有60余所高校正在开展职教师资培养,但由于教师培养标准的缺失和培养课程资源的匮乏,制约了“双师型”教师培养质量的提高。为完善教师培养标准和课程体系,教育部、财政部在“职业院校教师素质提高计划”框架内专门设置了职教师资培养资源开发项目,中央财政划拨1.5亿元,系统开发用于本科专业职教师资培养标准、培养方案、核心课程和特色教材等系列资源。其中,包括88个专业项目,12个资格考试制度开发等公共项目。该项目由42家开设职业技术师范专业的高等学校牵头,组织近千家科研院所、职业学校、行业企业共同研发,一大批专家学者、优秀校长、一线教师、企业工程技术人员参与其中。

经过三年的努力,培养资源开发项目取得了丰硕成果。一是开发了中等职业学校88个专业(类)职教师资本科培养资源项目,内容包括专业教师标准、专业教师培养标准、评价方案,以及一系列专业课程大纲、主干课程教材及数字化资源;二是取得了6项公共基础研究成果,内容包括职教师资培养模式、国际职教师资培养、教育理论课程、质量保障体系、教学资源中心建设和学习平台开发等;三是完成了18个专业大类职教师资资格标准及认证考试标准开发。上述成果,共计800多种正式出版物。总体来说,培养资源开发项目实现了高效益:形成了一大批资源,填补了相关标准和资源的空白;凝聚了一支研发队伍,强化了教师培养的“校-企-校”协同;引领了一批高校的教学改革,带动了“双师型”教师的专业化培养。职教师资培养资源开发项目是支撑专业化培养的一项系统化、基础性工程,是加强职教教师培养培训一体化建设的关键环节,也是对职教师资培养培训基地教师专业化培养实践、教师教育研究能力的系统检阅。

自2013年项目立项开题以来,各项目承担单位、项目负责人及全体开发人员做了大量深入细致的工作,结合职教教师培养实践,研发出很多填补空白、体现科学性和前瞻性的成果，有力推进了“双师型”教师专门化培养向更深层次发展。同时，专家指导委员会的各位专家以及项目管理办公室的各位同志，克服了许多困难，按照两部对项目开发工作的总体要求，为实施项目管理、研发、检查等投入了大量时间和心血，也为各个项目提供了专业的咨询和指导，有力地保障了项目实施和成果质量。在此，我们一并表示衷心的感谢。

编写委员会

2016年3月

前　言

本书依据《电子与计算机工程类专业教师标准(草案)》和《电子与计算机工程专业培养标准(草案)》,结合职业教育“双师型”专业教师队伍的培养特点,在原有普通本科教材内容的基础上进行了重新整合,加强了“行动导向”理念。本书是为满足教育部对高等职业教育教学改革的要求而编写的,全书采用项目化的编写模式,内容上体现了岗位需求,并邀请了企业人员参与编写;既是理论教材,也是一本实用性较强的实践教材。

本书以国内广泛使用的PLC(可编程逻辑控制器)为例,通过“演示项目+实例”的模式讲解了PLC技术及应用,介绍PLC的工作原理、硬件结构、指令系统、编程软件和仿真软件的使用方法;介绍数字量控制系统梯形图的一整套完整先进的设计方法,这些方法易学易用,可以节约大量的设计时间。本书不仅对PLC的通信功能进行全面介绍,还介绍模拟量模块的使用方法、子程序和中断程序的设计方法,高速计数器和高速输出的应用,PLC在PID闭环控制和变频器控制中的应用,触摸屏的组态与应用,提高PLC控制系统可靠性的措施,以及常用的编程向导的使用方法。

全书以学习者应用能力培养为主线,紧密结合我国工业控制应用的需要,按照工业控制的基本过程和规律,根据近年来企业工业控制运营管理与发展的新形势和新特点进行编写;每章都有案例分析和阅读资料,跟踪学科最新发展动态,更新专业内容;不仅讲解知识,还针对专业领域应用的迫切需要,提供与理论相结合的应用实例和报告数据,具有实用性强、理论适中、案例丰富、通俗易懂、便于学习和掌握等特点,以达到学以致用的目的。

本书由童旺宇、涂军、蔡浩主编,在编写过程中也得到各职业院校老师的帮助,要特别感谢武汉铁路职业技术学院的李冰、李坤福、程芬以及武汉船舶职业技术学院的熊驰,他们也参与了教材的编写。

由于编者水平有限及工作经验不足,加之时间仓促,疏漏之处在所难免,敬请读者批评指正。希望本书能对从事和学习PLC的广大读者有所帮助。

编　者
2015年11月

前言

目　　录

第1章　认识可编程控制

模块1　项 目 导 入

1. 项目要求

(1) 了解PLC(programmable logic controller,可编程逻辑控制器)的定义、产生与发展历史。

(2) 了解PLC的特点和应用领域。

(3) 熟悉PLC的基本组成、结构和选用。

(4) 掌握PLC的工作过程及常用编程语言。

(5) 了解国内外PLC产品概况。

2. 项目特点

该项目主要是关于PLC产品的认识与介绍。

模块2　完成项目所需条件

1. 硬件条件

常用低压电器如按钮、行程开关、电源开关和各种保护电器及连接导线等。

2. 软件条件

PC基本软件(如Windows7、Microsoft Office 2010办公软件、三菱公司FX系列PLC及其编程软件fxgpwin、GX Developer或者GX Works2等)。

模块3　控 制 要 求

简单的单台电动机直接起动控制。

模块4　项 目 操 作

用PLC控制1台电动机的运行情况。

(1) 控制要求。按下电动机起动按钮后,电动机运行10 s,停止10 s,重复执行3次后停止。

(2) 软件设计。该控制系统的 PLC 梯形图如图 1-1 所示。

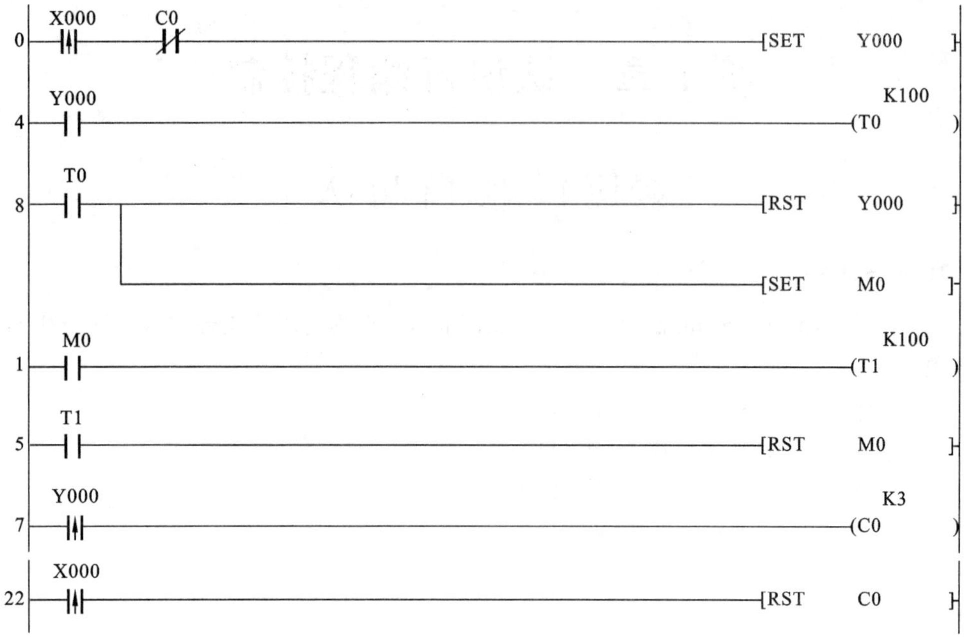

```
0   X000(上升沿)  C0(常闭)                [SET   Y000]
4   Y000                                  (T0   K100)
8   T0                                    [RST   Y000]
                                          [SET   M0]
1   M0                                    (T1   K100)
5   T1                                    [RST   M0]
7   Y000(上升沿)                           (C0   K3)
22  X000(上升沿)                           [RST   C0]
```

图 1-1　电动机运行梯形图

模块 5　项目知识点

在工业控制领域,传统的继电器接触控制系统是用继电器、接触器、按钮、行程开关等电器元件,按一定的接线方式组成的机电传动(电力拖动)控制系统,它结构简单、价格便宜,但系统庞大、维护困难。PLC 控制系统其实是一种以微处理器为核心、用于控制的特殊计算机,它可以在不改变硬件接线的情况下,通过软件方式,即修改程序实现电动机按规定顺序起动的变化。下面将主要介绍 PLC 控制系统的产生、发展和功能。

1. PLC 的产生、发展和定义

1) PLC 的产生

在 1968 年以前,传统的继电接触控制系统早已被广泛应用于各类生产过程中,承担着各种复杂而艰巨的控制任务。这种复杂的控制系统中一般会使用成百上千的各类控制元件,接线繁杂,系统结构庞大。安装这些控制元件需要用到很多控制柜,因此需要很大的设备存放空间。对于这样庞大的控制系统运维往往会非常不容易,通常一个小小的电气故障就可能会影响到整个控制系统的正常运行。因此,为保证控制系统安全、可靠地运行,需要大量的工程技术人员及维修人员。系统故障时,检查和排除故障点显得异常艰难,尤其是在控制要求有变时,控制柜内使用的电器和整个接线系统也必须做出相应的改变，而这种变化的代价是非常高昂的，系统改造的费用高、工期长、很容易出错，有时甚至不得不重新制作控制系统。有鉴于此，人们迫切希望能有一种新的工业控制装置来替代传统的继电器-接触器控制系统，使电气控制系统工作更加可靠，维修更加方便，而当时正处在计算机技术迅猛发展的时代，通过将计算机技术与工业控制技术进行有机结合，为人们这种需求提供了技术途径和发展方向。

20世纪60年代，美国的汽车制造业迅速发展，汽车型号不断更新，生产工艺不断变化，小批量、多品种的汽车更新换代模式迅速充斥整个市场，汽车制造业巨头美国通用汽车公司(GE)原有的由继电器-接触器控制系统组成的生产线已经无法满足市场更新换代的需求。于是1968年，美国通用汽车公司公开招标了一种新型、通用的工业控制器，要求此类控制器要比继电器-接触器控制系统工作更可靠、功能更齐全、响应速度更快。1969年美国数字设备公司(DEC)中标后，从继电器和计算机两者的优缺点出发，设计了世界上第一台PLC，其型号为PDP-14。继电器和计算机两者的优缺点分别为：继电器控制系统体积大、可靠性低、接线复杂、不易更改、查找和排除故障困难，对生产工艺变化的适应性差，但简单易懂、价格便宜、操作方便；而计算机功能强大、灵活(可编程)、通用性好，但编程困难。于是DEC研究时尽量采用面向控制过程、面向问题的“自然语言”进行编程，使不熟悉计算机的人也能很快掌握并使用。将这台PDP-14投入到通用汽车公司生产线之后，其完美地减少了重新设计、解决了更换电气控制系统及接线的问题，且时间响应快、控制精度高、可靠性好，当工艺改变时控制程序也随之改变，维修十分方便，整个生产成本降低，制造周期缩短，从此开创了PLC的新纪元。

2) PLC的发展

PDP-14易于安装，占用空间小，易用于工业环境，并且具有模块化、可扩充、可重复编程的特性。尽管编程有些琐碎，但它使用梯形图作为编程语言，从而使得没有计算机编程基础的人员也能很方便地上手操作。初代的PLC只有逻辑预算功能，大规模集成电路的出现，使可编程控制技术产生了飞跃，增加了数值运算、数据传送和数据处理等功能，运算速度得到了显著提高，输入/输出规模也得到扩大。此时的日本、联邦德国和法国都相继研制出自己的PLC。

我国于1974年开始研发PLC，并于三年后成功应用于工业生产。当时的食品、金属和制造等行业都陆续使用PLC来代替原有的继电接触控制设备，迈出了PLC实用化阶段坚实的第一步。20世纪80年代以后，随着大规模、超大规模集成电路等微电子技术的迅速发展，16位和32位微处理器应用于PLC中，PLC的性能进一步提升。PLC不仅控制功能得到增强，同时可靠性也得到提高，功耗、体积减小，成本降低，编程和故障检测更加灵活方便，而且具有通信和联网、数据处理和图像显示等功能，这些改进使PLC符合现在对高质量、高产出的要求。尽管PLC功能越来越强，但它仍保留了先前的简单与易于使用的特点。

到目前为止，各大电气制造商几乎都在生产PLC装置，如德国的西门子、美国的Rockwell自动化公司和通用汽车公司、日本的三菱和OMRON等。PLC从其研制到发展，到目前也只有短短几十年时间，但由于其编程简单、可靠性高、通用性强、使用方便等特点，其应用领域非常广泛，如冶金、化工、机械、纺织、建筑、运输、电力等行业。由于

PLC是一种具备计算机功能的通用工业控制装置，集三电（电控、电仪、电传）为一体，性能价格比高、可靠性高，所以其逐渐成为自动化领域的重要支柱之一。而在未来的工业生产中，PLC技术将和机器人技术、计算机辅助设计技术一起，成为工业生产自动化的三大核心技术。

3）PLC的定义

1980年，美国电气制造商协会（National Electrical Manufacturers Association，NEMA）将可编程控制器正式命名为 programmable controller，为区别于个人计算机（personal computer）的缩写PC，将可编程控制器简称为PLC。NEMA是这样定义PLC的：PLC是一个数字式的电子装置，它使用了可编程序的记忆体来储存指令，用以执行诸如逻辑、顺序、定时、计数和运算等功能，并通过数字或模拟的输入/输出接口，来控制各种机械或工作过程。一部数字电子计算机若是用来执行PLC的功能，也被视同为PLC，但不包括鼓式或机械式顺序控制器。

1982年11月，国际电工委员会（International Electrical Committee，IEC）颁布了PLC标准草案第一稿，于1985年1月又颁布了第二稿，在1987年2月颁布了第三稿。该草案中对PLC的定义如下：可编程控制器是一种进行数字运算操作的电子系统，是专为在工业环境下应用而设计的工业控制器。它采用了可编程序的存储器，用来在其内部存储能执行逻辑运算、顺序控制、定时、计数和算术运算等操作的指令，并通过数字式或模拟式的输入和输出，控制各种类型机械的生产过程。可编程控制器及其有关外围设备，都按易于与工业系统联成一个整体、易于扩充其功能的原则设计。该定义将PLC视为一种进行数字运算操作的电子系统，它是一种专为工业环境下应用而设计的工业控制的计算机。PLC可以直接应用于工业环境，具有很强的抗干扰能力，以及广泛的适应能力，这是其区别于其他微机系统的一个重要特性。

PLC采用面向用户和控制过程的指令系统，编写程序比较方便，能完成逻辑运算、顺序控制、定时与计数以及算术运算功能，还具有数字量或模拟量的输入/输出控制功能，易于扩展和与其他工业控制系统互联。从实质上讲，它是一台适用于工业环境的、满足实时控制要求的专用计算机。

2. PLC的特点

1）硬件可靠性高

PLC专为条件恶劣的工业环境设计，具有很强的抗电噪声、抗电磁干扰、抗机械振动能力，且能在极端温度和湿度环境中正常运行。

PLC通过选用优质电器元件，采用合理的系统结构，并加固、简化安装，使它易于抗振动冲击，对印制电路板的设计、加工及焊接都采取了极为严格的工艺措施，而且在电路、结构及工艺上采取了一些独特的方式。例如，各个I/O端口除采用常规模拟器滤波以外，还加上了数字滤波；在输入/输出电路中都采用了光电隔离措施，做到电浮空，既方便接地，又提高了抗干扰性能；采用了较合理的电路程序，一旦某模块出现故障，进行在线插拔、调试时不会影响各机的正常运行。由于PLC本身具有很高的可靠性，因此发生故障的部位大多集中在输入/输出的部件上，以及如传感器件、限位开关、光电开关、电磁阀、电动机等外围装置上。

2）编程简单，使用方便

PLC 的编程语言采用的是面向控制过程、面向问题的“自然语言”，容易掌握。例如，目前大多数 PLC 均采用梯形图语言编程方式，既顾及大多数电气技术人员的操作习惯及计算机应用能力，又继承了传统继电接触控制线路的清晰直观感，很容易被电气从业人员学习和使用。这种面向控制过程、面向问题的编程方式，虽然在 PLC 内部增加了解释程序和程序执行时间，但对大多数的机电控制设备来说，这是微不足道的，并且程序修改起来也十分方便。

3）接线简单，通用性好

PLC 的接线只需将输入信号的设备(如按钮、开关等)与 PLC 输入端子连接，将接收输出信号执行控制任务的执行元件(如接触器、电磁阀等)与 PLC 输出端子连接。接线量少、操作简单，省去了传统继电器控制系统接线和拆线的麻烦。PLC 的编程逻辑提供了能随要求而改变的“接线网络”，这样生产线的自动化过程就能随意改变，因此控制系统使用 PLC 后具有很高的经济效益。

用于将 PLC 和现场设备进行连接的硬件接口实际上是 PLC 的组成部分，其自带的模块化自诊断接口电路能指出故障，这样的软硬件设计就使现场电气人员与技术人员易于使用，并易于排除故障与替换故障部件。

4）易于安装，便于维护

PLC 设备体积较小，因此相较于传统继电接触控制系统，其所需要的安装空间是很小的，安装起来也非常方便，在从继电器控制系统改换到 PLC 系统的情况下，PLC 小的模块结构使之能安装在继电器箱附近，并将连线连接到已有 PLC 的接线端，这就使得改换非常方便，只要将输入/输出设备连向接线端口即可。

PLC 是以易于维护、易于改变控制功能为目标设计的，由于几乎所有器件都是模块化设计，维护时只需更换模块级插件即可，带故障检测电路的诊断指示器嵌入安装在大多数 PLC 组成部件中，用来指示器件是否正常工作，借助于编程设备可显示输入/输出是 ON 还是 OFF，还可写编程指令来报告故障。

PLC 的这些特性使之成为任何一个控制系统的有益部分。一旦安装，其收益也马上实现，像其他智能设备一样，PLC 的潜在优点还取决于应用时的创造性。

5）PLC 的应用领域

PLC 自研发生产以来，已被成功地应用于几乎所有工业控制领域，包括钢铁、造纸、食品加工、化工和石化、汽车等行业。它能完成各种控制任务，从重复开关控制单一机器到复杂的制造加工控制，以下列出的是已应用 PLC 的一些主要领域及一些典型应用。

(1) 化工/石油化工：批处理、原料处理、称重、混合成品处理、水/废水处理、管理控制、海上钻井。

(2) 制造/机械：能源需求、车床、物料传输机、装配机、测试架、碾磨、剪床、磨床、起重设备、焊接、电镀、喷漆、喷射/吹模、金属铸造。

(3) 采矿业：大物件传输设备、矿石处理、装/卸机械、水/废水管理。

(4) 纸浆/木浆:批蒸煮锅、碎片处理、涂层、包装/贴标签。

(5) 玻璃/胶片:加工成形、完成包装、装盘、物件处理、废碎玻璃称重。

(6) 食品/饮料:大量物件处理、酿造、蒸馏、混合、桶处理、包装、装填、称重、产品处理、分类传输机、累积传输机、装盘、货包存储/提取。

(7) 金属业:鼓风炉控制、连续铸造、轧钢、热处理。

(8) 电力:煤处理、燃烧炉控制、烟道控制分类、吹风/处理、木工活、切割成形。

6) PLC的几种常用控制类型

(1) 逻辑控制。逻辑控制是PLC最基本的控制功能,可用来取代继电器控制装置,如机床电气控制、电动机控制等;还可用来进行顺序控制,如高炉上料系统、电梯控制、港口码头的货物存放与提取、采矿的皮带运输等。既可用于单机控制,又可用于多机群控以及自动化生产线的控制。

(2) 生产监控。PLC自身具备很强的实时监控功能,它能存储系统发生异常状况时的状态数据,也可以通过编写程序来实现在系统发生异常情况时自动中止运行。在控制系统中,操作人员通过监控命令可以监视有关部分的运行状态,可以调整计时、计数等设定值,为调试和维护提供方便。PLC还可以连接打印机,对程序和数据进行复制和保存。

(3) 模拟量控制。众所周知,在现实中模拟量(如电流、温度、压力、液位等)的大小是连续变化的。工业生产中,经常要对这些物理量进行监控。PLC的模拟量输入模块集成了D/A、A/D转换及运算功能,可以实现模拟量的控制。

用PLC进行模拟量控制的好处是,在进行模拟量控制的同时,也可控制开关量。这个优点是继电器控制系统所不具备的,或继电器控制系统的实现不如PLC方便。

(4) 闭环调节控制。目前生产的大多数大型PLC都配置有PID(比例(proportion)、积分(integration)、微分(difterentiation))子程序,也有的厂家把PID功能独立出来,如GE公司的PROLOOP过程控制器,可执行PID控制、比例控制和级联控制,有单回路、8回路和自动调试三种方式供任选。每一回路计算时间为36 ms,用GE-II系列PLC最多可监控256个回路。PLC的PID调节控制,已经广泛用于锅炉、冷冻、反应堆、水处理器、酿酒等。PLC还可用于闭环的位置控制和速度控制中。

(5) 组成大型控制网络。PLC可与个人计算机相连接进行通信,可用计算机参与编程及对PLC进行控制和管理,使PLC用起来更方便。为了充分发挥计算机的作用,可实行一台计算机控制和管理多台PLC,甚至多达几十台。PLC与PLC也可通信。可一对一通信,也可在多个PLC之间通信,甚至多到几十、几百。可连接远程控制系统,系统范围可达10 km。还可组成局部环网,不仅PLC,而且各种上位机、各种外设也都可进网。环网还可套非环网。环网与环网还可桥接,可以把成千上万的PLC、计算机、外部设备组织在一个网中。网间的结点可直接或间接地通信、交换信息。

联网、通信,正适应了当今计算机集成制造系统(computer integrated manufacturing system, CIMS)及智能化工厂发展的需要。它可使工业控制从点(point)到线(line)再到面(plane),使设备级的控制、生产线的控制、工厂管理层的控制连成一个整体,进而可创造更高的效益。

3. PLC 控制系统

一个 PLC 可以简单地视为具有特殊体系结构的工业计算机，但是其外形并不像计算机。但它的输入设备不是鼠标和键盘，而是通过一个个输入电路来获取控制命令或现场信号，而且这些输入电路具有滤波功能，与内部电路采用光耦隔离；它的输出设备不是显示器，而是通过一个个输出电路来输出控制执行指令，而且这些输出电路具有一定驱动能力，可以驱动一般的工业控制元器件，如电磁阀、接触器等，此电路也是采用光或磁耦合的方式与内部电路进行联系；它没有硬盘，只有内存，但可以通过配置存储卡的方式来为程序与数据建立备份；它配置有外设或通信接口，可用以编程或下载程序、监控及联网通信；它的结构为模块化，体积小，安装方便，比较坚固，具有很强的抗干扰、抗冲击、抗振动特性。

通常来说，设计一个 PLC 控制系统时，往往首先需要做以下两个方面的工作。

(1) 系统设计与设备选型。设计一个 PLC 控制系统时，首先分析所需要控制的设备或系统的属性，这就需要判断所控制的这个系统可能是单个机器，多机或是过程控制；其次还需要判断所要控制的设备或系统的输入/输出点数；最后判断所要控制的设备或系统的复杂程度，分析内存容量。综合以上考虑后，根据实际控制需求来选择相应的 PLC 型号。

(2) I/O 赋值(分配输入/输出)。系统设计完成，PLC 型号选定以后，还需要将所要控制的设备或系统的输入信号进行赋值，与 PLC 的输入编号相对应(列表)；然后将所要控制的设备或系统的输出信号进行赋值，与 PLC 的输出编号相对应(列表)；再设计出较完整的控制草图，编写控制程序，在达到控制目的的前提下尽量简化程序；最后将编写好的程序写入 PLC，进行分段调试程序，分段调试完成后进行整体运行调试。监视控制程序的每个动作是否正确，运行程序，并将程序备份。

根据 PLC 的硬件组成，其按控制等效电路可划分为三个部分：输入部分、输出部分和控制部分，这三个部分包含了 CPU、存储器、硬件、I/O、编程器、系统程序、软件、用户程序等。

1) 输入部分

PLC 的外围元件如按钮、接近开关、光电开关、继电器输出触点等称为硬触电，PLC 程序中的逻辑触点称为软触点。PLC 的一个输入点单独对应一个内部继电器，而内部继电器作为逻辑控制中间存储状态，不能用作输出的继电器。开关量输入电路分为直流输入和交流输入，而输入信号接线图分为汇点式和分隔式。开关量直流输入接口电路如图 1-2 所示，采用光电耦合电路，将限位开关、手动开关、编码器等现场输入设备的控制信号转换成 CPU 所能接收和处理的数字信号。

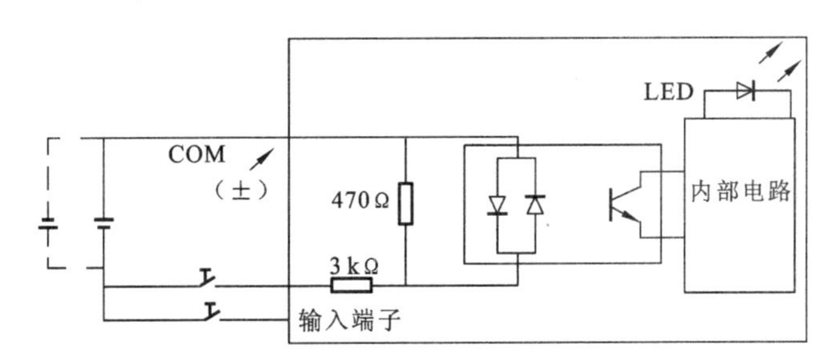

图 1-2　PLC 的输入接口电路(直流输入型)

2）输出部分

根据控制程序的执行结果直接驱动相应负载。在 PLC 内部设有输出继电器，可能是继电器输出方式、晶体管输出方式，或者可控硅输出方式，这三种方式的使用场合分别为交直流、直流、交流。每个继电器对应一个硬触点，当程序执行结果让输出继电器线圈通电时，该输出继电器的输出触点闭合，实现外部负载的控制运行。

3）控制部分

PLC 主要是通过 CPU 来实现各种控制功能的，其作用归纳起来主要有以下五个方面。

（1）接收并存储从输入单元（接口）得到现场输入状态或数据。

（2）诊断电源、PLC 内部电路故障和编程中的语法错误等。

（3）接收并存储编程器或其他外设输入的用户程序或数据。

（4）根据运算结果，更新标志位和输出内容，通过输出接口实现控制、制表打印或数据通信等功能。

（5）逐条读取并执行存储器中的用户程序，将运算结果存入存储器。

CPU 主要是通过执行处理存储器中的程序来实现各种功能、输出控制指令的，常见存储器的类型包括可执行读/写操作的随机存储器 RAM 和只读存储器 ROM、PROM、EPROM、E^2PROM。其中，系统程序存储器（ROM）用以存放系统管理程序、监控程序及系统内部数据，用户不能对其程序和数据进行更改。而随机存储器（RAM）包括用户程序存储区和工作数据存储区，这类存储器一般由低功耗的 CMOS-RAM 构成，其中的存储内容可以进行读、写操作。

值得注意的是，PLC 产品手册中提供给用户进行选择的“存储器类型”和“程序容量”是仅针对随机程序存储器而言的。

4. PLC 工作过程

PLC 工作有两个要点：入出信息变换、可靠物理实现。

入出信息变换主要通过运行存储于内存中的程序来实现，这些程序既包括系统的（这些程序又称监控程序或操作系统），又包括用户编写的程序。系统程序为用户程序提供编辑与运行软件平台，同时，还进行必要的公共处理，如自检、I/O 刷新，以及与外设、上位计算机或其他通信等处理。用户程序由用户按照控制的要求进行自行设计。

可靠物理实现主要依靠输入（I，INPUT）及输出（O，OUTPUT）电路。每一输入点或输出点就有一个 I 或 O 电路。而且，总是把若干个这样电路集成在一个模块（或箱体）中，然后再由若干个模块（或箱体）集成为完整的输入/输出 I/O 系统（电路）。尽管这些模块相当多，占据了 PLC 体积的大部分，但由于它们都是高度集成化的，所以 PLC 的体积还是不太大的。

输入电路时刻监视着输入点的通断（ON、OFF）状态，并将此状态暂存于它的输入暂存器中。每一输入点都有一个与其对应的输入暂存器。

输出电路有输出锁存器，它也有两个状态：高电平和低电平，并可锁存。同时，它还有相应的物理电路，可把这个高、低电平的状态传送给输出点。每一输出点都有一个与其对应的输出锁存器。

这里的输入暂存器及输出锁存器实际是 PLC 的 I/O 电路的寄存器。它们与 PLC 内存交换信息通过 PLC 的 I/O 总线及运行的系统程序实现。

把输入暂存器的信息读到 PLC 的内存中，称为输入刷新。PLC 内存有专门用于存放输入信息的映射区。这个区的每一个对应位(bit)称为输入继电器，或称软触点，或称为过程映射输入寄存器。这些位(bit)置成 1，表示触点通，置成 0 为触点断。由于它的状态是由输入刷新得到的，所以它反映的就是输入点的状态。

输出锁存器与 PLC 内存中的输出映射区也是对应的。一个输出锁存器也有一个内存位(bit)与其对应，这个位称为输出继电器，或称输出线圈，或称为过程映射输出寄存器。通过 PLC 的 I/O 总线及运行系统程序，输出继电器的状态将映射给输出锁存器，这个映射动作的完成称为输出刷新。

PLC 的输入电路不仅可以接收开关信号，还可以接收模拟信号，但是在接收模拟信号时需要先进行模数转换(A/D 变换)，再把转换后的数据存入 PLC 相应的内存单元中。

若要产生模拟量输出，则要配有模拟量输出电路(称模拟量输出模块或单元)，靠其对 PLC 相应的内存单元的内容进行数模转换(D/A 变换)，并产生模拟量输出。

这样，对于用户所要编写的程序来说，其实质是将 PLC 输入内存区有关的数据经处理后发送到输出内存区，是一个对数据和逻辑进行处理的过程。由于 PLC 有强大的指令系统，所以编写出满足这个要求的程序是完全可能的。

5. PLC 的主流类型

1) PLC 的分类

(1) 按控制规模分。大致可分为微型机、小型机、中型机及大型机、超大型机。大型机、超大型机功能强、性能高，价格也高。而微型机、小型机功能差些、性能低些，但价格便宜。这里划分的唯一依据是控制规模。

微型机控制规模仅几点、十几点、几十点。例如，OMRON 公司新推出的 ZEN 机，主机有 8 点、10 点两种，加扩展，最多可扩到 34 点；西门子公司的 IOGO 机，小的也仅能控制 10 点；三菱公司的 ALPHA 机，I/O 点数分别有 6、10 及 20 等几种规格，由于它价格低廉、使用方便、工作可靠、体积很小，而且输出电流有的可达 8 A，因而可以成为继电器控制的替代品，也因此常称为可编程继电器(PLR)。

小型机控制点可以达到 100 多点。例如，OMRON 公司的 CPM2A、CP1H、CQM1H，则分别可达到 120 点、320 点、512 点；西门子公司的 S7200 机可也达一百多点，新推出 S7-200 CN 为中国版机型，处于最大配置时，控制点数可达 248 路(西门子称 I/O 点为路)；三菱公司的 FX2N 最多点数也可达 256 点，而 FX3UC 机可达 300 多点。

中型机控制点数可达近 500 点，以至于以千点计。例如，OMRON 公司 CJ1H 可超过 2000 多点；西门子公司的 S7300 机最多可达 512 点(开关量)，新推出的 CPU318-2 也可超过 1000 点(开关量)，此外，还可另加 128 路模拟量输入或输出；三菱公司的 Q 系列的基本型机，控制点数也可达 2048 点。

大型机控制点数一般在1000点以上。例如，OMRON公司的CS1H机最大配置可达5000多点；三菱公司的Q系列的高档机，控制点数可达8192点。

超大型机控制点数可达万点，以至于几万点、十几万点、几十万点。例如，美国GE公司的90-70机，其点数可达24000点，另外还可有8000路的模拟量输入或输出；西门子的S7-417-4机，其控制点数可达128K开关量输入、128K开关量输出，或8K路的模拟量输入或输出。

按照控制规模划分PLC类型是不严格的，只是大致的，因为PLC发展是非常迅速的，其控制规模随着技术水平的进步而变化，本书按控制规模划分PLC的目的只是帮助读者建立控制规模的概念，以便于日后进行系统配置及使用。

(2) 按结构特点分。PLC可分为箱体式、模块式和内插板式等。

① 箱体式的PLC。PLC把电源、CPU、内存、I/O系统都集成在一个小箱体内。微型、小型PLC多为箱体式，一个主机箱体就是一台完整的PLC。

为了控制系统配置方便，有些主机箱体还可增加内插选件，如通信接口选件、存储器选件、模拟量输入、输出选件等，以方便用户自行调整主机箱体的功能配置。此外，还可以扩展箱体，其外观与主箱体相似，一般只有I/O系统及电源(有的其电源由主箱体提供)。

② 模块式的PLC。PLC由具有不同功能的模块组成，其主要模块包括：基础模块、输入模块、输出模块、电源模块、通信模块、机架等。超大型、大型、中型的PLC都是模块式的。

③ 内插板式PLC。为了适应机电一体化的要求，有些PLC制成内插板式的，可嵌入有关装置中。一般PLC有的功能，内插板式PLC都具备，它有输入点、输出点，还有通信口、扩展口及编程器口。但此类PLC只是一个控制板，可很方便地镶嵌到有关装置中。

2) 当前主流的PLC

当前，在我国应用较广的PLC厂家及其产品型号及功能如下。

(1) 德国西门子(SIEMENS)公司的PLC。德国西门子公司生产的PLC在我国的应用相当广泛，在冶金、化工、印刷生产线等领域都有应用。西门子公司的PLC产品包括LOGO、S7-200、S7-1200、S7-300、S7-400等。西门子S7系列PLC体积小、速度快、标准化，具有网络通信能力，功能更强，可靠性高。S7系列PLC产品可分为微型PLC(如S7-200)、小规模性能要求的PLC(如S7-300)和中、高性能要求的PLC(如S7-400)等。

(2) 日本立石(OMRON)公司的PLC。日本立石公司是一家生产控制设备已有多年历史的企业，该公司生产的SYSMAC C系列的PLC产品也已广泛地应用于材料处理、食品加工和包装、机械加工、自动化制造和过程控制等行业；OMRON C系列PLC有微型、小型、中型和大型四大类十几种型号。微型PLC以C20P和C20为代表，是整体结构，I/O容量为十几点，最多可扩充120点。小型PLC又分为C120和C200H两种，C120最多可控制256点I/O，是紧凑型整体结构。而C200H虽然也是小型PLC，但它是紧凑型模块结构，最多可控制384点I/O，同时还可以配置智能I/O模块，是一种小型高功能PLC。中型PLC有C500和C1000H两种，I/O容量分别为512点和1024点。此外，C1000H PLC采用多处理器结构，功能齐全而且处理速度快。大型PLC目前只有C2000H一种，I/O点数可达2048点，同时多处理器和双冗余结构使得C2000H不仅功能全,容量大,而且速度快。

(3) 日本三菱(Mitsubishi)公司的PLC。三菱公司是日本生产PLC产品的主要厂家之一。该公司所研制的PLC在产品微型化及低成本方面具有特色,早在1981年推出的F系列PLC,由于有较高的性价比,因而赢得了相当广泛的用户。

继F系列之后,该公司又推出了功能更强的F1、F2系列和K系列PLC产品,其中F1系列和K系列都带模拟量控制,F1系列在F系列的基本指令基础上,增加了许多应用指令。三菱公司最新推出的A系列(MELSEC-A)PLC是一种新型的带有智能接口的PLC。A系列产品包括有AOJ2、A1、A2、A3系列等,其中AOJ2系列为单元式结构,A1、A2、A3系列为模块结构。它们的最大I/O点分别是:AOJ2系列336点,A1系列256点,A2系列512点,A3系列2048点。A系列PLC具有控制多模拟量系统的PID回路调节功能,并有很强的通信能力。它既有同轴电缆通信接口,又有光纤通信接口。A系列可扩展的I/O网络,可实现与F、F1、F2系列和FREQROL-Z系列变换器之间的数据交换,可与CRT和计算机相连,并配有丰富的软件系统。

6. PLC的编程语言

1) PLC的编程语言概述

目前主流型号的PLC一般都会提供多种编程方式来供用户使用。PLC编程语言国际标准IEC1 1 31-3提供:①两种图形语言,即梯形图语言LD和功能框图语言FBD;②两种文本语言,即指令表IL和机构化文本语言ST,以及具有文本和图形两种表现形式的顺序功能表图SFC语言。其中梯形图是应用最为广泛的PLC图形编程语言。梯形图与继电器控制系统的电路图很相似,具有直观易懂的优点,很容易被电气控制从业人员所掌握,特别适用于开关量逻辑控制,也是本书着重介绍的编程方式。

使用梯形图编程方式时用户必须遵循一定的编程规则。梯形图程序是由多个梯级构成的,每个输出元件可构成一个梯级,而每个梯级通常可以由多个支路组成,每个支路又可容纳多个编程元件(不同机型有不同的数量限制),必须指出的是,最右边的元件必须是输出元件。编程时设计者必须一个梯级一个梯级按从上至下的顺序来编制。梯形图两侧的竖线称作母线。梯形图的各种符号都要以左母线为起点,右母线为终点(通常省略右母线),从左向右逐个横向写入。输入不论是开关、按钮、行程开关、转换开关,还是继电器、接触器触点,在梯形图中只用常开接点或常闭接点表示,无须考虑其物理属性。必须说明的是,PLC梯形图中的两侧母线不具备电源意义,只是为了维持梯形图的形状而存在。因此,梯形图中的电流称为"虚拟电流",并不是继电器控制电路中的物理电流。

梯形图编程方式主要有以下几个特点。

(1) PLC梯形图中的某些编程元件沿用了继电器这一名称,如输入继电器、输出继电器、内部辅助继电器等,但是它们不是真实的物理继电器(即硬件继电器),而是在软件中使用的虚拟编程元件。每一编程元件与PLC存储器中元件映像寄存器的存储单元都是一一对应的关系。

(2) 梯形图两侧的垂直公共线称为公共母线(bus bar)。在分析梯形图的逻辑关系时,一般可以按照继电器的电路图的分析方法进行。如图1-3所示,可以假设梯形图左右两侧母线之间有一个左正右负的直流电压。当图中的触点接通时，有一种“概念电流”或“能流”(power flow)从左到右在进行流动。这一方向与执行用户程序时逻辑运算的顺序是一致的。

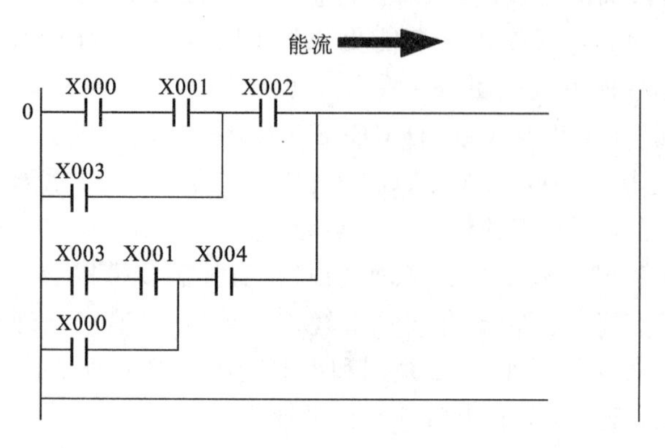

图 1-3　梯形图

(3) 根据梯形图中各触点的状态和逻辑关系，求出与图中各线圈对应的编程元件的状态，称为梯形图的逻辑解算。逻辑解算是按梯形图中从上到下、从左到右的顺序进行的。

(4) 梯形图中的线圈和其他输出指令应放在最右边。

(5) 梯形图中各编程元件的常开触点和常闭触点均可以无限多次地使用。

2) PLC 的编程步骤

(1) 确定被控系统必须完成的动作及完成这些动作的顺序。

(2) 分配输入/输出设备，即确定哪些外围设备是发送信号到 PLC，哪些外围设备是接收来自 PLC 信号的。

(3) 设计 PLC 程序画出梯形图。梯形图体现了按照正确的顺序所要求的全部功能及其相互关系。

(4) 实现用计算机对 PLC 的梯形图直接编程。

(5) 对程序进行调试(模拟和现场)。

(6) 保存已完成的程序。

当设计一个 PLC 控制系统时，设计人员必须先把系统的输入、输出数量确定下来，然后按需要确定各种控制动作的顺序和各个控制装置彼此之间的相互关系。接着就可以进行编程的第二步——分配输入/输出设备。当分配完成了 PLC 的输入/输出点、内部辅助继电器、定时器、计数器后，就可以设计 PLC 程序画出梯形图。在画梯形图时，要注意每个从左边母线开始的逻辑行必须终止于一个继电器线圈或定时器、计数器软元件。梯形图画好后，便可以使用编程软件将梯形图下载到 PLC 进行模拟调试，调试完毕后，梯形图程序设计的整个过程就基本完成了。

在 PLC 系统结构和功能不断发展的同时，PLC 的编程方式也趋于多样化。国际电工委员会颁布的标准草案中规定，除用梯形图编程方式外，还可采用面向顺序控制的步进编程语言、面向过程控制的流程图语言、与计算机兼容的高级语言(BASIC、C语言等)、功能块、指令表或布尔代数等编程语言。多种编程语言的并存、互补与发展是PLC进步的一种趋势。

如图1-4所示，以继电器的电路图为例，画出PLC的梯形图(图1-5)。

图1-4所示为一个继电器控制系统的电路图。它是接线程序控制系统，由继电器、接触器用导线连接起来以实现控制功能的。其输入器件对输出器件的控制，是通过接线程序来实现的。输入器件(按钮、行程开关、限位开关、传感器等)用以向系统送入控制信号。输出器件(接触器、电磁阀等执行元件)用以控制生产机械和生产过程中的各种被控对象(电动机、电炉、电磁阀门等)。

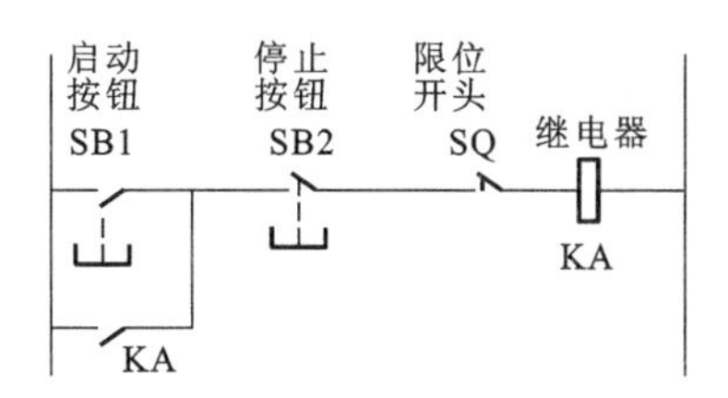

图1-4　继电器控制系统的电路图

如图1-5所示，使用PLC梯形图与使用继电器的控制过程大致相同。图中当输入接点0接通时，电流(虚拟电流)从梯形图左侧经过0接点(闭合)、1(常闭)、2(常闭)和线圈3，使3得电而工作，并使3接点闭合自锁。

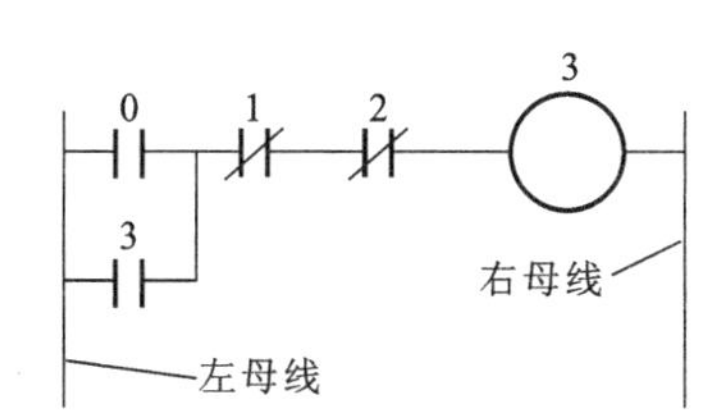

图1-5　PLC控制系统的梯形图

第2章　PLC的基本组成和系统构成

模块1　项目导入

(1) FX系列PLC硬件系统的配置。

(2) 继电器控制系统工作方式。

(3) 用逻辑并行运行的计算机控制系统。

(4) 采用等待命令的，如键盘扫描方式或I/O扫描方式的PLC控制系统。

(5) 循环扫描工作方式。

模块2　完成项目所需条件

1. 硬件条件

PLC及相关外围产品。

2. 软件条件

三菱公司FX系列PLC及其编程软件，编程软件名称为fxgpwin、GX Developer或者GX Works2。

模块3　控制要求

1. 系统要求

(1) 认识三菱FX系列PLC的硬件结构，详细记录其各硬件部件的结构及作用。

(2) 打开编程软件，编译基本的与、或、非程序段，并下载至PLC中。

(3) 能正确完成PLC端子与开关、指示灯接线端子之间的连接操作。

(4) 图2-2示例中拨动K0、K1指示灯能正确显示。

模块 4　项 目 操 作

1. 操作步骤

(1) 计算机与 PLC 的连接。按图 2-1 连接上位计算机与 PLC。

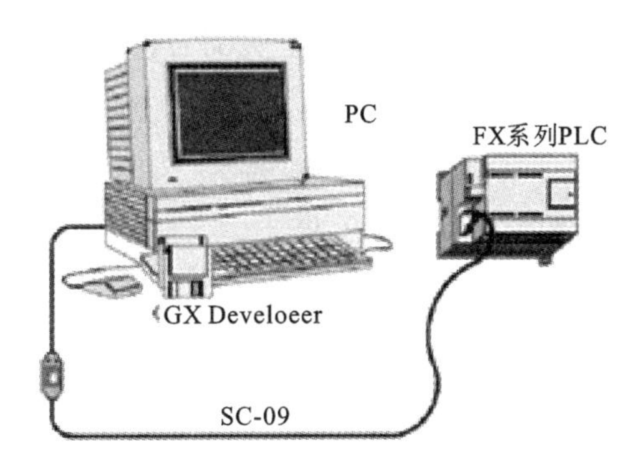

图 2-1　上位计算机与 PLC 连接

(2) 电路图。按图 2-2 控制接线图连接 PLC 外围电路。

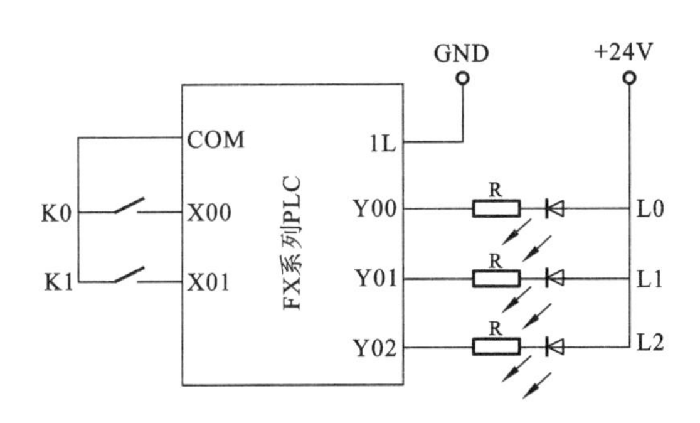

图 2-2　控制接线图

(3) 与 PC 通信的基本设置。打开软件，单击“在线/传输设置”，在弹出的对话框中选择 COM 端口及传送速度，如图 2-3 所示。

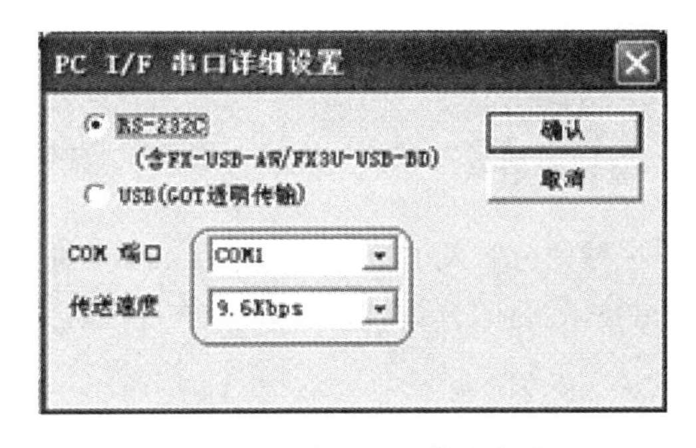

图 2-3　电脑串口及通信速率设置

(4) 编译实训程序,确认无误后,单击“在线/PLC 写入”,将程序下载至 PLC 中。下载完毕后,将 PLC 模式选择开关拨至 RUN 状态。

(5) 将 K0、K1 均拨至 OFF 状态,观察记录 L0 指示灯点亮状态。

(6) 将 K0 拨至 ON 状态,将 K1 拨至 OFF 状态,观察记录 L1 指示灯点亮状态。

(7) 将 K0、K1 均拨至 ON 状态,观察记录 L2 指示灯点亮状态。

模块 5　项目知识点

1. FX 系列 PLC 概述

FX 系列 PLC 型号名称的含义如图 2-4 所示。

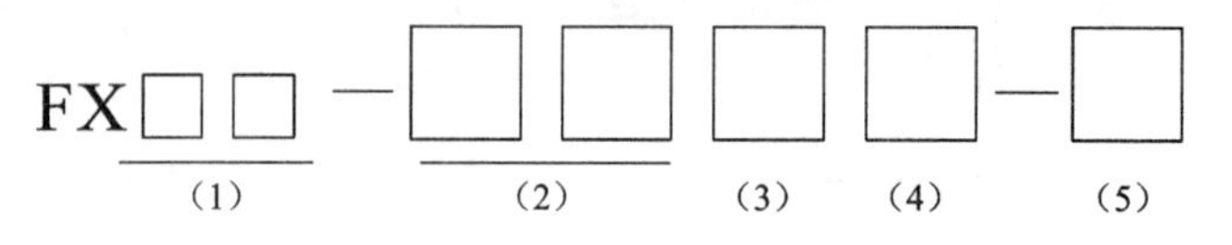

图 2-4　FX 系列 PLC 的命名规则

(1) 系列序号:如 0、0S、0N、2、2C、2N、2NC、3U、3UC 等。

(2) I/O 总点数:10～256。

(3) 单元类型:M 为基本单元,E 为 I/O 混合扩展单元与扩展模块,EX 为输入专用扩展模块,EY 为输出专用扩展模块。

(4) 输出形式:R 为继电器输出,T 为晶体管输出,S 为双向晶闸管输出。

(5) 电源的形式。

如图 2-5 所示为 FX2N 系列 PLC 的命名规则。

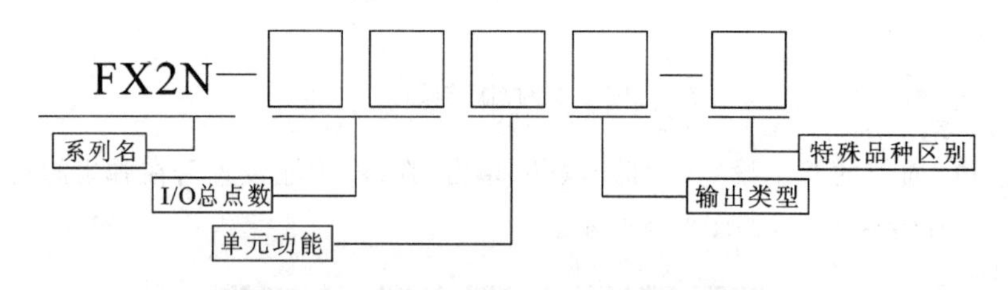

图 2-5　FX2N 系列 PLC 的命名规则

2. FX 系列 PLC 的一般技术指标

FX 系列 PLC 的内存区域的分布及 I/O 配置见表 2-1,其一般技术指标包括基本性能指标、输入技术指标及输出技术指标,具体规定如表 2-2～表 2-4 所示。

表 2-1　FX 系列 PLC 的内存区域的分布及 I/O 配置

项　　目		FX1S-20MR	FX2N-48MR
输入继电器 X		X000～X013	X000～X027
输出继电器 Y		Y000～Y007	Y000～Y027
辅助继电器 M		M0～M383	M0～M499
状态 S		S0～S127	S0～S499
定时器 T		T0～T31(0.1 s) T32～T62(0.01 s) T63(1 ms) 内置电位器型 2 点 VR1:D8030 VR2:D8031	T0～T199(0.1 s) T200～T245(0.01 s) T246～T249(执行中断的保持用) T250～T255(保持用)
计数器		16 位增量计数 C0～C15 C16～C31 32 位高速可逆计数器最大 6 点 C235～C245(1 相 1 输入) C246～C250(1 相 2 输入) C251～C252(2 相输入)	16 位顺计数器 0～32767 C0～C99 C100～C199 32 位顺/倒计数器 C200～C219 C220～C234
数据寄存器 D、V、Z		D0～D127(一般) D128～D255(保持用) D1000～D2499(文件用) D8000～D8255(特殊用) V7～V0(变址用) Z7～Z0(变址用)	D0～D199(一般用) D200～D511(停电保持用) D512～D7999(停电保持用) 根据参考设定,可以将 D1000 以下作为文件寄存器 D8000～D8255(特殊用) V0～V7(指定用) Z0～Z7(指定用)
常数	K	16 位-32768～32767	16 位-32768～32767
	H	16 位 0～FFFFH	16 位 0～FFFFH

表 2-2　FX 系列 PLC 的基本性能指标

项　　目		FX1S	FX1N	FX2N 和 FX2NC
运算控制方式		存储程序,反复运算		
I/O 控制方式		批处理方式(在执行 END 指令时),可以使用 I/O 刷新指令		
运算处理速度	基本指令	0.55 微秒/指令～0.7 微秒/指令		0.08 微秒/指令
	应用指令	3.7 微秒/指令～数百微秒/指令		1.52 微秒/指令～数百微秒/指令
程序语言		逻辑梯形图和指令表,可以用步进梯形指令来生成顺序控制指令		
程序容量(EEPROM)		内置 2 KB 步	内置 8 KB 步	内置 8 KB 步,用存储盒可达 16 KB 步

续表

项目		FX1S	FX1N	FX2N 和 FX2NC
指令数量	基本、步进	基本指令 27 条，步进指令 2 条		
	应用指令	85 条	89 条	128 条
I/O 设置		最多 30 点	最多 128 点	最多 256 点

表 2-3　FX 系列 PLC 的输入技术指标

输入电压	DC 24 V±10%	
元件号	X0～X7	其他输入点
输入信号电压	DC 24 V±10%	
输入信号电流	DC 24 V，7 mA	DC 24 V，5 mA
输入开关电流 OFF→ON	＞4.5 mA	＞3.5 mA
输入开关电流 ON→OFF	＜1.5 mA	
输入响应时间	10 ms	
可调节输入响应时间	X0～X17 为 0～60 mA(FX2N)，其他系列 0～15 mA	
输入信号形式	无电压触电，或 NPN 集电极开路输出晶体管	
输入状态显示	输入 ON 时 LED 灯亮	

表 2-4　FX 系列 PLC 的输出技术指标

项目		继电器输出	晶闸管输出(仅 FX2N)	晶体管输出
外部电源		最大 AC 240 V 或 DC 30 V	AC 85～242 V	DC 5～30 V
最大负载	电阻负载	2 A/1 点，8 A/COM	0.3 A/1 点，0.8 A/COM	0.5 A/1 点，0.8 A/COM
	感性负载	80 V·A，120/240 V AC	36 V·A/AC 240 V	12 W/24 V DC
	灯负载	100 W	30 W	0.9 W/DC 24 V(FX1S)，其他系列 1.5 W/DC 24 V
最小负载		电压＜5 V DC 时 2 mA，电压＜24 V DC 时 5 mA (FX2N)	2.3 VA/240 V AC	—

3. FX 系列 PLC 硬件系统的配置

如图 2-6 所示，FX 系列 PLC 主要由 CPU 模块、输入模块、输出模块和编程装置组成。

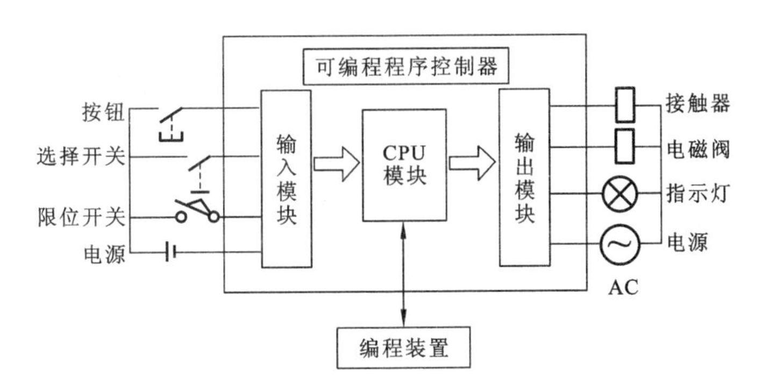

图 2-6　PLC 的基本组成

1）CPU 模块

CPU 模块又称为中央处理单元或控制器，它主要由微处理器（CPU）和存储器组成。它用以运行用户程序、监控输入/输出接口状态、做出逻辑判断和进行数据处理，即读取输入变量、完成用户指令规定的各种操作，将结果送到输出端，并响应外部设备（如编程器、计算机、打印机等）的请求以及进行各种内部判断等。

PLC 中常采用的 CPU 有三类：通用微处理器、单片微处理器和位片式微处理器。小型 PLC 大多采用 8 位通用微处理器和单片微处理器；中型 PLC 大多采用 16 位通用微处理器或单片微处理器；大型 PLC 大多采用高速位片式微处理器（32 位）。小型 PLC 为单 CPU 系统；中、大型 PLC 则大多为双 CPU 或多 CPU 系统；对于双 CPU 系统，一个为字处理器，一般采用 8 位、16 位或 32 位处理器；另一个为位处理器，采用由各厂家设计制造的专用芯片。

PLC 的内部存储器有两类：一类是系统程序存储器，主要存放系统管理和监控程序及对用户程序进行编译处理的程序，系统程序已由厂家固定，用户不能更改；另一类是用户程序及数据存储器，主要存放用户编制的应用程序及各种暂存数据和中间结果。

2）输入/输出（I/O）模块

I/O 模块是系统的眼、耳、手、脚，是联系外部现场和 CPU 模块的桥梁。输入模块用来接收和采集输入信号。输入信号有两类：一类是从按钮、选择开关、数字拨码开关、限位开关、接近开关、光电开关、压力继电器等来的开关量输入信号；另一类是由电位器、热电偶、测速发电机、各种变送器提供的连续变化的模拟输入信号。I/O 端口分配功能见表 2-5。

PLC 通过输出模块控制接触器、电磁阀、电磁铁、调节阀、调速装置等执行器，PLC 控制的另一类外部负载是指示灯、数字显示装置和报警装置等。

表 2-5　I/O 端口分配功能表

序　号	PLC 地址(PLC 端子)	电气符号(面板端子)	功能说明
1	X00	K0	常开触点 01
2	X01	K1	常开触点 02
3	Y00	L0	“与”逻辑输出指示
4	Y01	L1	“或”逻辑输出指示
5	Y02	L2	“非”逻辑输出指示
6	主机 COM0、COM1、COM2 等接电源 GND		电源端

3) 电源

PLC 一般使用 220 V 交流电源。PLC 内部的直流稳压电源为各模块内的元件提供直流电压。与普通电源相比,PLC 电源的稳定性好、抗干扰能力强。因此,对于电网提供的电源稳定度要求不高,一般允许电源电压在其额定值±15%的范围内波动。许多 PLC 还向外提供直流 24 V 稳压电源,用于对外部传感器供电。

4) 编程装置

编程装置是 PLC 的外部编程设备,设计人员可通过编程装置输入、检查、修改、调试程序或监视 PLC 的工作情况。也可以通过专用的编程电缆线将 PLC 与计算机连接起来,并利用编程软件进行计算机编程和监控。

5) 输入/输出扩展单元

I/O 扩展接口用于将扩充外部输入/输出端子数的扩展单元与基本单元(即主机)连接在一起。

6) 外部设备接口

PLC 配有各种通信接口与外部设备连接,具体如下。

(1) 与打印机连接,可将过程信息、系统参数等输出打印。

(2) 与监视器连接,可将控制过程图像显示出来。

(3) 与 PLC 连接,组成多机系统或连成网络,实现更大规模控制。

(4) 与计算机连接,组成多级分布式控制系统,控制与管理相结合。

(5) 与人机界面(触摸屏)连接。

(6) 与智能接口模块连接,智能接口模块是一独立的计算机系统,它有自己的 CPU、系统程序、存储器以及与 PLC 系统总线连接。PLC 的智能接口模块种类很多,如高速计数模块、闭环控制模块、运动控制模块、中断控制模块等。

从外形看,多数 PLC 主机具有电源端子(交流供电型 PLC 还设有供外部输入设备用的服务电源)、功能接地端子(抗干扰、防电击,务必接地)、保护接地端子(防触电)、输入/输出端子及其 LED(当对应的输入或输出端子 ON 时,相应的输入/输出 LED 灯亮,但当 CPU 异常、I/O 总线发生异常时所有输入 LED 灭;当内存异常及系统异常(FALS)发生时,所有输入 LED 保持发生异常时的状态,即使输入状态发生变化,输入的 LED 状态也不改变)、PLC 状态显示 LED(POWER 电源、RUN 运行监视/编程停止、ERROR/ALARM 亮故障/闪警告、COMM 外设通信亮)、模拟设定电位器及扩展连接器。

4. FX2N 系列 PLC 系统配置

FX2N 系列 PLC 是 FX 系列中具有较强处理功能、较高处理速度的微型 PLC。它的基本指令执行时间只需 80 ms,远远超过了很多大型 PLC。用户存储器容量也可以通过扩展达到 16 KB,最大可以扩展到 256 个 I/O 点,有 5 种模拟量输入/输出模块、高速计数器模块、脉冲输出模块、4 种位置控制模块、多种 RS232C/RS422/RS485 串行通信模块或功能扩展板,以及模拟定时器功能扩展板,使用特殊功能模块和功能扩展板,可以实现模拟量控制、位置控制和联网通信等功能。FX2N PLC 外部结构图如图 2-7 和图 2-8 所示。

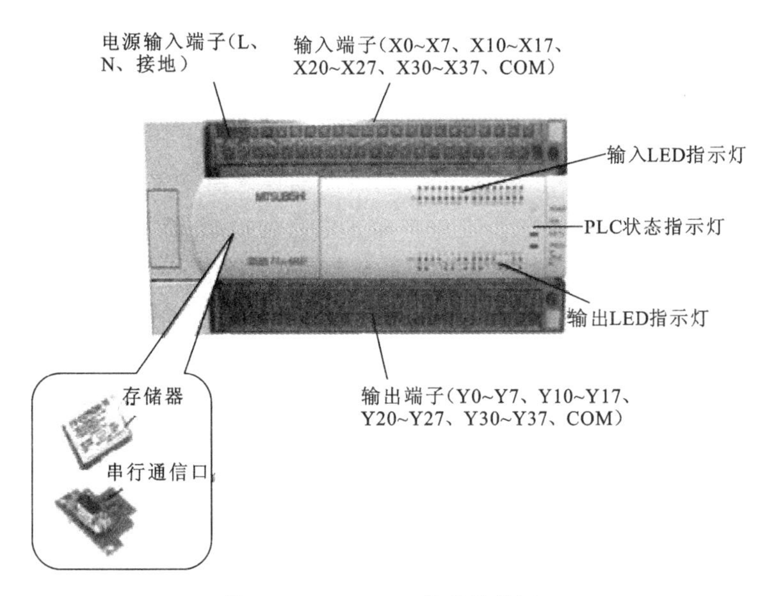

图 2-7　FX2N PLC 外部结构图 1

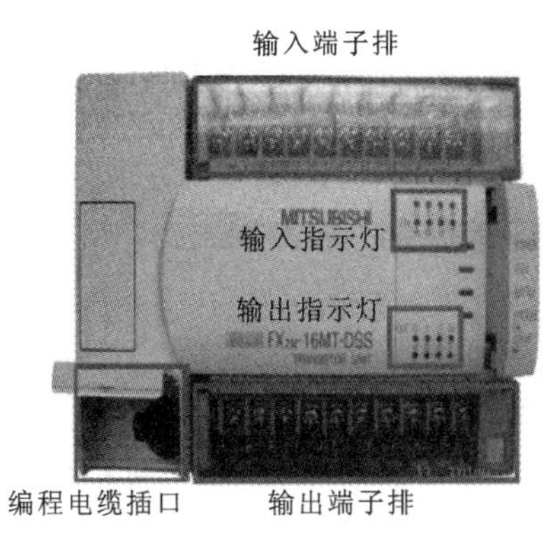

图 2-8　FX2N PLC 外部结构图 2

5. PLC的工作原理

1) PLC扫描工作方式

PLC在开机后,它的整个执行过程可分为5个阶段(图2-9),即完成内部处理、通信处理、输入刷新、程序执行、输出刷新5个工作阶段,这称为一个扫描周期。完成一次扫描后,又重新执行上述过程,PLC这种周而复始的循环工作方式称为扫描工作方式。

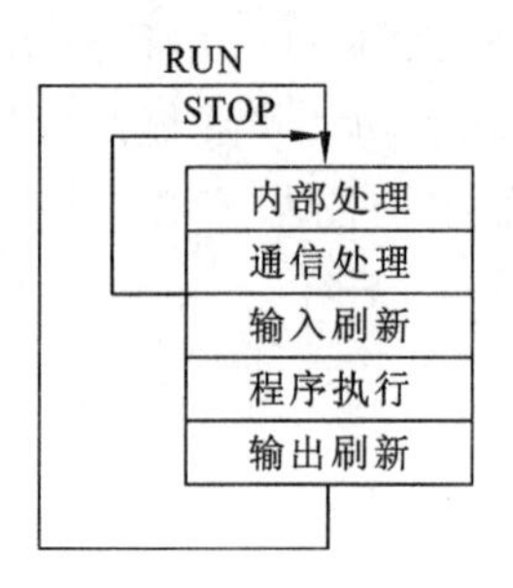

图2-9　PLC的循环工作

在一次扫描周期中,PLC有两种基本的工作状态,即运行(RUN)状态与停止(STOP)状态。在运行状态,PLC通过执行反映控制要求的用户程序来实现控制功能。为了使PLC的输出及时地响应随时可能变化的输入信号,用户程序不是只执行一次,而是反复不断地重复执行,直至PLC停机或切换到STOP工作状态。

在内部处理阶段,PLC检查CPU模块内部的硬件是否正常,将监控定时器复位,以及完成一些别的内部工作。在通信服务阶段,PLC与别的带微处理器的智能装置通信,响应编程器键入的命令,更新编程器的显示内容。在输入处理阶段,PLC把所有外部输入电路的接通/断开(ON/OFF)状态读入输入映像寄存器。在程序执行阶段,即使外部输入信号的状态发生了变化,输入映像寄存器的状态也不会随之改变,输入信号变化了的状态只能在下一个扫描周期的输入处理阶段被读入。在输出处理阶段,CPU将元件映像寄存器的通/断状态传送到输出锁存器。图2-10所示为信号从输入到输出的传递过程。最终输出刷新:将元件映像寄存器的状态写入输出锁存电路,再经输出电路传递给输出端子,从而控制外接器件动作。

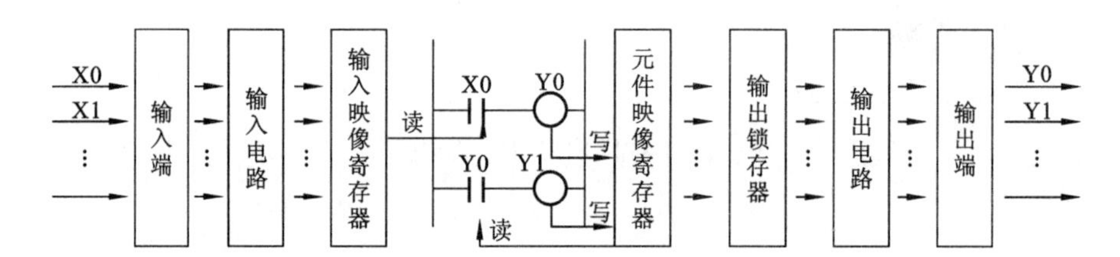

图2-10　信号从输入到输出的传递过程

2) PLC扫描周期和I/O滞后时间

PLC在运行工作状态时,从程序第一行开始到程序最后一行(一般是END)执行完毕称为扫描周期。其典型值为1~100 ms。

图2-11所示为输入/输出响应时序图,从图中可以看出I/O软元件有滞后的现象,分析其原因,有输入软元件的滤波器有时间常数,造成输入延迟;输出软元件有机械滞后,造成输出延迟;PLC循环操作时,进行公共处理、I/O刷新和执行用户程序等产生扫描周期,还有程序语句的安排,都会影响响应时间。

I/O滞后时间又称为系统响应时间,是指PLC外部输入信号发生变化的时刻起至它

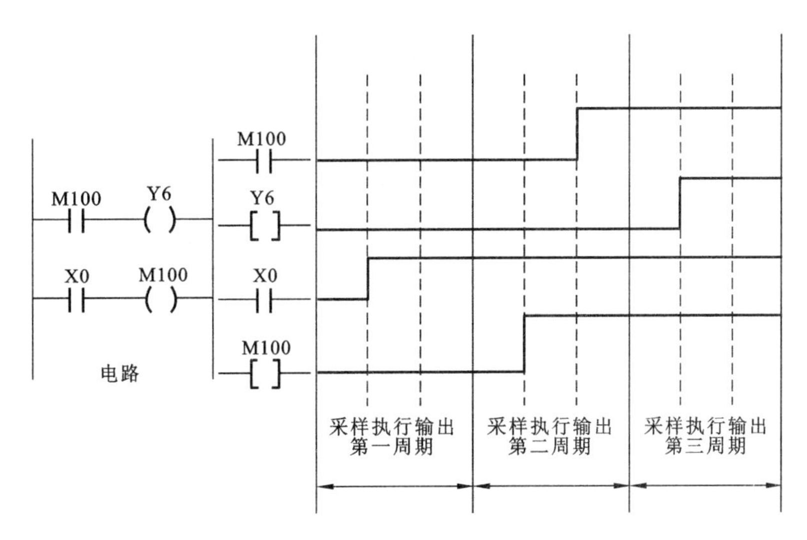

图 2-11　输入/输出响应时序图

控制的有关外部输出信号发生变化的时刻之间的间隔。

相应的具体改进措施可以包括：提高 PLC 扫描速度；提供高速输入端口，来减少输入滤波时间；提供高速处理模块；采用 I/O 立即刷新指令等。

6. 可编程控制基本指令简介

PLC 基本指令如表 2-6 所示。

表 2-6　PLC 基本指令

名　称	助 记 符	目 标 元 件	说　明
取指令	LD	X、Y、M、S、T、C	常开接点逻辑运算起始
取反指令	LDI	X、Y、M、S、T、C	常闭接点逻辑运算起始
线圈驱动指令	OUT	Y、M、S、T、C	驱动线圈的输出
与指令	AND	X、Y、M、S、T、C	单个常开接点的串联
与非指令	ANI	X、Y、M、S、T、C	单个常闭接点的串联
或指令	OR	X、Y、M、S、T、C	单个常开接点的并联
或非指令	ORI	X、Y、M、S、T、C	单个常闭接点的并联
或块指令	ORB	无	串联电路块的并联连接
与块指令	ANB	无	并联电路块的串联连接
主控指令	MC	Y、M	公共串联接点的连接
主控复位指令	MCR	Y、M	MC 的复位
置位指令	SET	Y、M、S	使动作保持
复位指令	RST	Y、M、S、D、V、Z、T、C	使操作保持复位

续表

名　称	助记符	目标元件	说　明
上升沿产生脉冲指令	PLS	Y、M	输入信号上升沿产生脉冲输出
下降沿产生脉冲指令	PLF	Y、M	输入信号下降沿产生脉冲输出
空操作指令	NOP	无	使步序作空操作
程序结束指令	END	无	程序结束

1）线圈驱动指令 LD、LDI、OUT

LD为取指令，表示一个与输入母线相连的常开接点指令，即常开接点逻辑运算起始。LDI为取反指令，表示一个与输入母线相连的常闭接点指令，即常闭接点逻辑运算起始。OUT为线圈驱动指令，也称输出指令。

LD、LDI两条指令的目标元件是X、Y、M、S、T、C，用于将接点接到母线上。也可以与ANB指令、ORB指令配合使用，在分支起点也可使用。

OUT是驱动线圈的输出指令，它的目标元件是Y、M、S、T、C。对输入继电器X不能使用。OUT指令可以连续使用多次。

LD、LDI是一个程序步指令，这里的一个程序步即一个字。OUT是多程序步指令，要视目标元件而定。

2）接点串联指令 AND、ANI

AND为与指令，用于单个常开接点的串联。ANI为与非指令，用于单个常闭接点的串联。

AND与ANI都是一个程序步指令，它们串联接点的个数没有限制，也就是说这两条指令可以多次重复使用。

OUT指令后，通过接点对其他线图使用OUT指令称为纵接输出或连续输出，连续输出如果顺序不错可以多次重复。

3）接点并联指令 OR、ORI

OR为或指令，用于单个常开接点的并联。

ORI为或非指令，用于单个常闭接点的并联。

OR与ORI指令都是一个程序步指令，它们的目标元件是X、Y、M、S、T、C。这两条指令都是并联一个接点。需要两个以上接点串联连接电路块的并联连接时，要用ORB指令。

4）串联电路块的并联连接指令 ORB

两个或两个以上的接点串联连接的电路称为串联电路块。串联电路块并联连接时，分支开始用LD、LDI指令，分支结果用ORB指令。ORB指令与ANB指令均为无目标元件指令，而两条无目标元件指令的步长都为一个程序步。ORB有时也简称或块指令。

ORB指令的使用方法有两种：一种是在要并联的每个串联电路块后加ORB指令；另一种是集中使用ORB指令。对于前者分散使用ORB指令时，并联电路块的个数没有限制，但对于后者集中使用ORB指令时，这种电路块并联的个数不能超过8个。

5）并联电路的串联连接指令ANB

两个或两个以上的接点并联的电路称为并联电路块。分支电路并联电路块与前面电路串联连接时，使用ANB指令。分支的起点用LD、LDI指令，并联电路块结束后，使用ANB指令与前面电路串联。ANB指令也简称与块指令，ANB也是无操作目标元件，是1个程序步指令。

6）主控及主控复位指令MC、MCR

MC为主控指令，用于公共串联接点的连接，MCR称为主控复位指令，即MC的复位指令。在编程时，经常遇到多个线圈同时受一个或一组接点控制。如果在每个线圈的控制电路中都串入同样的接点，将多占用存储单元，应用主控指令可以解决这一问题。使用主控指令的接点称为主控接点，它在梯形图中与一般的接点垂直。它们是与母线相连的常开接点，是控制一组电路的总开关。

MC指令是3个程序步，MCR指令是2个程序步，两条指令的操作目标元件是Y、M，但不允许使用特殊辅助继电器M。

与主控接点相连的接点必须用LD或LDI指令。使用MC指令后，母线移到主控接点的后面，MCR使母线回到原来的位置。在MC指令内再使用MC指令时嵌套级N的编号（0～7）顺序增大，返回时用MCR指令，从大的嵌套级开始解除。

7）置位与复位指令SET、RST

SET为置位指令，使动作保持；RST为复位指令，使操作保持复位。SET指令的操作目标元件为Y、M、S。RST指令的操作目标元件为Y、M、S、D、V、Z、T、C。这两条指令是1～3个程序步。用RST指令可以对定时器、计数器、数据寄存器、变址寄存器的内容清零。

8）脉冲输出指令PLS、PLF

PLS指令在输入信号上升沿产生脉冲输出，而PLF在输入信号下降沿产生脉冲输出，这两条指令都是2个程序步，它们的目标元件是Y和M，但特殊辅助继电器不能作为目标元件。使用PLS指令，元件Y、M仅在驱动输入接通后的一个扫描周期内动作。而使用PLF指令，元件Y、M仅在驱动输入断开后的一个扫描周期内动作。

9）空操作指令NOP

NOP指令是一条无动作、无目标元件的1个程序步指令。空操作指令是该步序作空操作。用NOP指令替代已写入指令，可以改变电路。在程序中加入NOP指令，在改动或追加程序时可以减少步序号的改变。

10）程序结束指令END

END是一条无目标元件的1个程序步指令。PLC反复进行输入处理、程序运算、输出处理，若在程序最后写入END指令，则END以后的程序步就不再执行，直接进行输出处理。在程序调试过程中，按端插入END指令，可以顺序扩大对各程序段的检查。采用END指令将程序划分为若干段，在确认处理前面电路块的动作正确无误之后，依次删去

END 指令。

7. 功能指令使用及程序流程图

如图 2-12 所示，与逻辑中，X000、X001 状态均为 1 时，Y000 有输出；当 X000、X001 两者有任何一个状态为 0，Y0000 输出立即为 0。

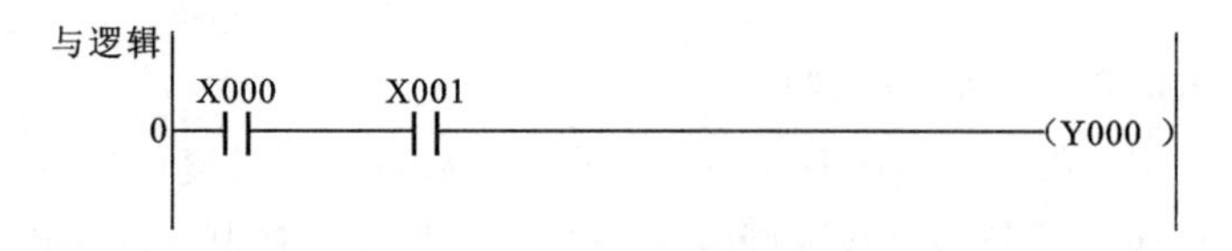

图 2-12 与逻辑指令使用

如图 2-13 所示，或逻辑中 X000、X001 状态有任意一个为 1 时，Y001 即有输出；当 X000、X001 状态均为 0，Y001 输出为 0。

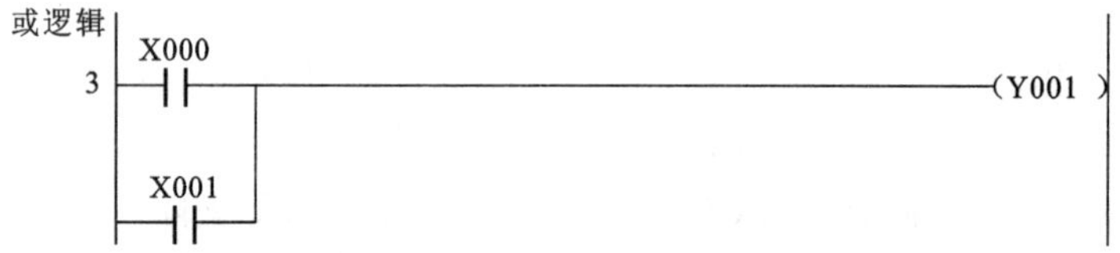

或逻辑
X000
3
Y001
X001

图 2-13 或逻辑指令使用

如图 2-14 所示，非逻辑中 X000、X001 状态均为 0 时，Y002 有输出；当 X000、X001 两者有任何一个状态为 1，Y002 输出立即为 0。

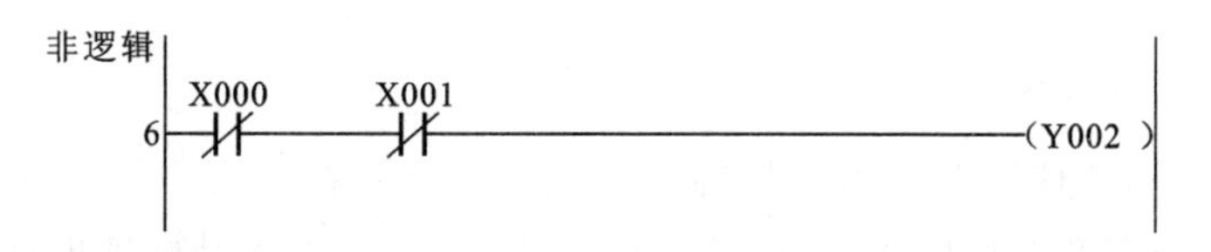

图 2-14 非逻辑指令使用

8. GX Developer 软件的编程规则

1）软件概述

GX Developer 是三菱通用性较强的编程软件，它能够完成 Q 系列、QnA 系列、A 系列（包括运动控制 CPU）、FX 系列 PLC 梯形图、指令表、SFC 等的编辑。该编程软件能够将编辑的程序转换成 GPPQ、GPPA 格式的文档，当选择 FX 系列时，还能将程序存储为 FXGP(DOS)、FXGP(WIN)格式的文档，以实现与 FX-GP/WIN-C 软件的文件互换。该编程软件能够将 Excel、Word 等软件编辑的说明性文字、数据，通过复制、粘贴等简单操作导入程序中，使软件的使用、程序的编辑更加便捷。

2）GX Developer 的特点

GX Developer 编程软件具有以下特点。

（1）操作简便。

① 标号编程。若用标号编程制作程序，就不需要认识软元件的号码而能够根据标示制作成标准程序。用标号编程做成的程序能够依据汇编从而作为实际的程序来使用。

② 功能块。功能块是以提高顺序程序的开发效率为目的而开发的一种功能。把开发顺序程序时反复使用的顺序程序回路块零件化，使顺序程序的开发变得容易，此外，零件化后，能够防止将其运用到别的顺序程序使得顺序输入错误。

③ 宏。只要在任意的回路模式上加上名字（宏定义名）登录（宏登录）到文档，然后输入简单的命令，就能够读出登录过的回路模式，变更软元件就能够灵活利用了。

（2）能够用各种方法和 PLC 的 CPU 连接。

① 经由串行通信口与 PLC 的 CPU 连接。

② 经由 USB 接口与 PLC 的 CPU 连接。

③ 经由 MELSEC NET/10（H）与 PLC 的 CPU 连接。

④ 经由 MELSEC NET（II）与 PLC 的 CPU 连接。

⑤ 经由 CC-Link 与 PLC 的 CPU 连接。

⑥ 经由 Ethernet 与 PLC 的 CPU 连接。

⑦ 经由计算机接口与 PLC 的 CPU 连接。

（3）丰富的调试功能。

① 由于运用了梯形图逻辑测试功能，能够更加简单地进行调试作业。通过该软件可进行模拟在线调试，不需要与 PLC 连接。

② 在帮助菜单中有 CPU 出错信息、特殊继电器/特殊寄存器的说明等内容，所以对于在线调试过程中发生错误，或者是程序编辑中想知道特殊继电器/特殊寄存器的内容的情况下，通过帮助菜单可非常简便地查询到相关信息。

③ 程序编辑过程中发生错误时，软件会提示错误信息或错误原因，所以能大幅度缩短程序编辑的时间。

第3章　PLC编程元件

编程元件是PLC非常重要的构成元素，是使用PLC编程的基础。本章主要通过三相异步电动机点动控制来介绍三菱FX2N系列PLC的基本编程元件的使用方法。

模块1　项目导入

（1）掌握FX2N系列PLC编程元件分类和编号。

（2）掌握编程元件的基本特征。

（3）掌握编程元件的使用。

模块2　完成项目所需条件

（1）三菱公司FX2N系列PLC及其编程软件fxgpwin、GX Developer或者GX Works2。

（2）三相异步电动机、熔断器、交流接触器、热继电器、按钮开关等。

模块3　控制要求

在电气控制中，对于小型的三相异步电动机（输出功率较小），通常可以使用全压起动的方式来使其运行。如图3-1所示，此继电器控制电路原理图用来控制电动机点动的功能。当起动按钮SB2被按下后，接触器的KM线圈得电，其三个主触头闭合从而使电动机全压起动；当按下停止按钮SB1时，接触器KM线圈失电，其主触头KM断开，电动机停止运转。

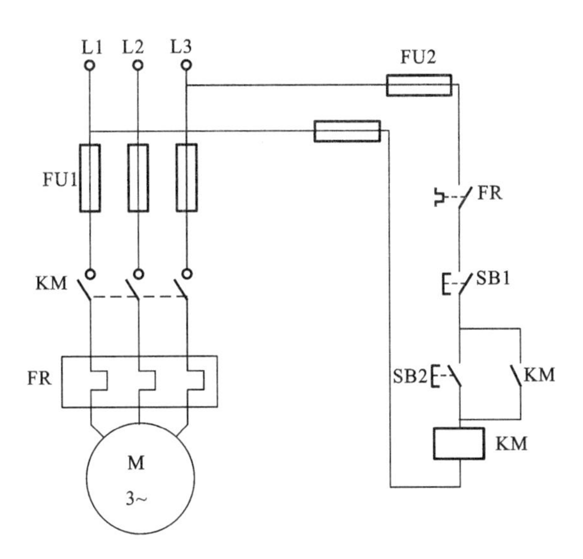

图 3-1　继电器接触器控制的原理图

模块4　项目操作

1. 继电器电路转换成 PLC 电路流程

当使用 PLC 来控制该电路时，其主电路保持不变，需针对控制电路部分进行 PLC 电路调整。首先，需要确定 PLC 的输入/输出设备，即选择好连接控制信号的按钮、开关、传感器、热继电器触点等和选定执行过程任务的交流接触器、电磁阀、信号灯等；然后，将以上输入/输出元件通过 I/O 口与 PLC 连接；接着，编制好 PLC 程序，并下载程序到 PLC；最后，运行程序并进行调试、修改，直至完成系统控制功能。

在编写 PLC 控制程序前，正确地选择输入/输出设备对于完成系统控制动作，是非常重要的。通常，一个控制信号就代表一个输入设备，一个执行元件即代表一个输出设备。选择开关还是选择按钮，相应的 PLC 程序也是不一样的。热继电器 FR 触点电动机的过载保护信号，也应作为输入设备。

在本系统根据点动控制电路的原理图，完成本控制任务的 PLC 梯形图中，要用到两个按钮开关，分别是起动按钮 SB2 和停止按钮 SB1。因此这两个主令电器可以作为输入设备来接收控制信号。输出设备为执行元件交流接触器，其主要作用是控制主电路的接通和断开，从而控制电动机全压起动的起停过程。

2. 软元件

当选择好输入/输出设备后，将它们与 PLC 进行连接，使得输入设备的控制信号能够传给 PLC，PLC 再将运行结果传给执行元件。这时，就需要用到 PLC 的内部软元件编程实现。

在工业控制领域中，PLC的本质是用程序表达式实现控制过程中器件间的逻辑或者控制关系。这种关系必须通过PLC机器内部元器件来表达。PLC设计者在内部设置具有各种各样功能的、能方便地代表控制过程中各种事物的元器件，即编程元件，也可称为软元件。

编写程序时，需要合理使用PLC提供的编程软元件。在常用小型PLC中编程元件有两种，分别是位元件(bit)和字元件(word)。

1) 位元件

位元件是PLC内存区域所提供的一个二进制位单元，又称为软继电器。由于电路的物理特性，该单元只有两种不同的状态(即ON和OFF)，因此可以分别用二进制数1和0来表示这两种状态。位元件主要用作基本顺序指令的编程元件，如输入继电器Xn、输出继电器Yn、内部通用继电器Rn、定时(计数)器等，其主要是通过改变相应触点的通断状态来参与控制，并逻辑运算的结果的输出。

FX系列PLC有4种基本编程位元件，为了分辨各种编程位元件，PLC设计者给它们指定了专用的字母符号，具体如下。

X：代表输入软元件(继电器)，用于直接输入给PLC的物理信号。

Y：代表输出软元件(继电器)，用于从PLC直接输出物理信号。

M(辅助继电器)和S(状态继电器)：PLC内部运算标志。

2) 字元件

字元件为PLC内存区域内的一个字单元(16bit)，主要用作功能指令和高级指令的编程元件，通常用以存放数据，如数据寄存器DTn、定时(计数)器的设定值SVn、经过值EVn等。字元件没有触点，通常以整体内容参与控制。8个连续的位元件组成一个字节(byte)，16个连续的位组成一个字元件(word)，32个连续的位组成一个双字(double word)。定时器和计数器的当前值和设定值均为有符号字，最高位(第15位)为符号位，正数的符号位为0，负数的符号位为1。

值得注意的是内存中的输入(X)区、输出(Y)区和内部通用(R)区，该区中的每个bit均可用作位元件，而且每16bit可构成一个字元件，如WRIO是由16个位元件R100～R10F构成的字元件，该字元件中的内容一旦发生变化，这16个位的状态也随之发生改变。

3. I/O地址表和输入/输出接线图

在了解了PLC的输入/输出软元件后，将进行分配I/O地址的步骤，并绘制出PLC的输入/输出接线图。依据一个输入设备占用PLC一个输入点(I)、一个输出设备占用PLC一个输出点(O)的原则，本控制系统的I/O地址分配如表3-1所示。

表 3-1　全压起动电动机的 PLC I/O 分配

输入信号			输出信号		
名称	代号	输入点编号	名称	代号	输出点编号
总停按钮	SB1	X0	交流接触器	KM	Y0
正转起动按钮	SB2	X1			
热继电器	FR	X2			

将选择的输入、输出设备和分配好的 I/O 地址一一对应连接形成 PLC 的 I/O 接线图，如图 3-2 所示。

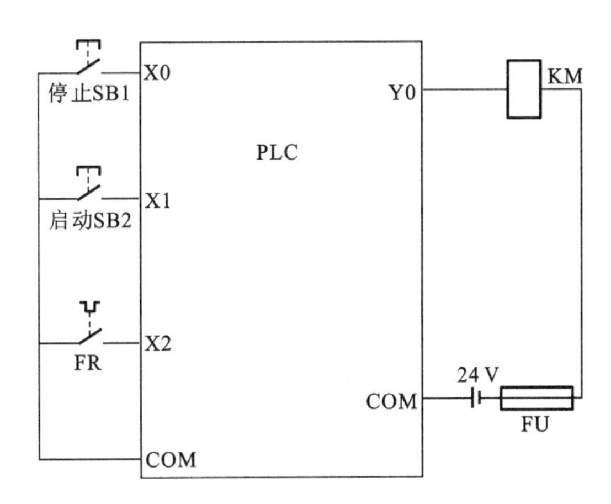

图 3-2　电动机全压起停控制的输入/输出接线图

按照上述接线图实施接线后，就需要对 PLC 进行编写控制程序来实现操作人员按下起动按钮 SB2 后，PLC 能控制输出 KM 线圈通电的功能需求。

PLC 常用的编程语言有梯形图、指令表、状态转移图、逻辑功能图和其他高级语言等，其中最具代表性的编程方式是梯形图和指令表程序，PLC 编程软件、语言和基本指令将在后续章节介绍。

模块 5　项目知识点

1. FX2N 系列 PLC 编程元件分类和编号

1）PLC 编程软元件的物理实质

PLC 的编程软元件从物理实质上来说主要是电子电路及存储器，按通俗叫法分别称为输入继电器、输出继电器、辅助继电器、定时器、计数器等。

2）软元件的基本特征

鉴于 PLC 软元件的物理特性，它与实际的继电器元件之间有比较大的区别。这些编程用的软元件(继电器)的工作线圈是不需要考虑工作电压等级限制的,同时也不受功耗大小和电磁惯性等问题的影响,其触点也不存在数量限制、机械磨损和电腐蚀等问题。在不同场景中,相应的指令操作下,其工作状态可以无记忆,也可以有记忆,还可以作为脉冲数字元件使用。

3) PLC的编程软元件

FX系列PLC的编程软元件如表3-2所示。

表3-2 FX系列PLC的编程软元件列表

FX系列的编程软元件列表	
输入继电器X	计数器C
输出继电器Y	数据寄存器D
辅助继电器M	变址寄存器V/Z
状态器S	指针P/I
定时器T	常数(K/H)

4) FX系列PLC的内部软元件及编号

由于不同厂家生产的各系列PLC之间各有不同,其内部软元件(继电器)的功能和编号也都不相同。因此,用户在编写程序时,必须熟悉所选用PLC的指令系列、编程元件的功能及其编号。

FX系列中几种常用型号PLC的编程软元件及编号如表3-3所示。FX系列PLC编程软元件的编号是由字母和数字组成的,其中输入继电器和输出继电器用八进制数字来编号,其他的均采用十进制数字进行编号。本节以FX2N为例介绍FX系列PLC的内部软元件。

表3-3 FX系列PLC的内部软继电器及编号

编程元件种类 \ PLC型号		FX0S	FX1S	FX0N	FX1N	FX2N (FX2NC)
输入继电器X (按八进制编号)		X0～X17 (不可扩展)	X0～X17 (不可扩展)	X0～X47 (可扩展)	X0～X47 (可扩展)	X0～X77 (可扩展)
输出继电器Y (按八进制编号)		Y0～Y15 (不可扩展)	Y0～Y15 (不可扩展)	Y0～Y27 (可扩展)	Y0～Y27 (可扩展)	Y0～Y77 (可扩展)
辅助继电器M	普通用	M0～M495	M0～M383	M0～M383	M0～M383	M0～M499
	保持用	M49～M511	M38～M511	M384～M511	M384～M1535	M500～M3071
	特殊用	M8000～M8255				

续表

编程元件种类 \ PLC 型号		FX0S	FX1S	FX0N	FX1N	FX2N (FX2NC)
状态寄存器 S	初始状态用	S0～S9	S0～S9	S0～S9	S0～S9	S0～S9
	返回原点用	—	—	—	—	S10～S19
	普通用	S10～S63	S10～S127	S10～S127	S10～S999	S20～S499
	保持用	—	S0～S127	S0～S127	S0～S999	S500～S899
	信号报警用	—	—	—	—	S900～S999
定时器 T	100 ms	T0～T49	T0～T62	T0～T62	T0～T199	T0～T199
	10 ms	T24～T49	T32～T62	T32～T62	T200～T245	T200～T245
	1 ms	—		T63	—	—
	1 ms 累计	—	T63	—	T246～T249	T246～T249
	100 ms 累计	—	—	—	T250～T255	T250～T255
计数器 C	16 位增计数（保持）	C0～C13	C0～C15	C0～C15	C0～C15	C0～C99
	16 位增计数（保持）	C14、C15	C16～C31	C16～C31	C16～C199	C100～C199
	32 位可逆计数（普通）	—	—	—	C200～C219	C200～C219
	32 位可逆计数（保持）	—	—	—	C220～C234	C220～C234
	高位计数器	C235～C255				
数据寄存器 D	16 位普通用	D0～D29	D0～D127	D0～D127	D0～D127	D0～D199
	16 位特殊用	D30、D31	D128～D255	D128～D255	D128～D255	D200～D7999
	32 位特殊用	D8000～D8069	D8000～D8255	D8000～D8255	D8000～D8255	D8000～D8195
	16 位变址用	V Z	V0～V7 Z0～Z7	V Z	V0～V7 Z0～Z7	V0～V7 Z0～Z7
指针 N、P、I	嵌套用	N0～N7	N0～N7	N0～N7	N0～N7	N0～N7
	跳转用	P0～P63	P0～P63	P0～P63	P0～P127	P0～P127
	输入中断用	I00 * ～I30 *	I00 * ～I50 *	I00 * ～I30 *	I00 * ～I50 *	I00 * ～I50 *
	定时器中断	—	—	—	—	I6 * * ～I8 * *
	计数器中断	—	—	—	—	I010～I060
常数 K、H	16 位	K：－32,768～32,767　　H：0000～FFFFH				
	32 位	K：－2,147,483,648～2,147,483,647　　H：00000000～FFFFFFFF				

5) FX3U 系列 PLC 的主要单元型号规格

FX3U 系列 PLC 为最新系列，该系列基本单元有 16/32/48/64/80/128 六种基本规格，基本单元为 AC 电源供电，输出可以为继电器和晶体管。

FX3U 系列 PLC 的基本单元型号中的各参数的含义如图 3-3 所示。

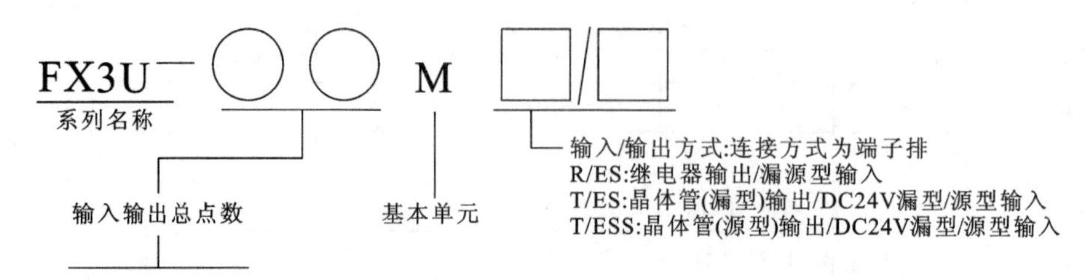

图 3-3　FX3U 系列 PLC 的基本单元型号中的各参数的含义

例如，FX3U-64MR/ES 为 32 点输入/32 点继电器输出的基本单元。

部分 FX3U 基本单元的规格如表 3-4 所示。

表 3-4　部分 FX3U 基本单元的规格

型　号	规　格				
	电　源	输入点数/输入形式		输出点数/输出形式	
FX3U-16MR/ES-A	AC100～240 V	8	C24 V 漏型/源型输入	8	继电器输出
FX3U-36MR/ES-A		16		16	
FX3U-48MR/ES-A		24		24	
FX3U-64MR/ES-A		32		32	
FX3U-80MR/ES-A		40		40	
FX3U-128MR/ES-A		64		64	
FX3U-16MT/ES-A	AC100～240 V	8	C24 V 漏型/源型输入	8	晶体管输出
FX3U-32MT/ES-A		16		16	
FX3U-48MT/ES-A		24		24	
FX3U-64MT/ES-A		32		32	
FX3U-80MT/ES-A		40		40	
FX3U-128MT/ES-A		64		64	

2. 输入继电器 X

输入软元件(继电器，符号为 X)是 PLC 接收外部输入信号的主要接口器件，其地址编号采用八进制。PLC 通过光耦合器，将外部信号的状态读入并且存储在输入映像寄存器中。其输入端既可以接外接常开触点或者常闭触点，也可以接多个触点组成的串并联电路或者电子传感器(如接近开关)。在 PLC 梯形图程序中，输入软元件的常开触电和常闭触点是可以重复使用的。

图 3-4 所示为一个 PLC 控制系统的示意图，当输入软元件 X0 外接的输入电路接通时，其对应的输入映像寄存器状态为 1，断开时则状态变更为 0。输入软元件的状态只取决于外部输入信号的状态，而不受用户编写的程序控制，因此在梯形图中输入继电器的线圈是不能出现的。

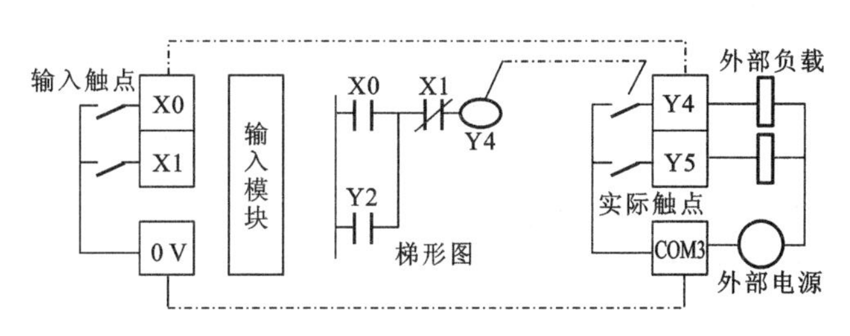

图 3-4　输入继电器与输出继电器

PLC 输入接口的一个接线点通常只对应一个输入软元件。输入软元件的线圈只能由外部信号驱动，它可提供无数个常开接点、常闭接点来供用户编程时使用。

3. 输出继电器 Y

输出软元件(继电器，符号为 Y)是 PLC 向外部负载发送执行指令的唯一方式，一般由线圈和触点组成，其触点有两种，分别为内部触点和外部触点。内部触点是在编程过程中使用的，而外部触点是唯一的常开硬触点，只与一个输出端子相连，因此输出端子与输出软元件的触点编号是一致的，是一一对应的关系。

输出软元件是用于将 PLC 的输出信号传送给输出模块，再由后者驱动外部负载从而实现控制功能的元件。PLC 输出接口的一个接线点一般对应一个输出继电器。输出软元件的线圈由程序驱动，每个输出软元件除了为内部控制电路提供编程用的常开、常闭触点外，通常还可以为输出电路提供一个常开触点与输出接线端连接。驱动外部负载的电源由用户自行提供。图 3-5 所示为输出软元件的等效电路。输出继电器的地址编号也是八进制，最多可达 184 点。

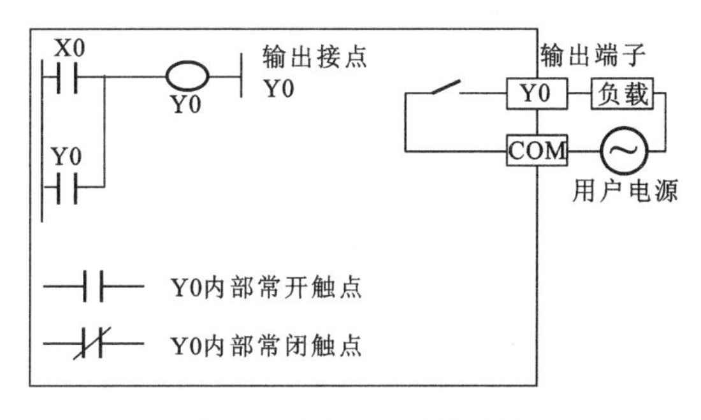

图 3-5　输出软元件示意图

4. 辅助继电器 M

辅助继电器(符号为 M)是用软件实现的,与外接没有任何直接联系。它们既不能接收外部的信号,又不能直接驱动外部负载,只是作为一种 PLC 内部的状态标志,只供内部编程时使用,相当于继电器控制系统中的中间继电器。辅助继电器是 PLC 中数量最多的一种功能性软元件。

PLC 的内部有很多功能各异的辅助继电器,它们的工作原理和输出继电器相同,只能由程序驱动,每个辅助继电器也有无数对常开、常闭接点供编程使用,且使用次数不受限制。辅助继电器的接点在 PLC 内部编程时可以任意使用,但它不能直接驱动负载,外部负载必须由输出继电器的输出接点来驱动。辅助继电器主要包括以下 3 类。

1) 通用辅助继电器

在 FX 系列 PLC 中,除了输入/输出软元件的元件号(地址号)采用八进制编码以外,其他的编程元件的元件号均采用的是十进制编码。

通用辅助继电器的线圈可以由用户程序驱动,如果 PLC 在运行的过程中突然失电,输出继电器和通用辅助继电器的状态将会全部转变为 OFF。如果电源再次接通,除了因外部输入信号而变为 ON 的以外,其余的仍然将保持 OFF 状态。FX2N 系列 PLC 内部共有通用辅助驱动器 500 点,为 M0～M499。

2) 锁存(断电保持)辅助继电器

锁存辅助继电器也称为断电保持继电器,可以用于在某些控制系统要求记忆电源中断瞬间时的状态,重新通电后再现其状态的场合。

FX2N 系列 PLC 内部一共有锁存继电器 2572 点,为 M400～M3071。

在 PLC 控制系统掉电时,PLC 用锂电池来保持 RAM 中寄存器的内容,它们只是在 PLC 重新上电后的第一个扫描周期保持断电瞬时的状态。为了利用它们的断电记忆功能,可以采用有记忆功能的电路。如图 3-6 所示,X0 和 X1 分别是起动按钮和停止按钮,M600 通过 Y0 来控制外部的电动机,若电源中断时 M600 为 ON 状态,因为电路的记忆功能,重新通电后 M600 将保持 ON 状态,因此 Y0 也继续为 ON,电动机重新开始运行。这时若断开输入继电器 X1,M600 将会失电,输出继电器 Y0 状态变更为 OFF。

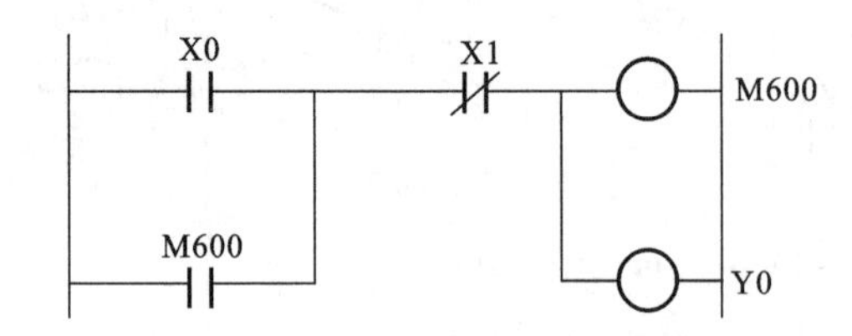

图 3-6　锁存继电器的锁存功能

3) 特殊辅助继电器

特殊辅助继电器一共有 256 点,已由 PLC 生产厂家定义好用途和工作方式,它们用来表示 PLC 的某些状态码,提供时钟脉冲和标志(如进位、借位标志),设定 PLC 的运行方式，或者用于步进顺序控制、禁止中断、设定计数器是加法计数还是减法计数等。特殊辅助继电器又分为以下两类。

(1) 触点利用型。由 PLC 的系统程序来驱动触点利用型特殊辅助继电器的线圈，在用户程序中直接使用其触点，但是不能出现它们的线圈，举例如下。

M8000(运行监视)：当 PLC 执行用户程序时，M8000 为 ON；停止执行时，M8000 为 OFF。

M8002(初始化脉冲)：M8002 仅在 M8000 由 OFF 变为 ON 状态的一个扫描周期内为 ON，如图 3-7 所示，可以用 M8002 的常开触点来使有断电保持功能的元件初始化复位或给它们置初始值。

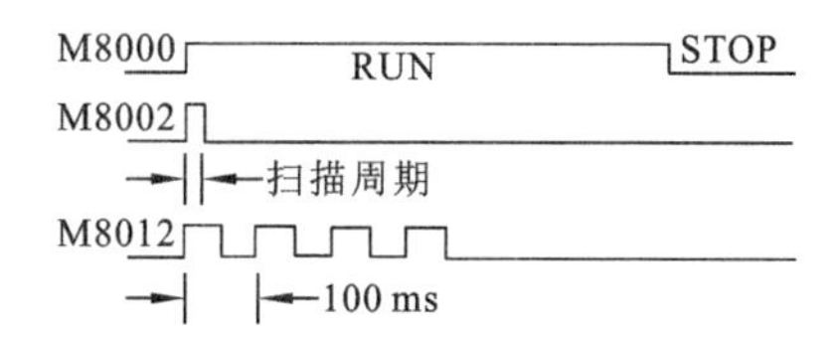

图 3-7　特殊辅助继电器脉冲图

M8011～M8014 分别是 10 ms、100 ms、1 s 和 1 min 时钟脉冲。如图 3-7 所示，以 M8012 为例。

M8005(锂电池电压降低)：电池电压下降至规定值时变为 ON，可以用它的触点驱动输出软元件和外部指示灯，提醒工作人员更换锂电池。

(2) 线圈驱动型。用户程序驱动器线圈，主要用于 PLC 执行特定的操作，用户并不使用它们的触点。举例如下。

M8030 的线圈“通电”后，“电池电压降低”欠压指示灯熄灭。

M8033 的线圈“通电”时，PLC 进入 STOP 状态后，所有保持输出映像存储器和数据寄存器的状态保持不变。当特殊辅助继电器 M8033 置 1 时，PLC 由运行转向停止时，数据可以保持。

M8034 的线圈“通电”时，则将 PLC 的输出全部禁止(所有输出继电器 Y 自动断开)，但程序仍然正常执行。

M8039 的线圈“通电”时，PLC 以数据寄存器 D8039 中指定的扫描时间工作。

5. 状态器 S

状态器(符号为 S)是用于编制顺序控制程序的一种编程元件(状态标志)，一般配合 STL 指令(步进梯形指令)使用，其主要用于编程过程中顺序控制状态的描述和初始化，与 STL 指令组合使用时，可以非常方便地编写出通俗易懂的顺序控制程序。若不对状态继电器使用步进梯形指令，还可以将其作为普通辅助继电器(M)来使用，其地址码按十进制编码。

FX2N 系列 PLC 的状态继电器通常分为以下几类。

初始状态继电器：S0～S9 共 10 点。

回零状态继电器：S10～S19 共 10 点。

通用状态继电器：S20～S499 共 480 点。

停电保持状态器：S500～S899 共 400 点。

报警用状态继电器：S900～S999 共 100 点。

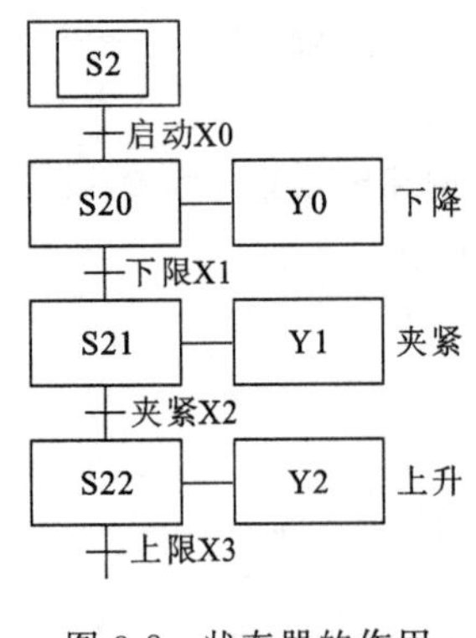

图 3-8　状态器的作用

如图 3-8 所示，在机械手动作的过程中：①当启动信号 X0 有效时，机械手下降；②下降到限位 X1 时开始夹紧工件；③夹紧到位信号 X2 为 ON 时，机械手上升到上限 X3 停止。

整个过程分为三步，每一步都用到了一个状态器 S20、S21、S22 来记录，每个状态器都有各自的置位和复位信号，如 S21 由 X1 置位、X2 复位，并且都有各自的操作，这样就不用担心每一步的工作之间产生干扰，不必考虑不同步之间元件的互锁，从而使得程序设计显得清晰明了。

6. 定时器 T

定时器(符号为 T)作为时间元件，在 PLC 中的作用相当于时间继电器，用于程序的延时控制，由一个设定值寄存器、一个当前值寄存器和无数个定时器触点寄存器组成。其中设定值寄存器和当前值寄存器都为一个字长 word(16 位二进制位长)，而触点状态的映像寄存器为一位(一个二进制位)。FX 系列只有通电延时型定时器，线圈开始通电后，定时器开始计时，在其当前值寄存器的值等于设定值寄存器的值时，定时器触点动作。故设定值、当前值和定时器触点是定时器的三个最主要的参数，三个存储单元使用同一个元件编号，但使用场合不同，意义也不一样。

定时器累计 PLC 内的 1 ms、10 ms、100 ms 等的时钟脉冲，当达到设定值时，输出触点动作。定时器可以使用用户程序存储器内的常数 K 作为设定值，也可以用后述的数据寄存器 D 的内容作为设定值。这里的数据寄存器应有断电保持功能。定时器的地址编号、设定值的规定如下。

1) 通用定时器(非积算型)T0～T245

通用定时器没有保持功能，在输入电路断开或停电时被复位，FX 系列的定时器只能提供其线圈“通电”后延迟动作的触点。100 ms 定时器 T0～T199 共 200 点，每个设定值范围为 0.1～3276.7 s；10 ms 定时器 T200～T245 共 46 点，每个设定值范围为 0.01～327.67 s。

如图 3-9 所示，X0 接通，T200 从 0 开始对 10 ms 脉冲累计计数，当计数值与设定值相等时，接通 Y0，经过的时间为 100×0.01 s＝1 s。当 X0 断开后定时器复位，计数值变为 0，其常开触点断开，Y0 也随之断开。若外部电源断电，定时器也将复位。

2) 积算定时器 T246～T255

1 ms 积算定时器 T246～T249 共 4 点，每点设定值范围为 0.001～32.767 s；100 ms 积算定时器 T250～T255 共 6 点，每点设定值范围为 0.1～3276.7 s。

如图 3-10 所示，当 X0 接通时，T255 当前值计数器开始累计 100 ms 的时钟脉冲的个数。

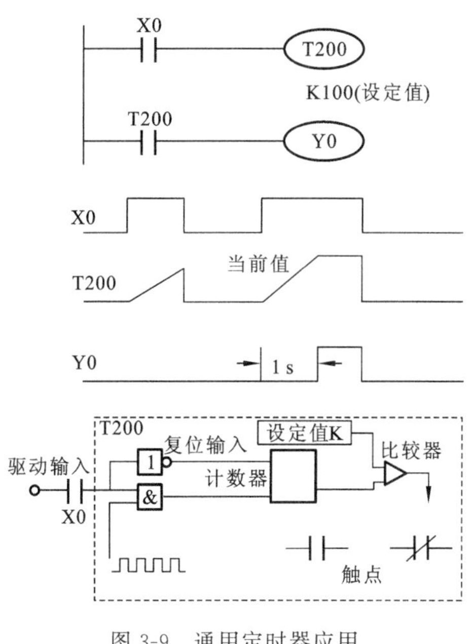

图 3-9　通用定时器应用

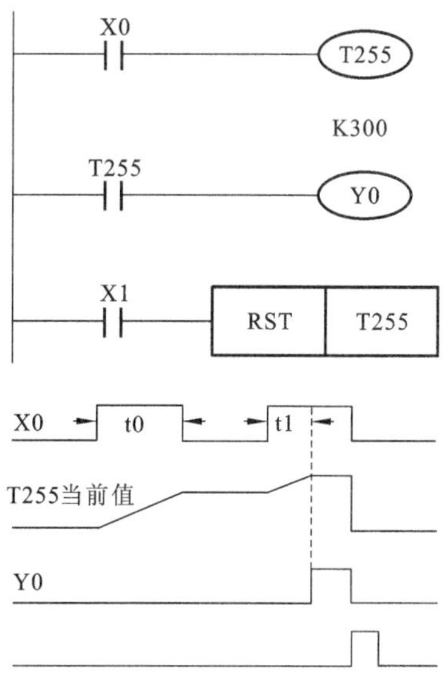

图 3-10　积算型定时器的应用

当 X0 经 t0 后断开，而 T255 尚未计数到设定值 K300，其计数保留当前值。

当 X0 再次接通，T255 从保留的当前值开始继续累积，经过 t1 时间，当前值达到 K300 时，定时器的触点动作。累积的时间为 t0＋t1＝0.1×300＝30 s。当复位输入 X1 接通时，定时器才复位，当前值变为 0，触点也跟随复位。

使用定时器应该注意：如果在子程序或中断程序中使用 T192～T199 和 T246～T249，在执行 END 指令时修改定时器的当前值。当定时器的当前值等于设定值时，其输出触点在执行定时器线圈指令或 END 指令时动作。如果不是使用上述的定时器，在特殊情况下，定时器的工作可能不正常。如果 1 ms 定时器用于中断程序和子程序，在它的当前值达到设定值后，其触点在执行该定时器的第一条线圈指令时动作。

考虑定时器精度问题，通常将其线圈放在触点之前定义，定时器的最大误差约为＋T0（T0 为扫描周期）和－α。对于 1 s、10 ms 和 100 ms 定时器，α 分别为 1 ms、10 ms、100 ms。

7. 计数器 C

FX2N 系列 PLC 的计数器（符号 C）共有两种：内部信号计数器和高速计数器，主要用于程序中的计数控制。

内部信号计数器又分为两种：16 位递加计数器和 32 位增减计数器。它们是用于对 PLC 机内元件（X、Y、M、S、T 和 C）的信号进行计数的计数器，由于机内信号频率低于扫描频率，其接通时间和断开时间应比 PLC 的扫描周期稍长，故内部计数器也是低速计数器。

1）16 位递加计数器

设定值为 1～32767。其中 C0～C99 共 100 点是通用型，C100～C199 共 100 点是断电保持型，即断电后能保持当前值，待通电后继续计数。需要注意的是，C0～C199 断电情况下都具有记忆最后结果的功能，因此在使用时需要用程序复位语句来复位。

图 3-11 给出了 16 位递加计数器的工作过程，图中 X0 的常开触点接通后，C0 被复位，它对应的位存储单元被置为 0，它的常开触点断开，常闭触点接通，同时其计数当前值被置为 0。X1 用来提供计数输入信号，当计数器的复位输入电路断开，计数输入电路由断开变为接通（即计数脉冲的上升沿）时，计数器的当前值加 1。在 5 个计数脉冲之后，C0 的当前值等于设定值 5，它对应的位存储单元的内容被置为 1，其常开触点接通，常闭触点断开。再来计数脉冲时当前值不变，直到复位输入电路接通，计数器的当前值被置为 0。计数器也可以通过数据寄存器来指定设定值。

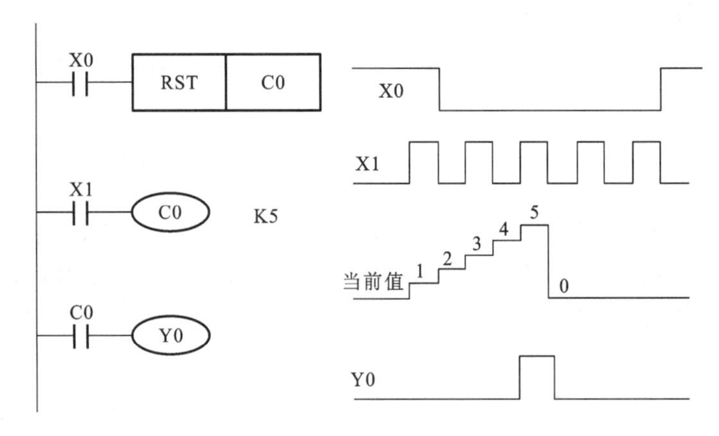

图 3-11　16 位递加计数器

2）32 位增减计数器

设定值为－2 147 483 648～＋2 147 483 647，其中 C200～C219 共 20 点是通用型，C220～C234 共 15 点为断电保持型计数器。

32 位双向计数器是递加型还是递减型计数由特殊辅助继电器 M8200～M8234 设定。特殊辅助继电器接通时（置 1），为递减计数；特殊辅助继电器断开（置 0）时，为递加计数。

32 位计数器的设定值除了可由常数 K 设定外，还可以通过指定数据寄存器来设定，32 位设定值存放在元件号相连的两个数据寄存器中。如果指定的是 D0，则设定值存放在 D1 和 D0 中。图 3-12 中 C200 的设定值为 5，在加计数时，若计数器的当前值由 4 到 5，计数器的输出触点 ON，当前值≥5 时，输出触点仍为 ON。当前值由 5 到 4 时，输出触点 OFF，当前值≤4 时，输出触点仍为 OFF。

计数器的当前值在最大值 2 147 483 647 时加 1，将变为最小值－2 147 483 648，类似地，当前值－2 147 483 648 减 1 时，将变为最大值 2 147 483 647，这种计数器称为“环形计数器”。如图 3-12 中复位输入 X3 的常开触点接通时，C200 被复位，其常开触点断开，常闭触点接通，当前值被置为0。如果使用电池后备/锁存计数器，在电源中断时，计数器停止计数，并保持计数当前值不变，电源再次接通后在当前值的基础上继续计数，因此电池后备/锁存计数器可累计计数。

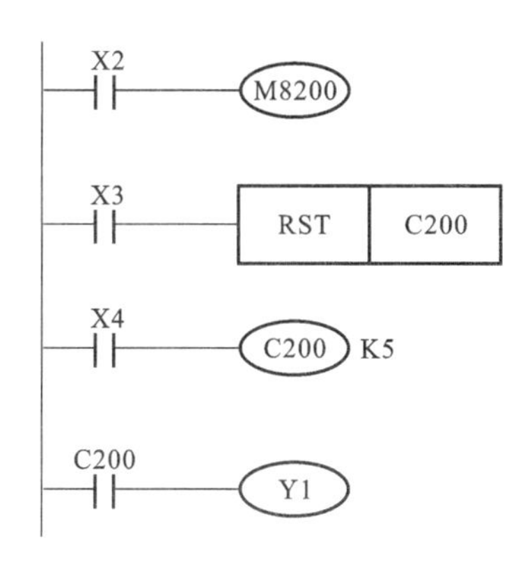

图3-12　32位增减计数器

3）高速计数器

21点高速计数器C235～C255共用PLC的8个高速计数器输入端X0～X7，但不能重复使用，即某一个输入端已被某个高速计数器占用，它就不能再用于其他高速计数器，也不能另作他用。用来对外部高频信号做中断方式计数，均为断电保护型，通过参数设定也可以变成非断电保持。这21个计数器均为32位加/减计数器。不同类型的高速计数器可以同时使用，但是它们的高速计数器输入不能冲突。

高速计数器的运行建立在中断的基础上，这意味着事件的触发与扫描时间无关。在对外部高速脉冲计数时，梯形图中高速计数器的线圈应一直通电，以表示与它有关的输入点已被使用，其他高速计数器的处理不能与它冲突。可用运行时一直为ON的M8000的常开触点来驱动高速计数器的线圈。

例如，在图3-13中，当X4为ON时，选择了高速计数器C235，C235的计数输入端是X0，但是它并不在程序中出现，计数信号不是X4提供的。X7为ON时，也是相同情况。

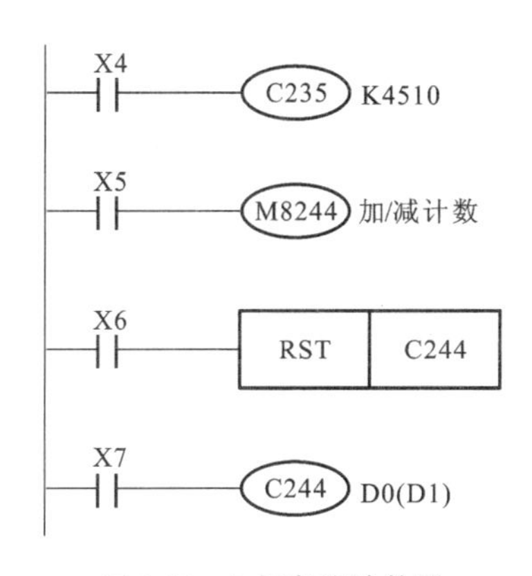

图3-13　1相高速计数器

高速计数器的分类如表 3-5 所示。

表 3-5 高速计数器表

计数器 \ 输入		X0	X1	X2	X3	X4	X5	X6	X7
1相单计数输入	C235	U/D							
	C236		U/D						
	C237			U/D					
	C238				U/D				
	C239					U/D			
	C240						U/D		
	C241	U/D	R						
	C242			U/D	R				
	C243				U/D	R			
	C244	U/D	R					S	
	C245			U/D	R				S
1相双计数输入	C246	U	D						
	C247	U	D	R					
	C248				U	D	R		
	C249	U	D	R				S	
	C250				U	D	R		S
2相双计数输入	C251	A	B						
	C252	A	B	R					
	C253				A	B	R		
	C254	A	B	R				S	
	C255				A	B	R		S

注:U 表示加计数输入,D 为减计数输入,B 表示 B 相输入,A 为 A 相输入,R 为复位输入,S 为启动输入。X6、X7 只能用作启动信号,而不能用作计数信号

(1) 1 相单计数输入(C235～C245)。只有一个计数脉冲输入端;触点动作与 32 位增减计数器相同,增或减取决于 M8235～M8245 的状态。

图 3-14(a)所示为无启动/复位端 1 相单计数输入高速计数器的应用。

当 X10 断开、M8235 为 OFF 时,C235 为增计数方式(反之为减计数)。

由 X12 启动 C235,从表 3-5 可知其输入信号来自于 X0,C235 对 X0 信号默认方式为增计数,当前值达到 1234 时,C235 常开接通,Y0 得电。X11 为复位信号,当 X11 接通时,C235 复位。

图 3-14(b)所示为带启动/复位端单相单计数输入高速计数器的应用。

由表 3-5 可知,X1 和 X6 分别为复位输入端和启动输入端。

利用 X10 通过 M8244 可设定其增/减计数方式。当 X12 为接通，且 X6 也接通时，则开始计数，计数的输入信号来自于 X0，C244 的设定值由 D0 和 D1 指定。

除了可用 X1 立即复位外，也可用梯形图中的 X11 复位。

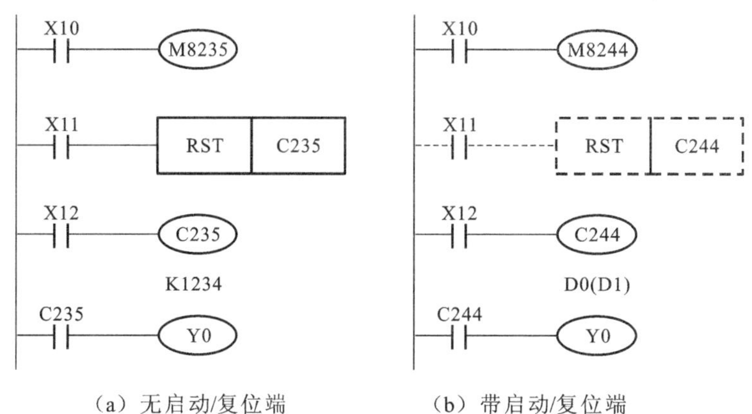

（a）无启动/复位端　　（b）带启动/复位端

图 3-14　1 相单计数输入高速计数器

（2）1 相双计数输入（C246～C250）。具有两个外部计数输入端，一个为增计数输入端，另一个为减计数输入端。利用 M8246～M8250 的 ON/OFF 动作实现增计数/减计数动作。

如图 3-15 所示，X10 为复位信号，其有效（ON）则 C248 复位。由表 3-5 可知，也可利用 X5 对其复位。当 X11 接通时，选中 C248，输入来自 X3 和 X4。

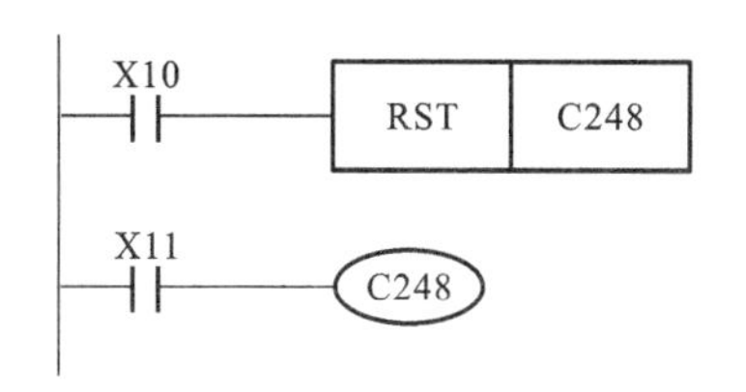

图 3-15　1 相双计数输入高速计数器

（3）2 相双计数输入（C251～C255）。A 相和 B 相信号决定计数器是增计数还是减计数。

当 A 相为 ON 时，B 相由 OFF 到 ON，则为增计数；当 A 相为 ON 时，若 B 相由 ON 到 OFF，则为减计数，如图 3-16(a)所示。

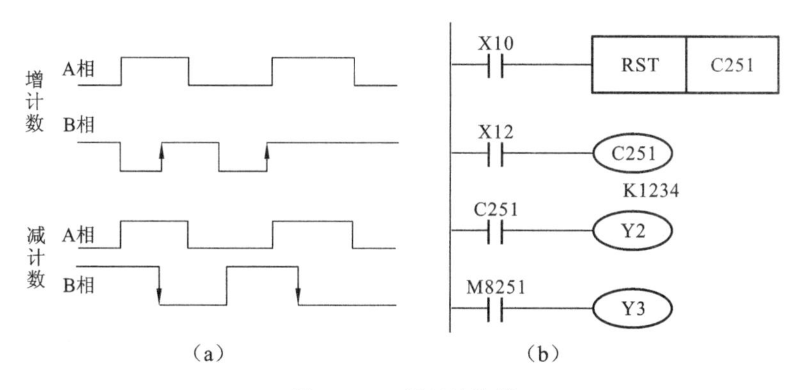

（a）　　（b）

图 3-16　2 相双计数器

如图 3-16(b)所示，当 X12 接通时，C251 计数开始。由表 3-5 可知，其输入来自 X0（A 相）和 X1(B 相)。只有当计数使当前值超过设定值时，则 Y2 为 ON。如果 X11 接通，则计数器复位。根据不同的计数方向，Y3 为 ON（增计数）或为 OFF（减计数），即用 M8251～M8255，可监视 C251～C255 的加/减计数状态。

8. 数据寄存器 D

在进行输入/输出处理、模拟量控制、位置控制时，需要许多数据寄存器(符号 D)存储数据和参数。数据寄存器为 16 位，最高位为符号位，可用两个数据寄存器合并起来存放 32 位数据，最高位仍为符号位。

数据寄存器分为以下几类。

(1) 通用数据寄存器 D0～D199 共 200 点。一旦在数据寄存器写入数据，只有不再写入其他数据，就不会变化。但是当 PLC 由运行到停止或断电时，该类数据寄存器的数据被清除为 0。

(2) 断电保持/锁存寄存器 D200～D7999 共 7800 点。断电保持/锁存寄存器有断电保持功能，PLC 从 RUN 状态进入 STOP 状态时，断电保持寄存器的值保持不变。利用参数设定，可改变断电保持的数据寄存器的范围。

(3) 特殊数据寄存器 D8000～D8255 共 256 点。这些数据寄存器供监视 PLC 中器件运行方式用。其内容在电源接通时，写入初始值(先全部清 0，然后由系统 ROM 安排写入初始值)。例如，D8010 所存的警戒监视时钟的时间由系统 ROM 设定。若有改变，用传送指令将目的时间送入 D8010。该值在 PLC 由 RUN 状态到 STOP 状态保持不变。未定义的特殊数据寄存器，用户不能用。

(4) 文件数据寄存器 D1000～D7999 共 7000 点。文件寄存器是以 500 点为一个单位，可被外部设备存取。文件寄存器实际上被设置为 PLC 的参数区。文件寄存器与锁存寄存器是重叠的，可保证数据不会丢失。FX2N 系列的文件寄存器可通过 BMOV(块传送)指令改写。

9. 变址寄存器(V/Z)

FX2N 系列 PLC 有 V0～V7 和 Z0～Z7 共 16 个变址寄存器，它们都是 16 位的寄存器。变址寄存器 V/Z 实际上是一种特殊用途的数据寄存器，其作用相当于微机中的变址寄存器，用于改变元件的编号(变址)，例如，V0＝5，则执行 D20V0 时，被执行的编号为 D25(D20＋5)。变址寄存器可以像其他数据寄存器一样进行读写，需要进行 32 位操作时，可将 V、Z 串联使用(Z 为低位，V 为高位)。

10. 指针(P/I)

在 FX 系列 PLC 中，指针(符号位 P/I)用来指示分支指令的跳转目标和中断程序的入口标号，分为分支用指针和中断用指针。

分支指令用 P0～P62、P64～P127 共 127 点。指针 P0～P62、P64～P127 为标号，用来指定条件跳转，子程序调用等分支指令的跳转目标，P63 为结束跳转用。

中断用指针(I0□□～I8□□)是用来指示某一中断程序的入口位置。执行中断后遇到IRET(中断返回)指令，则返回主程序。中断用指针有以下三种类型。

1) 输入中断 I△0□

□=0表示为下降沿中断;□=1表示为上升沿中断。

△表示输入号，取值范围为0～5，每个输入只能用一次。

例如，I100为输入X1从ON到OFF变化时，执行由该指令作为标号后面的中断程序，并根据IRET指令返回。

2) 定时器中断 I△□□

△表示定时器中断号，取值范围为6～8，每个定时器只能用1次。

□表示定时时间，取值范围为10～99 ms。

例如，I610，即每隔22 ms就执行标号为I622后面的中断程序，并根据IRET指令返回。

3) 计数器中断用指针(I010～I060)

它常用于利用高速计数器优先处理计数结果的场合，共6点。它们用在PLC内置的高速计数器中。根据高速计数器的计数当前值与计数设定值的关系确定是否执行中断服务程序。

11. 常数(K/H)

K是表示十进制整数的符号，主要用来指定定时器或计数器的设定值及应用功能指令操作数中的数值;H是表示十六进制数，主要用来表示应用功能指令的操作数值。例如，20用十进制表示为K22，用十六进制则表示为H16。

第4章 PLC编程软件、语言和基本指令

模块1 项目导入

(1) 了解PLC的编程软件。
(2) 了解PLC的编程语言。
(3) 掌握PLC的基本指令。

模块2 完成项目所需条件

(1) 三菱公司FX系列PLC及其编程软件。
(2) 编程软件名称为fxgpwin、GX Developer或者GX Works2。

模块3 控制要求

三菱公司FX系列编程软件GX Developer的使用和操作。

模块4 项目操作

1. PLC编程软件介绍

三菱公司FX系列PLC的编程输入主要依靠手持编程器和计算机编程软件，但使用场景各有侧重。在工业控制现场调试时，PLC程序调试人员可通过手持编程器、专用编程器或计算机完成PLC的程序输入。如图4-1所示，手持编程器体积小，携带方便，在现场调试时优越性强，但在程序输入、阅读、分析时较烦琐。

这些专用编程器价格太贵，通用性也比较差，而计算机编程在教学中优势较大，通信线缆的价格比手持编程器要低很多，且其通信方式更为方便。因此，也就有了相应的计算机平台上的编程软件和专用通信模块。

本章节将重点介绍三菱公司FX系列编程软件GX Developer的使用和操作。GX Developer编程软件对三菱公司FX0/ FX0S、FX1S、FX1N、FX0N、FX1、FX2N/FX2NC和FX3U/FX3UC系列PLC编程及其编程软件界面进行相关操作。

(1) 进入GX Developer的编程环境。图4-2所示为PLC编程软件GX Developer的文件组成。

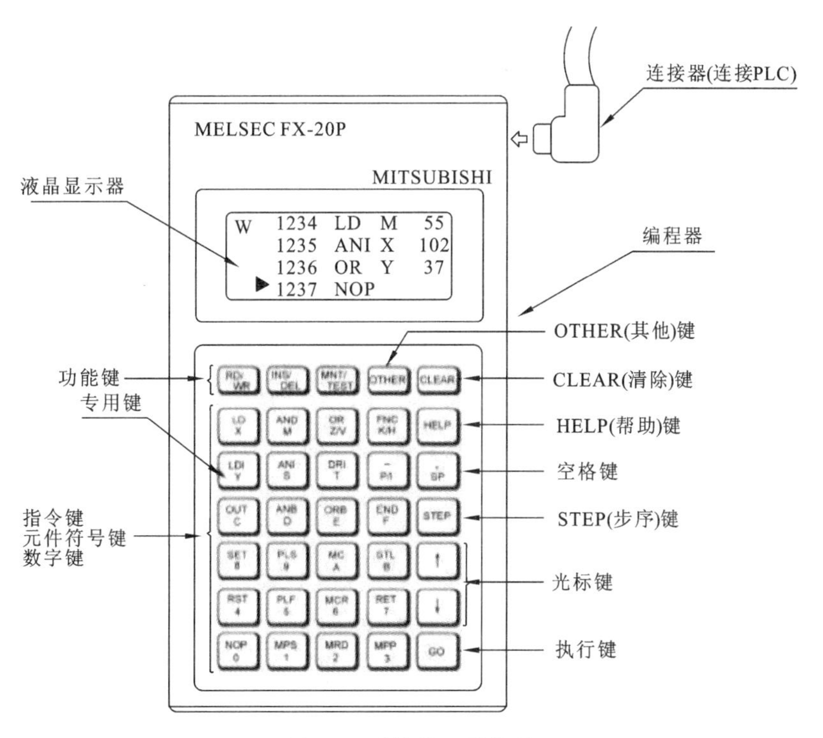

图 4-1　手持编程器外观

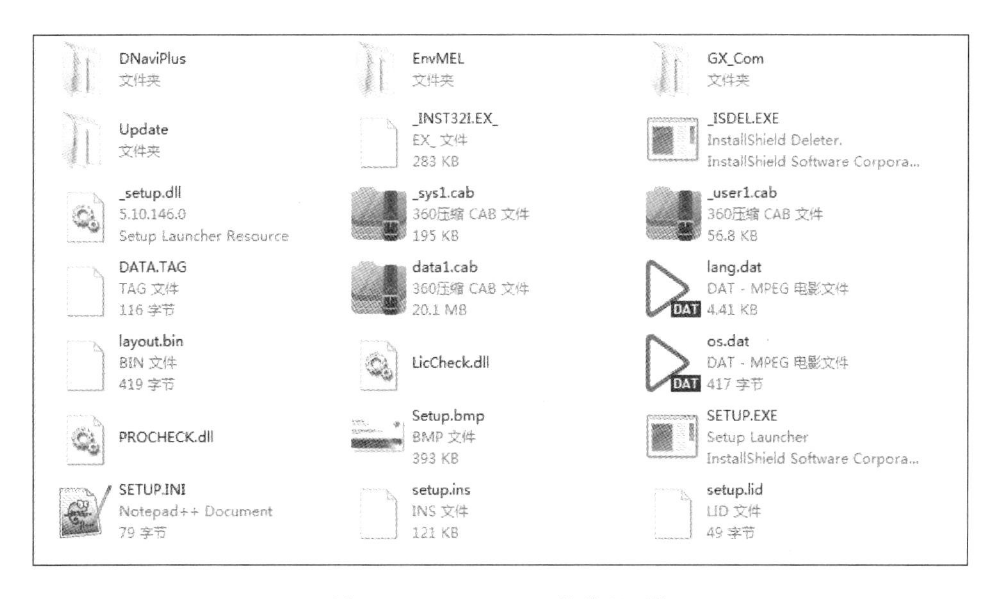

图 4-2　GX Developer 的编程环境

双击桌面 GX Developer 图标或按 Tab 键选择到图标 GX Developer，即可进入 PLC 编程环境。

(2) PLC的编程环境。图4-3所示为PLC的编程环境。

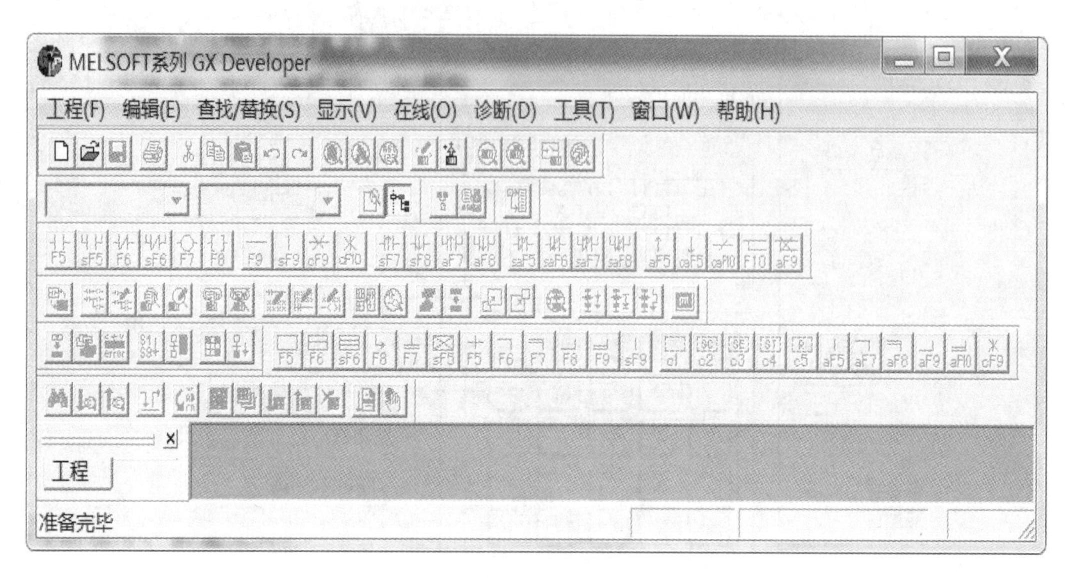

图 4-3　PLC编程环境界面

(3) 编写PLC新程序,创建新工程。如图4-4所示,编写PLC新程序时,可通过菜单选择"创建新工程"。

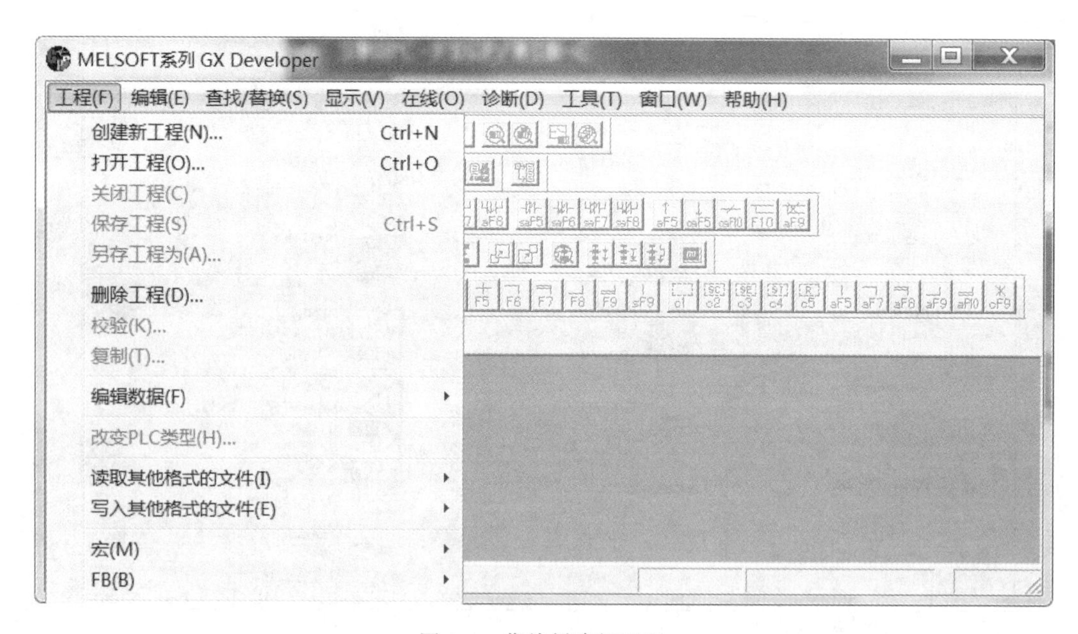

图 4-4　菜单创建新工程

(4) PLC 选型。选择新工程后,出现 PLC 选型界面(图 4-5)。

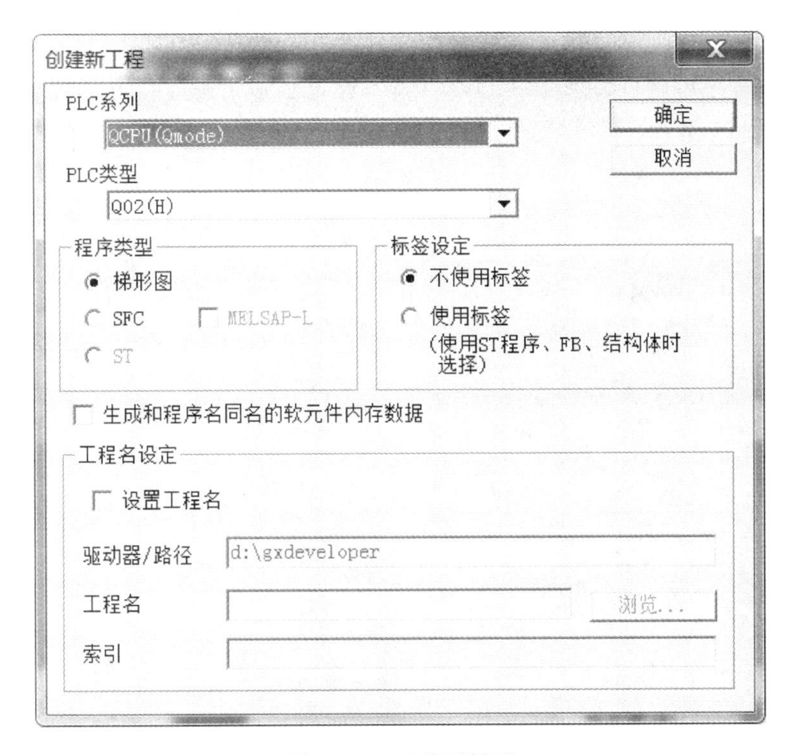

图 4-5　PLC 选型界面

选择好 PLC 型号后按确认键即可进入编辑界面,可通过菜单、按钮或者快捷键进行梯形图、指令表切换等操作,如图 4-6 所示。

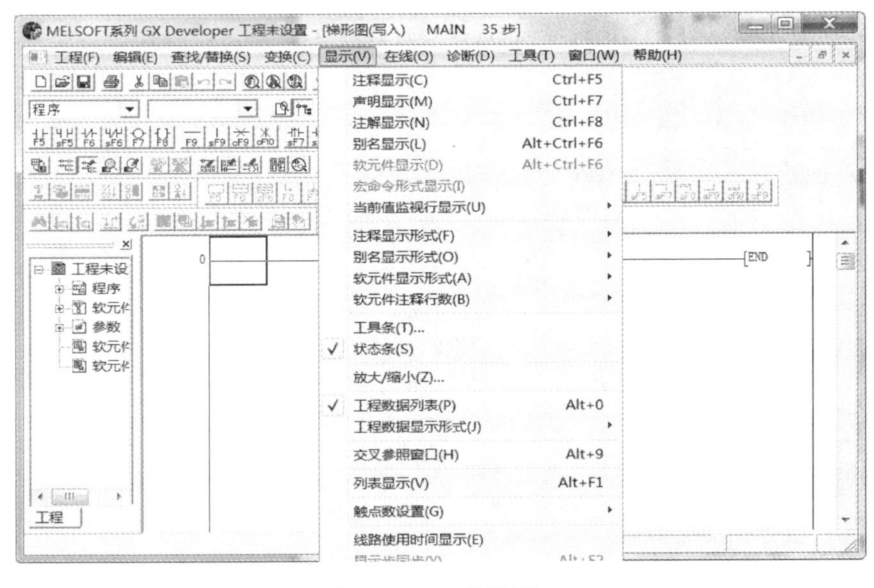

图 4-6　PLC 编辑界面

(5) 建立好文件后就可以在其中编写程序了。

① 程序的保存在“工程”菜单下的“另存工程为”下即可。

② PLC程序上载,传入PLC编程软件。

当编辑好程序后就可以向PLC上载程序,首先必须正确连接好编程电缆,其次是PLC通上电源(POWER)指示灯亮。如图4-7所示,打开菜单“PLC”→“在线”→PLC“写入”确认。

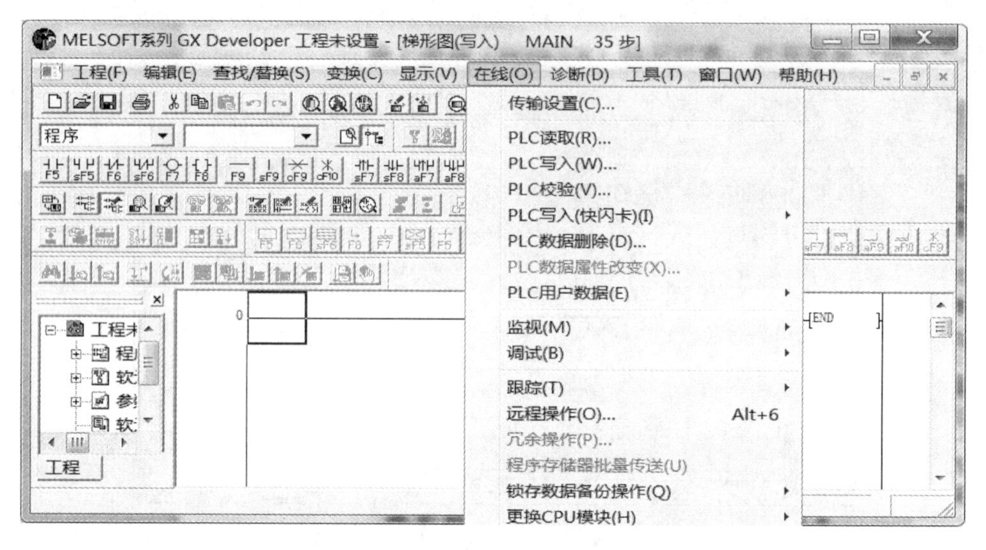

图4-7 PLC程序上载

③ PLC程序下载,传入到PLC中。

和PLC程序上载一样,在上述操作中选择“读入”,其他操作不变。如图4-8所示,然后打开菜单“工程”→“打开”,出现界面,选择要打开的程序,确定即可。

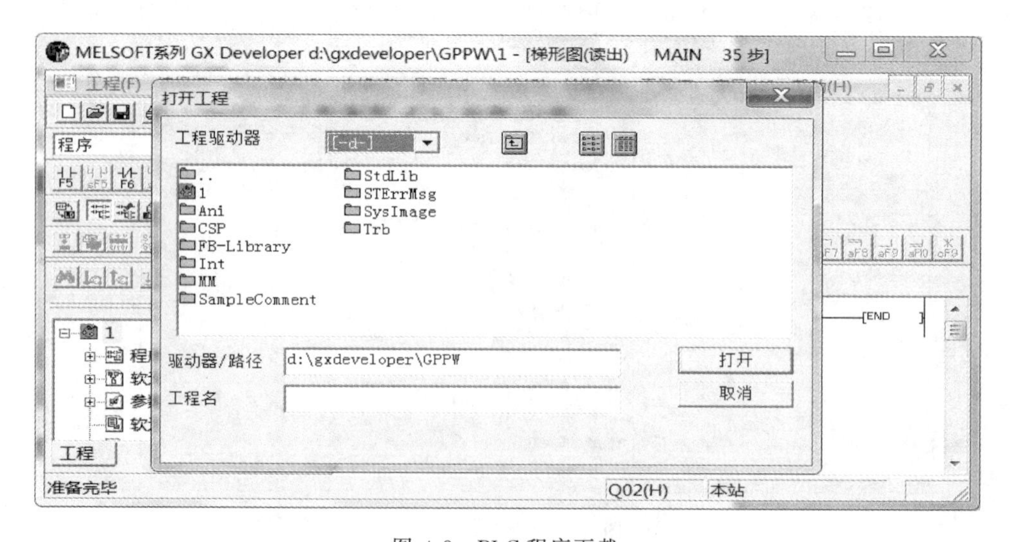

图4-8 PLC程序下载

④ 退出主程序。

Alt+F4 或单击文件菜单下的“退出”按钮。

(6) 软元件监控功能界面。在 GX Developer 操作环境下，如图 4-9 所示，可以监控各软元件的状态和强制执行输出等功能。主要在“监控/测试”菜单中完成。

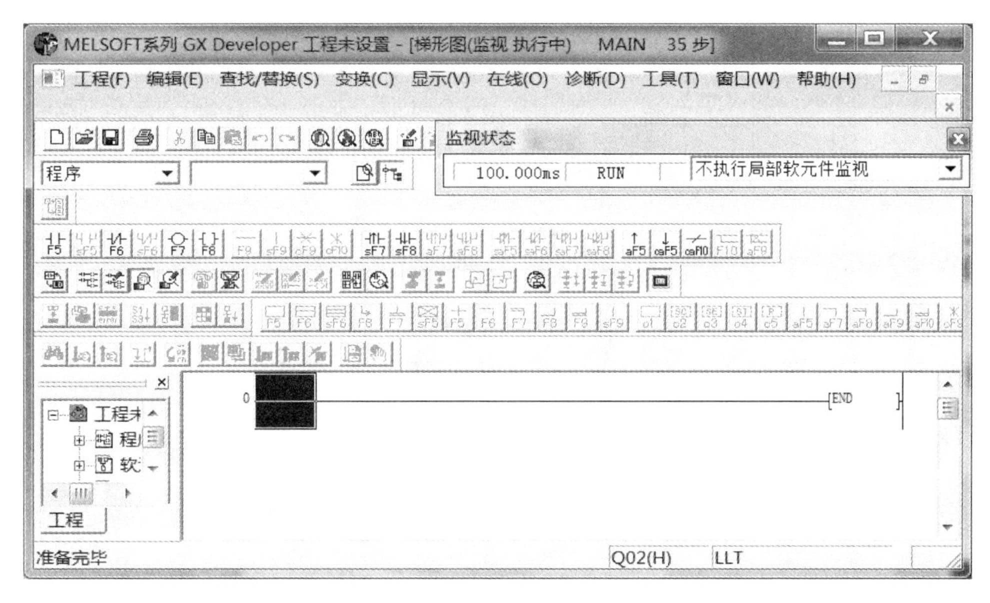

图 4-9　软元件监控功能界面

(7) 其他各功能。在操作过程中，其他各功能，还可以在 GX Developer 中的“帮助”菜单中熟悉，如图 4-10 所示。

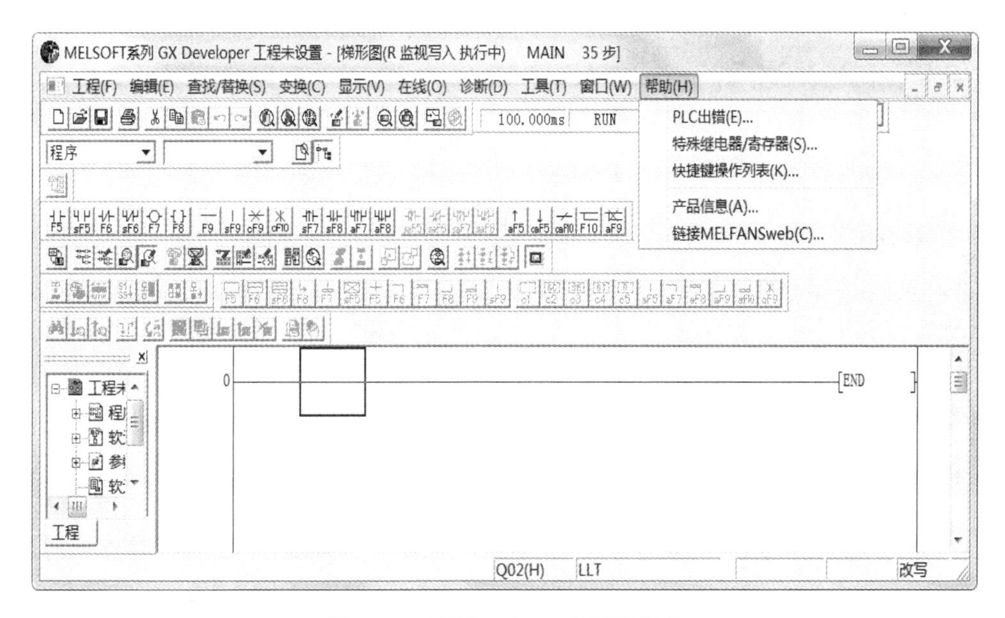

图 4-10　GX Developer 的帮助菜单

(8) 快捷键列表，如表 4-1～表 4-3 所示。

表 4-1　快捷键列表 1

<table>
<tr><th colspan="2">快捷键</th><th>工具按钮</th><th colspan="3">功　能</th><th>内　容</th></tr>
<tr><td colspan="2">Alt + F4</td><td>—</td><td colspan="3">关闭</td><td>关闭活动的窗口</td></tr>
<tr><td colspan="2">Ctrl + F6</td><td>—</td><td colspan="3">下一个窗口</td><td>打开下一个窗口</td></tr>
<tr><td colspan="2">Ctrl + N</td><td></td><td rowspan="4">工程</td><td colspan="2">创建新工程</td><td>创建新的工程</td></tr>
<tr><td colspan="2">Ctrl + O</td><td></td><td colspan="2">打开工程</td><td>打开已存在的工程</td></tr>
<tr><td colspan="2">Ctrl + S</td><td></td><td colspan="2">另存工程为</td><td>对工程进行替换保存</td></tr>
<tr><td colspan="2">Ctrl + P</td><td></td><td colspan="2">打印</td><td>对工程进行打印</td></tr>
<tr><td colspan="2">Ctrl + Z</td><td></td><td rowspan="16">编辑</td><td colspan="2">撤销</td><td>返回到上一次的操作</td></tr>
<tr><td colspan="2">Ctrl + X</td><td></td><td colspan="2">剪切</td><td>剪切所选内容</td></tr>
<tr><td colspan="2">Ctrl + C</td><td></td><td colspan="2">复制</td><td>复制所选内容</td></tr>
<tr><td colspan="2">Ctrl + V</td><td></td><td colspan="2">粘贴</td><td>将剪贴板的内容复制到光标所在位置</td></tr>
<tr><td colspan="2">Ctrl + A</td><td>—</td><td colspan="2">全选</td><td>选择全部的编辑对象</td></tr>
<tr><td colspan="2">Shift + Ins</td><td>—</td><td colspan="2">行插入</td><td>在光标位置插入行</td></tr>
<tr><td colspan="2">Shift + Del</td><td>—</td><td colspan="2">行删除</td><td>将光标位置的行删除</td></tr>
<tr><td colspan="2">Ctrl + Ins</td><td>—</td><td colspan="2">列插入</td><td>在光标位置插入列</td></tr>
<tr><td colspan="2">Ctrl + Del</td><td>—</td><td colspan="2">列删除</td><td>将光标位置的列删除</td></tr>
<tr><td colspan="2">Ctrl + F2</td><td></td><td colspan="2">读出模式</td><td>变为读出模式</td></tr>
<tr><td colspan="2">F2</td><td></td><td colspan="2">写入模式</td><td>变为写入模式</td></tr>
<tr><td>GPPA
GPPQ</td><td>F5</td><td>F5</td><td rowspan="5">梯形图标记</td><td rowspan="2">常开触点</td><td rowspan="2">在光标位置插入常开触点</td></tr>
<tr><td>MEDOC</td><td>1</td><td>1</td></tr>
<tr><td>GPPA</td><td>Shift + F5</td><td>sF5</td><td rowspan="3">常闭触点</td><td rowspan="3">在光标位置插入常闭触点</td></tr>
<tr><td>GPPQ</td><td>F6</td><td>F6</td></tr>
<tr><td>MEDOC</td><td>2</td><td>2</td></tr>
</table>

表 4-2　快捷键列表 2

快捷键		工具按钮	功　能			内　容
GPPA	F6	F6	编辑	梯形图标记	并联常用触点	在光标位置插入并联常开触点
GPPQ	Shift + F5	sF5				
MEDOC	3	3				
GPPA GPPQ	Shift + F6	sF6			并联常闭触点	在光标位置插入并联常闭触点
MEDOC	4	4				
GPPA GPPQ	F7	F7			线圈	在光标位置插入线圈
MEDOC	7	7				
GPPA GPPQ	F8	F8			应用指令	在光标位置插入应用指令
MEDOC	8	8				
GPPA	F10	F10			竖线	在光标位置插入竖线
GPPQ	Shift + F9	F6				
MEDOC	5	5				
GPPA GPPQ	F9	F9			横线	在光标位置插入横线
MEDOC	6	6				
GPPA GPPQ	Ctrl + F10	cF10			竖线删除	将光标位置竖线删除
MEDOC	0	0				
GPPA GPPQ	Ctrl + F9	cF9			横线删除	将光标位置横线删除
MEDOC	9	9				
	Shift + F7	sF7			上升沿脉冲	在光标位置插入上升沿脉冲
	Shift + F8	sF8			下降沿脉冲	在光标位置插入下降沿脉冲
	Alt + F7	aF7			并联上升沿脉冲	在光标位置插入并联上升沿脉冲
	Alt + F8	aF8			并联下降沿脉冲	在光标位置插入并联下降沿脉冲
	Ctrl + Alt + F10	caF10			运算结果取反	将光标位置运算结果取反
	Alt + F5	aF5			取运算结果的脉冲上升沿	在光标位置取运算结果的脉冲上升沿
	Ctrl + Alt + F5	caF5			取运算结果的脉冲下降沿	在光标位置取运算结果的脉冲下降沿

表 4-3 快捷键列表 3

快捷键		工具按钮	功能			内容
GPPA	Alt + F10	aF10	编辑	梯形图标记	划线写入	将划线写入
GPPQ MEDOC	F10	F10				
Alt + F9		aF9			划线删除	将划线删除
Ctrl + F		—	查找/替换	软元件查找		对软元件进行查找
Ctrl + H		—		软元件替换		对软元件进行替换
F4			变换	变换		对程序进行变换
Ctrl + Alt + F4				变换(编辑中的全部程序)		对编辑中的所有程序进行批量变换
Shift + F4		—		变换(运行中写入)		将程序变换后写入运行中的 CPU 中
Ctrl + F5		—	显示	注释显示		对注释的显示/隐藏进行切换
Ctrl + F7		—		声明显示		对声明的显示/隐藏进行切换
Ctrl + F8		—		注解显示		对注解的显示/隐藏进行切换
Ctrl + Alt + F6		—		机器名显示		对机器名的显示/隐藏进行切换
Alt + 0				工程数据列表		对工程数据列表的显示/隐藏进行切换
Alt + F1				梯形图/列表显示切换		对梯形图画面/列表画面进行切换
F3			在线	监视	监视模式	执行梯形图监视
Ctrl + F3		—			监视开始(全画面)	对打开的所有程序的梯形图进行监视
Shift + F3					监视(写入模式)	变为梯形图监视写入模式
F3					监视开始	开始(重新开始)梯形图监视
Alt + F3					监视停止	停止梯形图监视
Ctrl + Alt + F3		—			监视停止(全画面)	停止对打开的所有程序的梯形图的监视
Alt + 1				调试	软元件测试	对软元件的强制 ON/OFF、当前值进行变更
Alt + 2					跳跃执行	对进行了范围设置的顺控程序进行跳跃运行
Alt + 3					部分执行	执行部分顺控程序
Alt + 4					步执行	对 PLC 的 CPU 进行步执行
Alt + 6		—		远程操作		执行远程操作

2. 编程语言形式

GX Developer 软件提供三种编程语言，分别为梯形图、指令表、SFC（sequential function chart，顺序功能图或状态转移图）。如图 4-11 所示，在 GX Developer 编程主界面中，打开“视图”菜单，选择对应的编程语言。

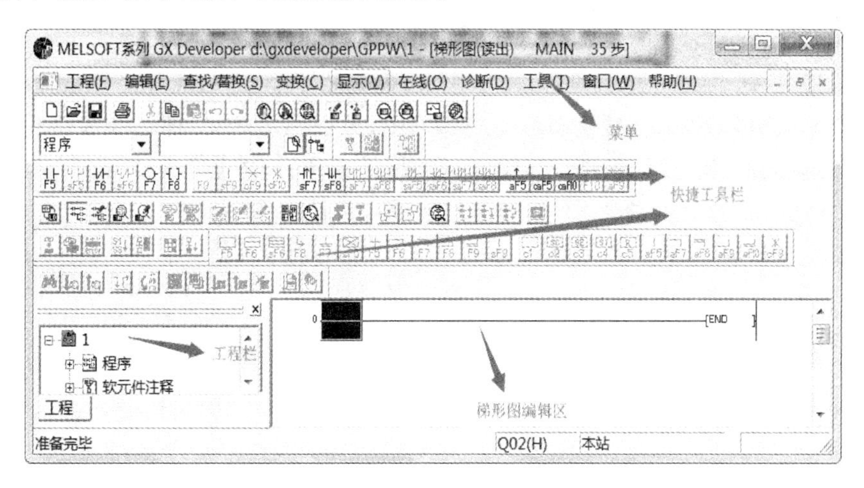

图 4-11　PLC 编程的梯形图编辑主界面

本书采用最常用的两种编程语言，一是梯形图，二是助记符语言表。采用梯形图编程，因为它直观易懂，但需要一台 PC 及相应的编程软件。而采用助记符形式便于实验，它只需要一台简易编程器，而不必用昂贵的图形编程器或计算机来编程。

虽然一些高档的 PLC 还具有与计算机兼容的 C 语言、BASIC 语言、专用的高级语言（如西门子公司的 GRAPH5、三菱公司的 MELSAP），还有用布尔逻辑语言、通用计算机兼容的汇编语言等，但各厂家的编程语言都只适用于各自的产品。

编写程序可通过功能栏来选择，也可以直接写指令进行程序编写。主要是熟悉菜单下各功能子菜单。选择“选项”菜单下的“程序检查”，即进入程序检查环境，可检查语法错误、双线圈、电路错误，如图 4-12 所示。

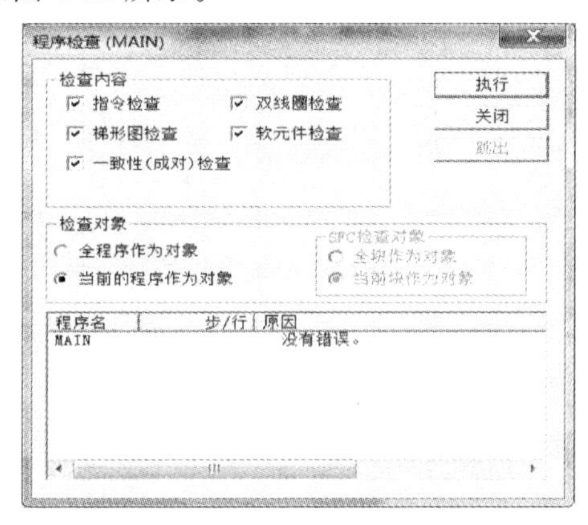

图 4-12　程序检查

1）梯形图编程

用户程序一般由用户设计，PLC 的厂家或代销商不提供。用语句表达的程序不太直观，可读性差，特别是较复杂的程序，更难读，所以多数 PLC 程序用梯形图表达。

梯形图是通过连线把 PLC 指令的梯形图符号连接在一起的连通图，用以表达所使用的 PLC 指令及其前后顺序，它与电气原理图很相似。如果仅考虑逻辑控制，梯形图与电气原理图也可建立起一定的对应关系。如梯形图的输出（OUT）指令，对应于继电器的线圈，而输入指令（如 LD、AND、OR）对应于接点，互锁指令（IL、ILC）可看成总开关等。这样，原有的继电控制逻辑，经转换即可变成梯形图，再进一步转换，即可变成语句表程序。有了这个对应关系，用 PLC 程序代表继电逻辑是很容易的，这也是 PLC 技术对传统继电控制技术的继承。如图 4-13 所示，梯形图的连线有两种：一种为母线；另一种为内部横竖线，它由若干梯阶构成，自上而下排列。左、右母线是用来连接指令组的，每个梯阶起于左母线，经过触点与线圈，止于右母线。它内部横竖线把一个个梯形图符号指令连成一个指令组，这个指令组一般总是从装载（LD）指令开始，必要时再继以若干个输入指令（含 LD 指令），以建立逻辑条件。最后为输出类指令，实现输出控制，或为数据控制、流程控制、通信处理、监控工作等指令，以进行相应的工作。

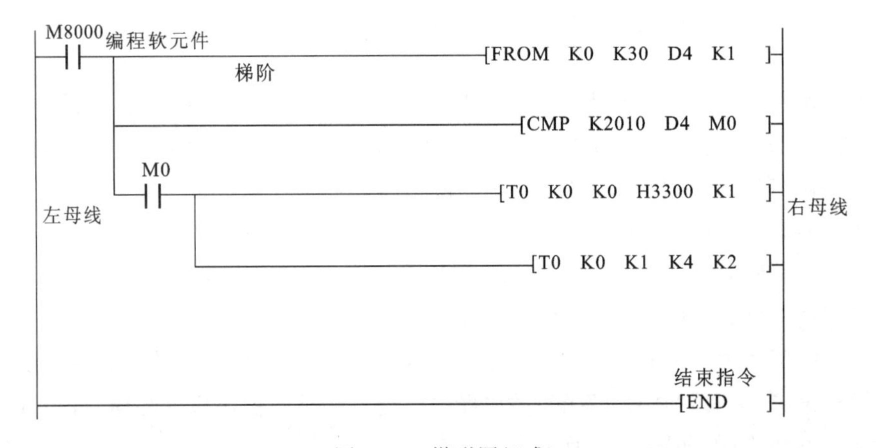

图 4-13　梯形图组成

如图 4-14 所示为三菱公司的 FX2N 系列产品的最简单的梯形图例，它有两组，第一组用以实现起动、停止控制；第二组仅一个 END 指令，用以结束整个程序。

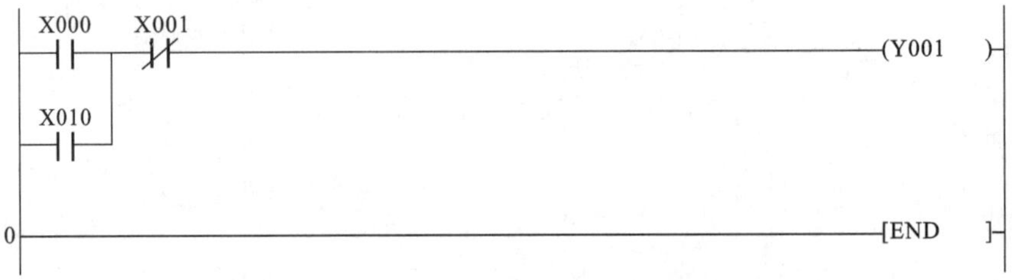

图 4-14　梯形图示例

梯形图编程与助记符编程的对应关系是助记符指令与梯形图指令有严格的对应关系，而梯形图的连线又可把指令的顺序予以体现。一般地，其顺序为：先输入，后输出（含其他处理）；先上，后下；先左，后右。有了梯形图就可将其翻译成助记符程序。图 4-14 所示的助记符程序为

地址	指令	变量
0000	LDX	X000
0001	ORX	X010
0002	AND NOT	X001
0003	OUT	Y001
0004	END	

反之根据助记符，也可画出与其对应的梯形图。

2）助记符指令编程

用 PLC 的基本逻辑指令进行编程，其基本的设计方法同继电器-接触器控制系统的设计方法是相似的，通常有经验设计法和逻辑设计法两种。经验设计法自然与设计者的经验有关，要求设计者有丰富的设计经验、熟悉比较多的控制线路等，尽管这样，在联锁比较复杂的情况下，也难免出现设计漏洞，理论上不能保证设计的完备性。逻辑设计法比较复杂，一般设计人员难以掌握，虽然从理论上讲是完备的，但实际在设计过程中同样要渗进不少经验和人为的因素，尤其在工序步进动作比较复杂的情况下更是如此。

3）用步进顺控指令编程

步进顺控指令用符合 IEC 标准的 SFC 对系统控制问题进行描述和编程。用 SFC 进行编程时，不需要对时刻变化的工序步进动作进行设计，工序之间的联锁或双重输出的处理 SFC 均能自动进行，只要对各个工序进行简单的顺序设计就能保证机械正确动作；使用者也可容易理解全部动作过程，能自动执行对各个工序的监视，试运行调整以及故障检查非常方便，维修保养也容易。

用 SFC 进行顺序动作的编程是 SFC 最基本的用途，也是相对简单的，只需写出机械动作的工序图，进行状态分配，然后根据转移条件的顺序、并行或选择画 SFC 图，再将 SFC 改画成梯形图就可以了。SFC 不仅可以用于对顺序的机械动作进行编程，也可以用于一般的逻辑编程，尤其是在分支判断比较复杂的情况下，采用 SFC 编程可使问题大大简化。

3. 编程指令

编程指令是 PLC 被告知要做什么，以及怎样去做的代码或符号。从本质上讲，指令只是一些二进制代码，这点 PLC 与普通的计算机是完全相同的。同时 PLC 也有编译系统，它可以把一些文字符号或图形符号编译成机器码，所以用户看到的 PLC 指令一般不是机器码而是文字代码，或图形符号。常用的助记符语句用英文文字（可用多国文字）的缩写及数字代表各相应指令。常用的图形符号即梯形图，它类似于电气原理图的符号，易为电气工作人员所接受。

基本指令有以下几种。

1）LD、LDI、OUT 指令（图 4-15 和图 4-16）

LD，取指令，表示每一行程序中第一个与母线相连的常开触点。另外，与 ANB、ORB 等指令组合，在程序分支起点处也可使用。

LDI，取反指令，与 LD 的用法相同，只是 LDI 是对常闭触点。

图 4-15　LD、LDI、OUT 指令梯形图

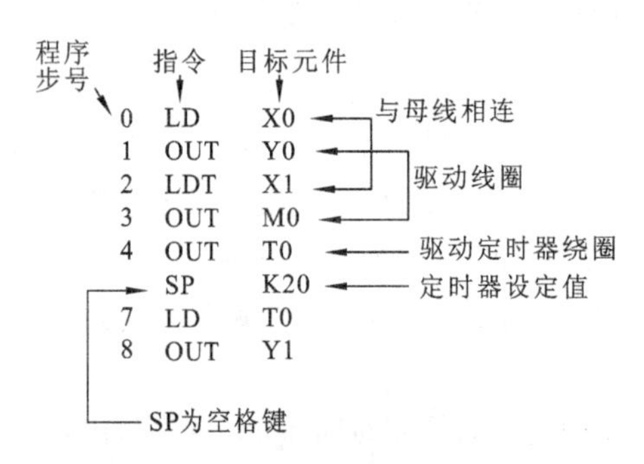

图 4-16　LD、LDI、OUT 指令

LD、LDI 两条指令的目标软元件是输入继电器（X）、输出继电器（Y）、辅助继电器（M）、状态器（S）、定时器（T）、计数器（C）等。

OUT，线圈驱动指令，是对输出继电器（Y）、辅助继电器（M）、状态器（S）、定时器（T）、计数器（C）的线圈驱动，对输入继电器（X）不能使用。

当 OUT 指令驱动的目标软元件是定时器（T）和计数器（C）时，若设定值是常数 K，则 K 的设定范围如表 4-4 所示。程序步序号是自动生成的，在输入程序时不用输入程序步号，不同的指令，程序步号是有所不同的。

表 4-4　K 值设定范围

定时器、计数器	K 的设定范围	实际的设定值	步　数
1 ms 定时器	1～32 767	0.001～32.767 s	3
10 ms 定时器		0.01～327.67 s	3
100 ms 定时器		0.1～3 276.7 s	3
16 位计数器		1～32 767	3
32 位计数器	−2 147 483 648～+2 147 483 647	−2 147 483 648～+2 147 483 647	3

2）触点串联指令 AND、ANI

AND，用于单个常开触点的串联。

ANI，与非指令，用于单个常闭触点的串联。

AND 与 ANI 都是一个程序步指令，串联触点的个数没有限制，该指令可以多次重复使用。AND、ANI 指令梯形图如图 4-17 所示。AND、ANI 指令使用说明如图 4-18 所示。这两条指令的目标元件为 X、Y、M、S、T、C。

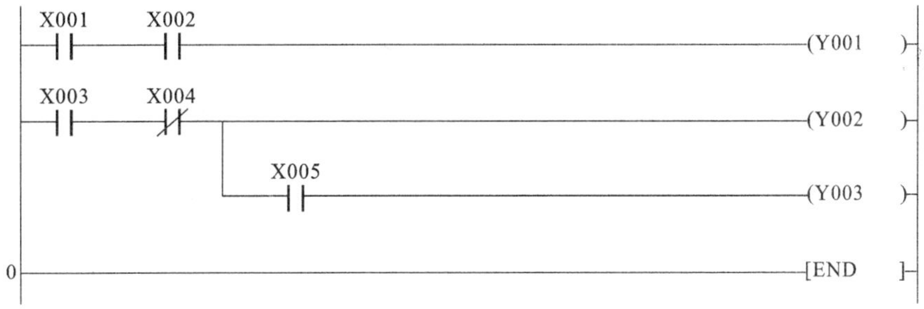

图 4-17　AND、ANI 指令梯形图

OUT 指令后，通过触点对其他线圈使用 OUT 指令称为纵接输出或连续输出，如图 4-18 中的 OUT Y3。这种连续输出如果顺序不错，可以多次重复。

步	指令	元件	说明
0	LD	X001	
1	AND	X002	←串联常开触点
2	LD	X003	
3	ANI	X004	
5	OUT	Y002	
6	AND	X005	←串联常闭触点
7	OUT	Y003	

图 4-18　AND、ANI 指令使用说明

3）触点并联指令 OR、ORI

OR，或指令。ORI，或非指令。

这两条指令都用于单个的常开、常闭触点并联，操作的对象是 X、Y、M、S、T、C。OR 用于常开触点，ORI 用于常闭触点，并联的次数可以是无限次的。OR、ORI 指令梯形图如图 4-19 所示。OR、ORI 指令使用说明如图 4-20 所示。

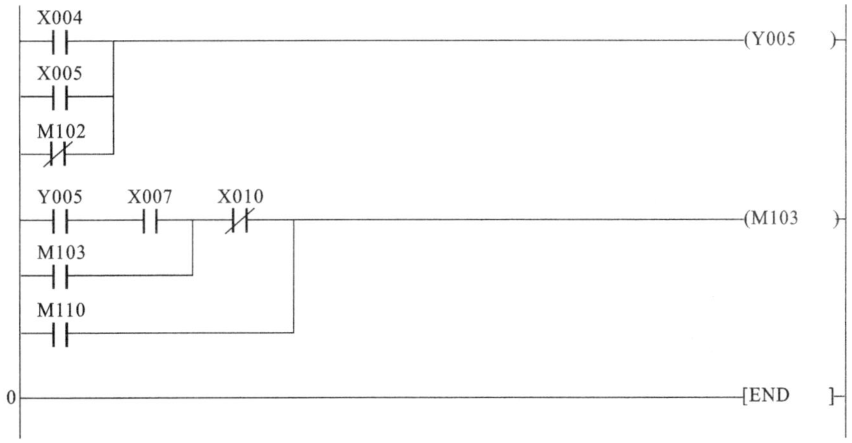

图 4-19　OR、ORI 指令梯形图

```
0  LD   X004  ┐        ┐
1  OR   X005  ┘ 并联连接 │
2  ORI  M102           ┘
3  OUT  Y005
4  LD   Y005  ┐        ┐
5  AND  X007  │        │
6  OR   M103  ┘ 并联连接 │
7  ANI  X010           │
8  OR   M110           ┘
9  OUT  M103
```

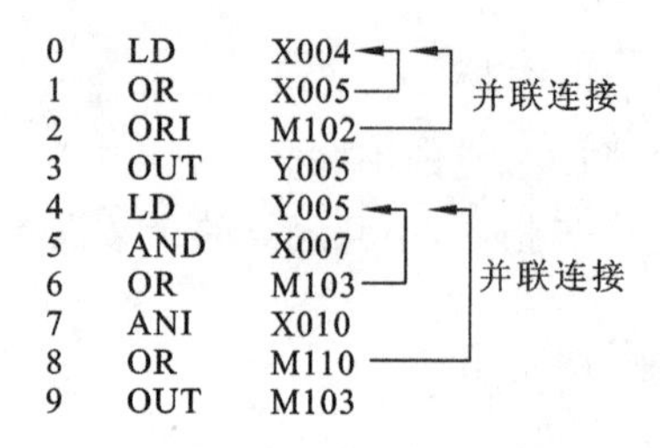

图 4-20　OR、ORI 指令使用说明

4）取脉冲指令 LDP、LDF、ANDP、ANDF、ORP、ORF

LDP、ORP、ANDP 指令是进行上升沿检测的触点指令，仅在指定的位软元件上升沿（OFF→ON 变化时）时，接通一个扫描周期，操作的目标软元件是 X、Y、M、S、T、C。应用如图 4-21～图 4-23 所示。

X000
LDP
M0
X001
ORP
M8000
X002
M1
ANDP
0
END

图 4-21　LDP、ORP、ANDP 指令梯形图

```
0  LDP   X000
2  ORP   X001
4  OUT   M0
5  LD    M8000
6  ANDP  X002
8  OUT   M1
```

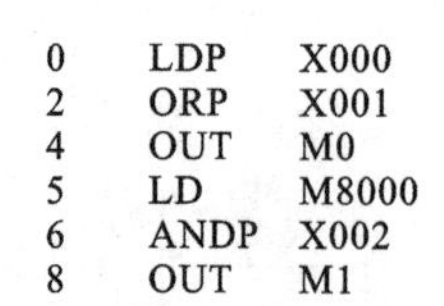

图 4-22　LDP、ORP、ANDP 指令使用说明

X000
X001
M0
X002
M1

M0、M1接通的时间为一个扫描周期

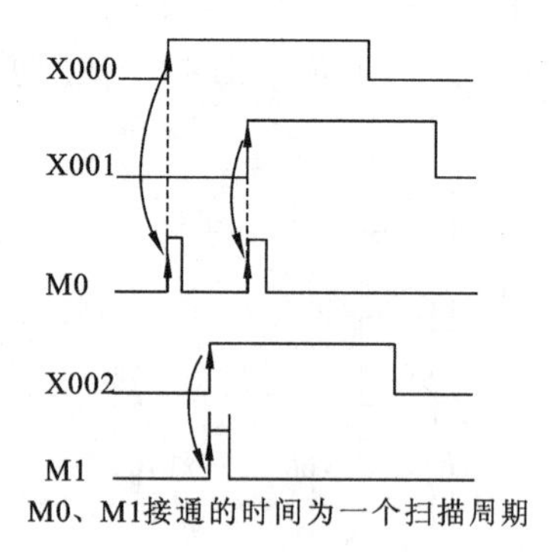

图 4-23　动作时序图

LDF、ORF、ANDF 指令是进行下降沿检测的触点指令，仅在指定位元件下降时（即由 ON→OFF 变化时）接通 1 个扫描周期。操作的目标元件是 X、Y、M、S、T、C。使用说明如图 4-24 和图 4-25 所示。LDF、ORF、ANDF 指令的动作时序图如图 4-26 所示。

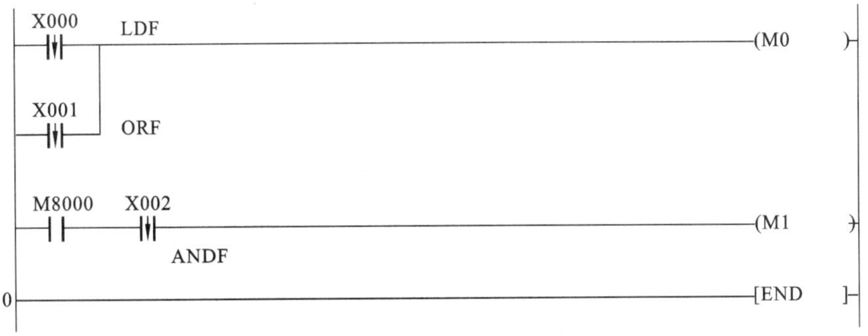

图 4-24　LDF、ORF、ANDF 指令梯形图

0	LDF	X000
2	ORF	X001
4	OUT	M0
5	LD	M8000
6	ANDF	X002
8	OUT	M1

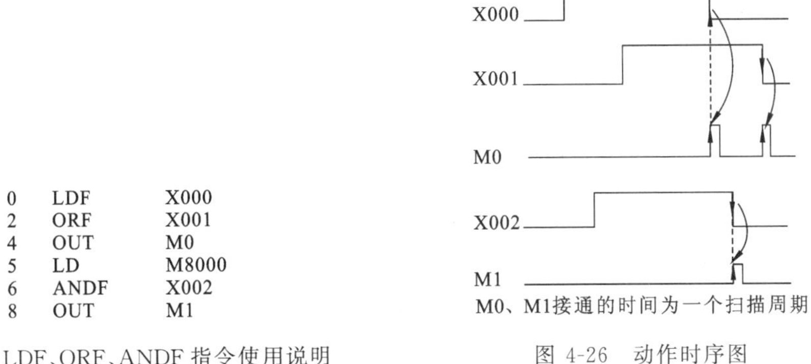

图 4-25　LDF、ORF、ANDF 指令使用说明

图 4-26　动作时序图

5）串联电路块并连指令 ORB

两个或两个以上的接点串联的电路称为串联电路块。当串联电路块和其他电路并联连接时，分支开始用 LD、LDI，分支结束用 ORB。ORB 指令和后面的 ANB 指令是不带操作数的独立指令。电路中有多少个串联电路块就用多少次 ORB，ORB 使用的次数不受限制。

ORB 指令也可成批使用，但是由于 LD、LDI 指令的重复使用次数受限制在 8 次以下，请务必注意。ORB 指令梯形图如图 4-27 所示。ORB 指令使用说明如图 4-28 所示。

图 4-27　ORB 指令梯形图

正确编程程序			不推荐程序		
0	LD	X001	0	LD	X001
1	AND	X002	1	AND	X002
2	LD	X003	2	LD	X003
3	AND	X004	3	AND	X004
4	ORB		4	LD	X005
5	LD	X005	5	ANI	X006
6	ANI	X006	6	ORB	
7	ORB		7	ORB	
8	OUT	Y007	8	OUT	Y005

图 4-28　ORB 指令使用说明

6）并联电路块的串联连接指令 ANB

两个或两个以上接点并联的电路称为并联电路块。并联电路块和其他接点串联连接时，使用 ANB。电路块的起点用 LD、LDI 指令，并联电路块结束后，使用 ANB 指令与前面串联。ANB 指令是无操作目标元件的指令。ANB 指令梯形图如图 4-29 所示。ANB 指令的使用说明如图 4-30 所示。

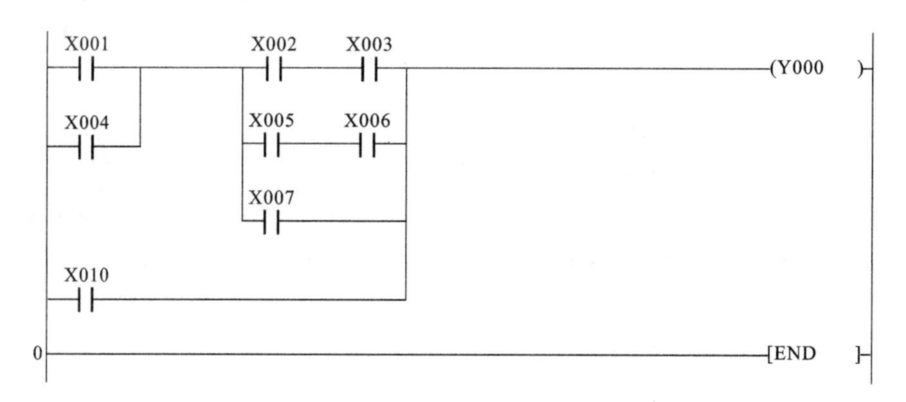

图 4-29　ANB 指令梯形图

0	LD	X001	
1	OR	X004	
2	LD	X002	← 电路块的分支起点
3	AND	X003	
4	LDI	X005	← 电路块的分支起点
5	AND	X006	
6	ORB		← 串联电路块的结束
7	OR	X007	
8	ANB		← 并联电路块的结束
9	OR	X010	
10	OUT	Y000	

图 4-30　ANB 指令使用说明

7）多重输出指令 MPS、MRD、MPP

MPS，进栈指令。

MRD，读栈指令。

MPP，出栈指令。

在 PLC 中有 11 个存储器，它们用来存储运算的中间结果，通常称为栈存储器。如图 4-31 所示，使用 1 次 MPS 指令就将此时的运算结果送入栈存储器的第 1 段。再使用 MPS 指令时，会将此时刻的运算结果送入栈存储器的第 1 段，而将原先存入的数据依此移到栈存储器的下一段。

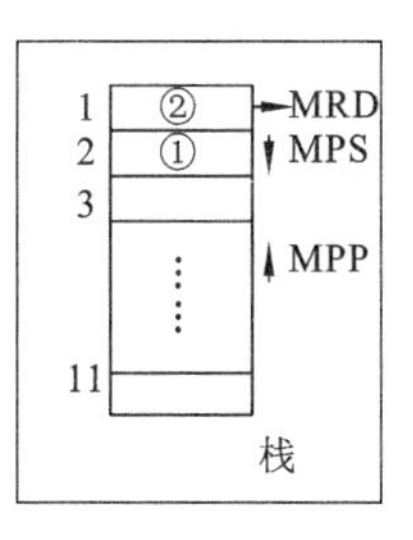

图 4-31　栈存储器

使用 MPP 指令，各数据按顺序向上移动，将最上段的数据读出，同时该数据就从栈存储器中消失。MRD 是读出最上段所存的最新数据的专用指令，栈存储器内的数据不发生移动。

这些指令都是不带操作数的独立指令。MPS、MRD、MPP 的使用如图 4-32 和图 4-33 所示。

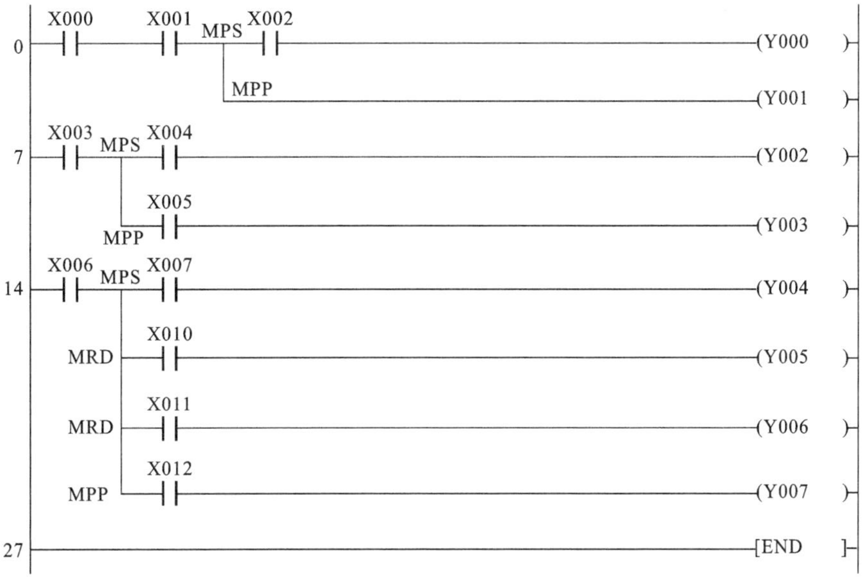

图 4-32　MPS、MRD、MPP 指令梯形图

```
0    LD    X000          19   AND   X010
1    AND   X001          20   OUT   Y005
2    MPS                 21   MRD
3    AND   X002          22   AND   X011
4    OUT   Y000          23   OUT   Y006
5    MPP                 24   MPP
6    OUT   Y001          25   AND   X012
7    LD    X003          26   OUT   Y007
8    MPS
9    AND   X004
10   OUT   Y002
11   MPP
12   AND   X005
13   OUT   Y003
14   LD    X006
15   MPS
16   AND   X007
17   OUT   Y004
18   MRD
```

图 4-33　MPS、MRD、MPP 指令

8）主控及主控复位指令 MC、MCR

MC，主控指令，用于公共串联触点的连接。

MCR，主控复位指令，用于公共串联触点的清除。

主控（MC）指令后，母线（LD、LDI 点）移到主控触点后，MCR 为将其返回原母线的指令。通过更改软元件地址号 Y、M，可多次使用主控指令，但不同的主控指令不能使用同一软件号，否则就双线圈输出。MC、MCR 指令的应用如图 4-34 所示，当输入 X000 为接通时，直接执行从 MC 到 MCR 的指令。输入 X000 为断开时，保持当前状态。

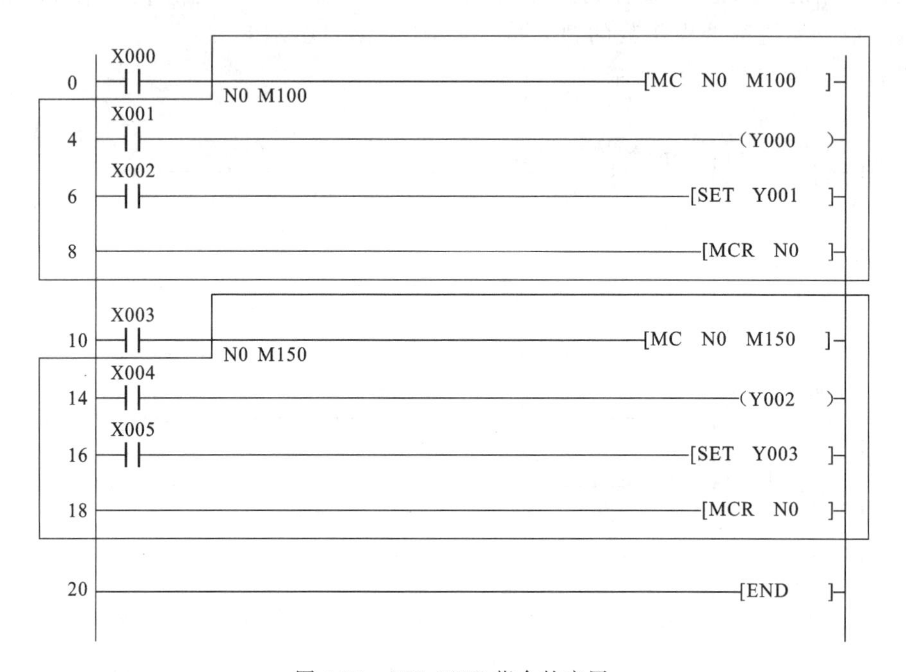

图 4-34　MC、MCR 指令的应用

在没有嵌套结构时，通用 N0 编程。N0 的使用次数没有限制。有嵌套结构时，嵌套级 N 的地址号增大，即 N0→N1→N2→N3→N4→N5…N7。在将指令返回时，采用 MCR 指令，则从大的嵌套级开始消除，如图 4-35 所示。

```
0    LD     X000
1    MC     N0     M100
4    LD     X001
5    OUT    Y000
6    LD     X002
7    SET    Y001
8    MCR    N0
10   LD     X003
11   MC     N0     M150
14   LD     X004
15   OUT    Y002
16   LD     X005
17   SET    Y003
18   MCR    N0
```

图 4-35　MC、MCR 指令使用

9）取反 INV 指令

INV 指令是在将执行 INV 指令之前的运算结果反转的指令，是不带操作数的独立指令。使用如图 4-36 和图 4-37 所示。当 X000 断开，则 Y000 接通，如果 X000 接通，则 Y000 断开。INV 指令时序图如图 4-38 所示。

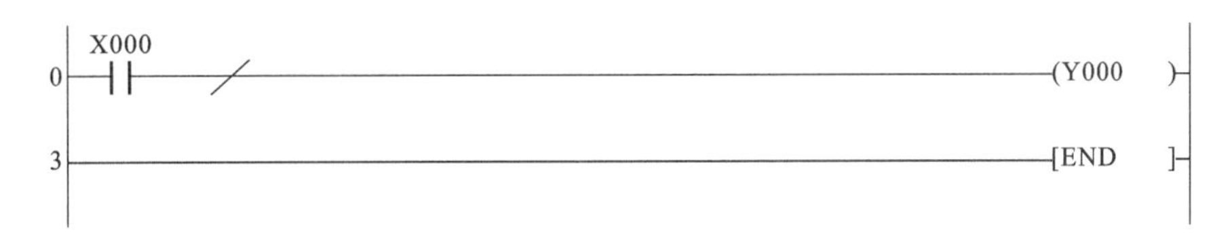

X000
0
(Y000)
3
[END]

图 4-36　INV 指令梯形图

```
0   LD    X000
1   INV
2   OUT   Y000
```

图 4-37　INV 指令

ON
X000
OFF
OFF
Y000
ON
OFF
ON

图 4-38　INV 指令时序图

10）置位与复位指令 SET、RST

SET 为置位指令，使动作保持。

RST 为复位指令，使操作保持复位。SET、RST 指令梯形图如图 4-39 所示。SET、RST 指令的使用说明如图 4-40 所示。由波形图可见，当 X000 接通时，即使再变成断开，Y000 也保持接通。X001 接通后，即使再断开，Y000 也将保持断开。SET 指令的操作目标元件为 Y、M、S。而 RST 指令的操作元件是 Y、M、S、D、V、Z、T、C。SET、RST 指令时序图如图 4-41 所示。

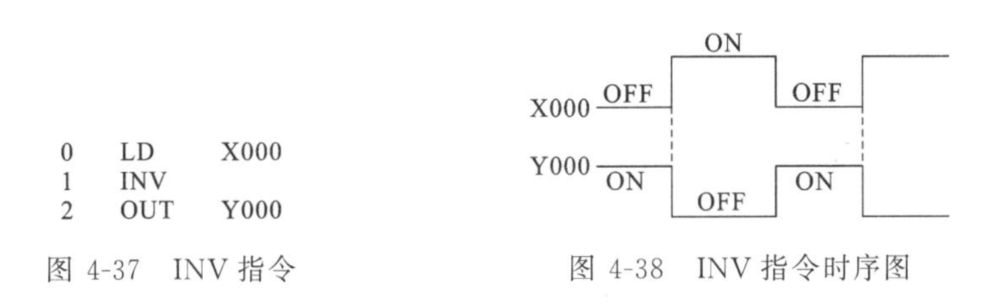

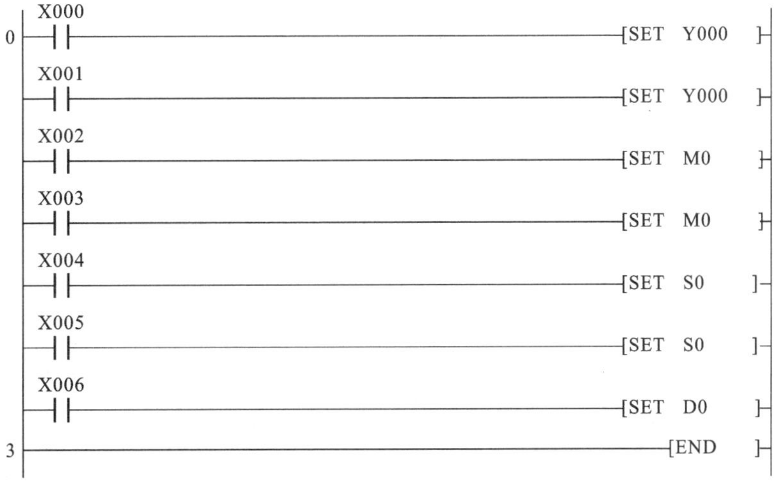

X000
0
[SET Y000]
X001
[SET Y000]
X002
[SET M0]
X003
[SET M0]
X004
[SET S0]
X005
[SET S0]
X006
[SET D0]
3
[END]

图 4-39　SET、RST 指令梯形图

```
0    LD     X000
1    SET    Y000
2    LD     X001
3    RST    Y000
4    LD     X002
5    SET    M0
6    LD     X003
7    RST    M0
8    LD     X004
9    SET    S0
11   LD     X005
12   RST    S0
14   LD     X006
15   RST    D0
```

图 4-40　SET、RST 指令使用说明

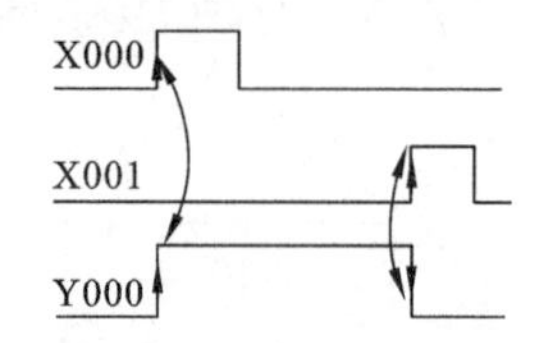

图 4-41　SET、RST 指令时序图

11）微分输出指令 PLS、PLF

PLS,上升沿微分输出。当输入条件为 ON 时(上升沿),相应的输出位元件 Y 或 M 接通一个扫描周期。

PLF,下降沿微分输出。当输入条件为 OFF 时(下降沿),相应的输出位元件 Y 或 M 接通一个扫描周期。

这两条指令都是 2 个程序步,它们的目标元件是 Y 和 M,但特殊辅助继电器不能作为目标元件。PLS、PLF 指令梯形图如图 4-42 所示。这两条指令说明和时序图如图 4-43 和图 4-44 所示。

图 4-42　PLS、PLF 指令梯形图

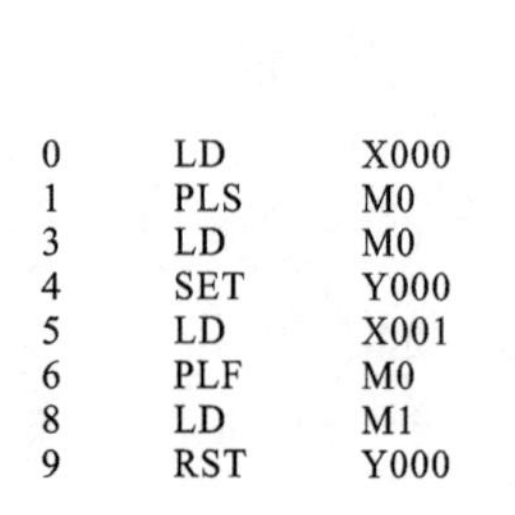

```
0    LD     X000
1    PLS    M0
3    LD     M0
4    SET    Y000
5    LD     X001
6    PLF    M0
8    LD     M1
9    RST    Y000
```

图 4-43　PLS、PLF 指令说明

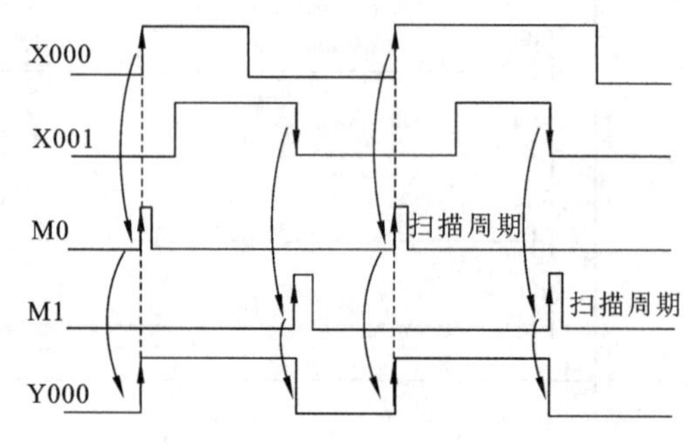

图 4-44　PLS、PLF 时序图

12）NOP、END 指令

NOP，空操作指令。

END，程序结束指令。

NOP 指令是不带操作数，在普通指令之间插入 NOP 指令，对程序执行结果没有影响，但是将已写入的指令换成 NOP，则被换的程序被删除，程序发生变化。所以用 NOP 指令可以对程序进行编辑。NOP 指令未使用示例如图 4-45 所示。如图 4-46 所示为示例指令说明。如图 4-47 所示，当把 AND X001 换成 NOP 时，则触点 X001 被消除，若 ANI X002 换成 NOP，则触点 X002 被消除。

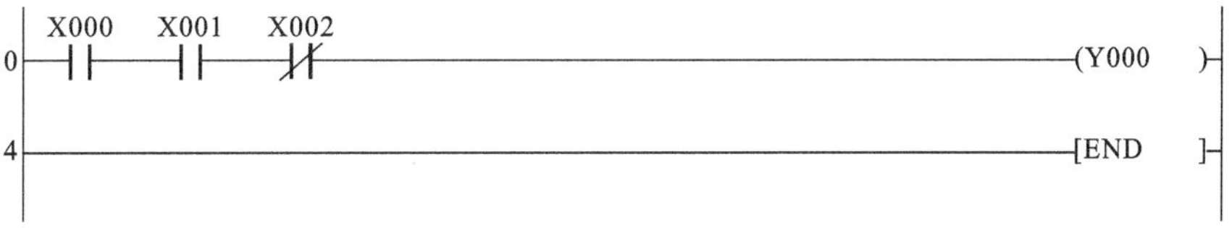

X000　X001　X002
0　(Y000)
4　[END]

图 4-45　NOP 指令未使用示例

```
0  LD   X000
1  AND  X001
2  ANI  X002
3  OUT  Y000
4  END
```

图 4-46　示例指令说明

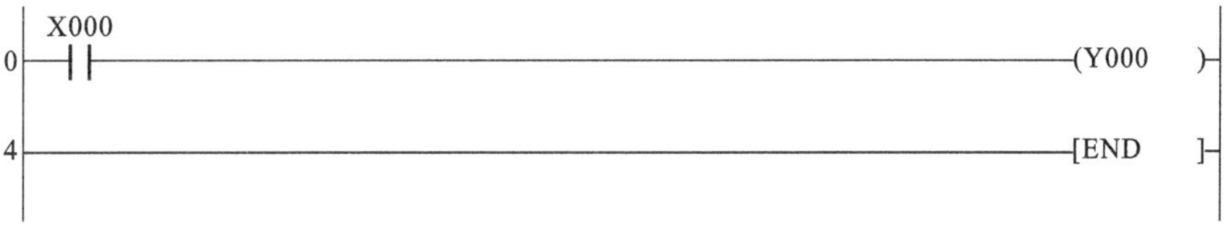

X000
0　(Y000)
4　[END]

图 4-47　NOP 指令使用示例

END 是程序结束指令，当一个程序结束时，后面用 END，写在 END 后的程序不能被执行。如果程序结束不用 END，在程序执行时会扫描完整个用户存储器，延长程序的执行时间，有的 PLC 还会提示程序出错，程序不能运行。

开发人员在编程之前必须弄清 PLC 的指令系统。一个 PLC 所具有的指令的全体称为该 PLC 的指令系统。它包含着指令的数量，以及各指令都能干什么事，代表着 PLC 的功能和性能。一般地，功能强、性能好的 PLC，其指令系统必然丰富，所能干的事也就多。

模块5　项目知识点

1. PLC编程语言特点

PLC的编程语言与一般计算机语言相比，具有明显的特点，它既不同于高级语言，也不同于一般的汇编语言，它既要满足易于编写，又要满足易于调试的要求。目前，还没有一种对各厂家产品都能兼容的编程语言。如三菱公司的产品有它自己的编程语言，OMRON公司的产品也有它自己的语言。但不管什么型号的PLC，其编程语言都具有以下特点。

（1）图形式指令结构。程序由图形方式表达，指令由不同的图形符号组成，易于理解和记忆。系统的软件开发者已把工业控制中所需的独立运算功能编制成象征性图形，用户根据自己的需要把这些图形进行组合，并填入适当的参数。在逻辑运算部分，几乎所有的厂家都采用类似于继电器控制电路的梯形图，很容易接受。例如，西门子公司还采用控制系统流程图来表示，它沿用二进制逻辑元件图形符号来表达控制关系，直观易懂。较复杂的算术运算、定时计数等，一般也参照梯形图或逻辑元件图给予表示，虽然象征性不如逻辑运算部分，但也受用户欢迎。

（2）明确的变量常数。图形符相当于操作码，规定了运算功能，操作数由用户填入，如K400、T120等。PLC中的变量和常数以及其取值范围有明确规定，由产品型号决定，可查阅产品目录手册。

（3）简化的程序结构。PLC的程序结构通常很简单，典型的为块式结构，不同块完成不同的功能，使程序的调试者对整个程序的控制功能和控制顺序有清晰的概念。

（4）简化应用软件生成过程。使用汇编语言和高级语言编写程序，要完成编辑、编译和连接三个过程，而使用编程语言，只需要编辑一个过程，其余由系统软件自动完成，整个编辑过程都在人机对话下进行，不要求用户有高深的软件设计能力。

（5）强化调试手段。无论是汇编程序，还是高级语言程序调试，都是令编辑人员头疼的事，而PLC的程序调试提供了完备的条件，使用编程器，利用PLC和编程器上的按键、显示和内部编辑、调试、监控等，并在软件支持下，诊断和调试操作都很简单。

总之，PLC的编程语言是面向用户的，对使用者不要求具备高深的知识、不需要长时间的专门训练。

2. PLC控制系统设计

在现代化的工业生产设备中，有大量的数字量及模拟量的控制装置，例如，电动机的起停，电磁阀的开闭，产品的计数，温度、压力、流量的设定与控制等。在工业现场中，多采用PLC来解决自动控制问题。

目前，市场上的PLC产品众多，除国产品牌外，国外的产品有日本的OMRON、MITSUBISHI、FUJJ、Anasonic，以及德国的SIEMENS、韩国的LG等。近几年，PLC产品的价格有较大的下降，其性价比越来越高。成本因素是众多技术开发人员选用PLC的重要原因。

1) PLC 的选购

PLC 的选购需要注意以下几点。

(1) 系统规模。首先应确定系统用 PLC 单机控制，还是用 PLC 形成网络，由此计算 PLC 输入、输出点数，并且在选购 PLC 时要在实际需要点数的基础上留有一定余量(10%)。

(2) 确定负载类型。根据 PLC 输出端所带的负载是直流型还是交流型，是大电流还是小电流，以及 PLC 输出点动作的频率等，从而确定输出端是采用继电器输出，还是晶体管输出，或是晶闸管输出。不同的负载选用不同的输出方式，对系统的稳定运行是很重要的。

(3) 存储容量与速度。尽管国外各厂家的 PLC 产品大体相同，但也有一定的区别。目前还未发现各公司之间完全兼容的产品。各个公司的开发软件都不相同，而用户程序的存储容量和指令的执行速度是两个重要指标。一般存储容量越大、速度越快的 PLC 价格就越高，但应该根据系统的大小合理选用 PLC 产品。

(4) 编程器的选购。PLC 编程可采用以下三种方式。

① 用一般的手持编程器编程，它只能用商家规定语句表中的语句编程。这种方式效率低，但对于系统容量小，容量小的产品比较适宜，并且体积小，易于现场调试，造价也较低。

② 用图形编程器编程，该编程器采用梯形图编程，方便直观，一般的电气人员短期内就可应用自如，但该编程器价格较高。

③ 用个人计算机+PLC 软件包编程，这种方式是效率最高的一种方式，但大部分公司的 PLC 开发软件包价格昂贵，并且该方式不易于现场调试。

因此，应根据系统的大小与难易程度、开发周期的长短以及资金的情况合理选购 PLC 产品。

(5) 尽量选用大公司的产品。大公司的产品质量有保障，且技术支持好，一般售后服务也较好，还有利于产品扩展与软件升级。

2) 输入回路的设计

PLC 的输入/输出布线都有一定的要求，设计时需查看各公司 PLC 的使用说明书。

(1) 电源回路 PLC 供电电源一般为 AC 85～240 V(也有 DC 24 V)，适应电源范围较宽，但为了抗干扰，应加装电源净化元件(如电源滤波器、1∶1 隔离变压器等)。

(2) PLC 上 DC 24 V 电源的使用。各公司 PLC 产品上一般都有 DC 24 V 电源，但该电源容量小，为几十毫安至几百毫安，用其带负载时要注意容量，同时做好防短路措施(因为该电源的过载或短路都将影响 PLC 的运行)。

(3) 外部 DC 24 V 电源。若输入回路有 DC 24 V 供电的接近开关、光电开关等，而 PLC 上 DC 24 V 电源容量不够，要从外部提供 DC 24 V 电源；但该电源的“－”端不要与 PLC 的 DC 24 V 的“－”端以及“COM”端相连，否则会影响 PLC 的运行。

(4) 输入的灵敏度。各厂家对 PLC 的输入端电压和电流都有规定。如日本三菱公司 F7n 系列 PLC 的输入值为 DC 24 V、7 mA，起动电流为 4.5 mA，关断电流小于 1.5 mA，因此，当输入回路串有二极管或电阻(不能完全起动)，或者有并联电阻或有漏电流时(不能完全切断)，就会有误动作，灵敏度下降，对此应采取措施。另外，当输入器件的输入电流大于 PLC 的最大输入电流时，也会引起误动作，应采用弱电流的输入器件，并且选用输入为共漏型输入的 PLC，BP 输入元件的公共点电位相对为负，电流是流出 PLC 的输入端。

3）输出回路的设计

(1) 各种输出方式之间的比较，具体如下。

① 继电器输出：优点是不同公共点之间可带不同的交、直流负载，且电压也可不同，带负载电流可达 2 A/点；但继电器输出方式不适用于高频动作的负载，这是由继电器的寿命决定的。其寿命随带负载电流的增加而减少，一般在几十万次至几百万次之间，有的公司产品可达 1000 万次以上，响应时间为 10 ms。

② 晶闸管输出：带负载能力为 0.2 A/点，只能带交流负载，可适应高频动作，响应时间为 1 ms。

③ 晶体管输出：最大优点是适用于高频动作，响应时间短，一般为 0.2 ms 左右，但它只能带 DC 5～30 V 的负载，最大输出负载电流为 0.5 A/点，但每 4 点不得大于 0.8 A。

当用户的系统输出频率为每分钟 6 次以下时，应首选继电器输出，因其电路设计简单，抗干扰和带负载能力强。当频率为 10 次/min 以下时，既可采用继电器输出方式，也可采用 PLC 输出驱动达林顿三极管(5～10 A)，再驱动负载，可大大减小。

(2) 抗干扰与外部互锁。当 PLC 输出带感性负载，负载断电时会对 PLC 的输出造成浪涌电流的冲击，为此，对直流感性负载应在其旁边并接续流二极管，对交流感性负载应并接浪涌吸收电路，可有效保护 PLC。当两个物理量的输出在 PLC 内部已进行软件互锁后，在 PLC 的外部也应进行互锁，以加强系统的可靠性。

(3) “COM”点的选择。不同的 PLC 产品，其“COM”点的数量是不一样的，有的一个“COM”点带 8 个输出点，有的带 4 个输出点，也有带 2 个或 1 个输出点的。当负载的种类多，且电流大时，采用一个“COM”点带 1～2 个输出点的 PLC 产品；当负载数量多而种类少时，采用一个“COM”点带 4～8 个输出点的 PLC 产品。这样会对电路设计带来很多方便，每个“COM”点处加一熔丝，1～2 个输出时加 2 A 的熔丝，4～8 点输出的加 5～10 A 的熔丝，因 PLC 内部一般没有熔丝。

(4) PLC 外部驱动电路。对于 PLC 输出不能直接带动负载的情况下，必须在外部采用驱动电路。系统设计时，可以用三极管驱动，也可以用固态继电器或晶闸管电路驱动。同时，应采用保护电路和浪涌吸收电路，且每路有显示二极管(LED)指示。印制板应做成插拔式，易于维修。

4）扩展模块的选用

对于小的系统，如 80 点以内的系统，一般不需要扩展模块。当系统较大时，就要考虑扩展模块的使用。不同公司的产品，对系统总点数及扩展模块的数量都有限制，当扩展仍不能满足要求时，可采用网络结构；同时，有些厂家产品的个别指令不支持扩展模块，因此，在进行软件编制时要注意。当采用温度等模拟模块时，各厂家也有一些规定，请参考相关的技术手册。

各公司的扩展模块种类很多，如单输入模块、单输出模块、输入/输出模块、温度模块、高速输入模块等。PLC 的这种模块化设计为用户的产品开发提供了方便。

5）PLC 的网络设计

当用 PLC 进行网络设计时，其难度比 PLC 单机控制大得多。首先应选用自己较熟悉的机型，对其基本指令和功能指令有较深入的了解，并且指令的执行速度和用户程序存储容量也应仔细了解。否则，不能适应实时要求，造成系统崩溃。另外，对通信接口、通信协议、数据传送速度等也要考虑。

最后，还要向 PLC 的商家寻求网络设计和软件技术支持及详细的技术资料，至于选用几层工作站，依系统大小而定。

6）软件编制

在编制软件前，应首先熟悉所选用的 PLC 产品的软件说明书，待熟练后再编程。若用图形编程器或软件包编程，则可直接编程，若用手持编程器编程，应先画出梯形图，然后编程，这样可少出错，速度也快。编程结束后先空调程序，待各个动作正常后，再在设备上调试。

第5章　梯形图经验设计法

在现代化的工业生产中，实现生产过程自动化的目的就是提高生产效率、减轻工人负担、降低成本。工厂常用的地面运输小车，使用方便、简单，是许多中小型企业常用的运料装置。

本项目主要介绍采用梯形图法讲述运货小车的自动控制，其主要任务是学习梯形图设计方法。

模块1　项目导入

(1) 掌握常见的PLC典型环节电路的程序编写。

(2) 要求掌握基本程序设计法来编程。

模块2　完成项目所需条件

(1) 三菱公司FX系列PLC。

(2) 编程软件fxgpwin、GX Developer或者GX Works2。

(3) 小货车、电动机、限位开关、按钮开关、牵引线。

模块3　控制要求

在工业现场控制中，运料小车是工业送料的主要设备之一。它们被广泛应用于自动生产线、冶金、有色金属、煤矿、港口、码头等行业，各工序之间的物品常用有轨小车来转运。

这类小车通常采用电动机驱动，电动机正转小车前进，电动机反转小车后退。如图5-1所示为一个运料小车的工作示图。系统的设计要求为小车由电动机驱动，可在A、B两地分别起动；A地起动后，小车停车装料，然后自动驶往B点后停车卸料，然后返回A点，停车装料。如此反复。

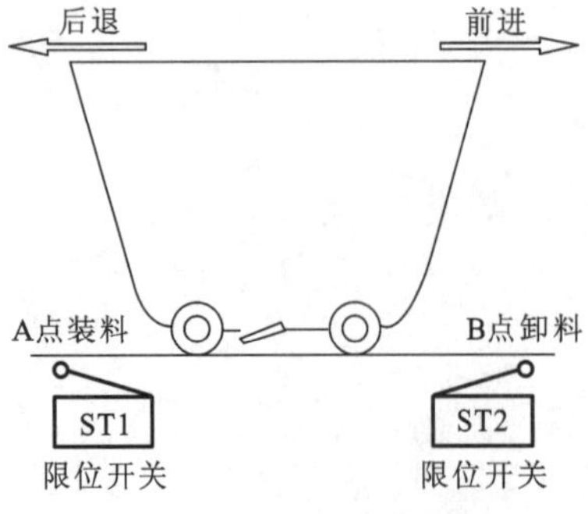

图5-1　运料小车工作示图

模块4　项目操作

1. 控制要求分析

在自动化生产线上，该运料小车运动的控制要求如下。

（1）按下起动按钮，系统开始工作；按下停止按钮，系统停止工作。

（2）可在A、B两地分别起动。

（3）A地起动后，小车先返回限位开关ST1处，停车20 s装料。

（4）然后自动驶往B点，到达限位开关ST2处后停车，底门电磁铁动作，卸料20 s然后返回A点，停车20 s装料。如此反复。

2. 运料小车的控制系统主回路

运料小车由一台三相异步电动机驱动。电动机正转时，小车向前行；电动机反转时，小车后退。电动机正反转主回路如图5-2所示。

在生产线上装料点A、卸料点B分别装有行程开关，以判别小车是否到达位置。另外对小车还需要一个总停按钮，两个起动按钮。

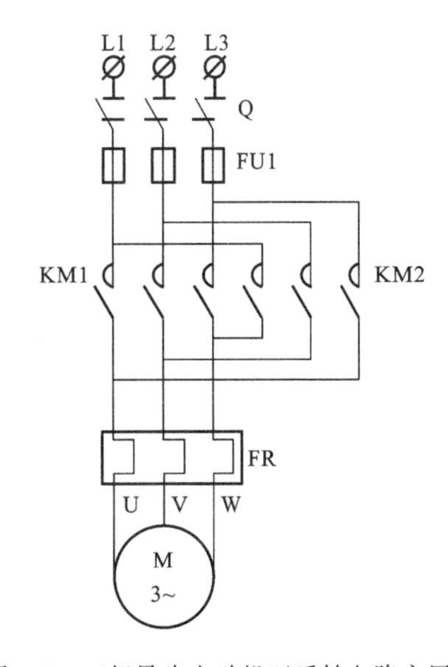

图5-2　三相异步电动机正反转电路主回路

3. 运料小车的控制系统控制回路

根据设备控制的要求，先画出运料小车控制系统的继电器的控制电路图。如图5-3所示，采用两个时间继电器分别进行装料和卸料的延时，行程极限位置设两个行程开关用来确保小车行程的极限位置，正反转接触器采用自锁、互锁的连接方式。热继电器对电动机系统电路起保护作用，设置了起动和总停止按钮。

4. 运料小车PLC外部接线

在上述继电器的电路图基础上，将其每个控制元器件进行分配PLC的输入/输出软元件。根据运料小车对输入/输出点数的分析，可知在I/O上需要6个输入口和3个输出口。该控制系统的输入有1个起动按钮开关、1个停止按钮开关、2个行程开关、2个热继电器共6个输入点。输出端的外部设备只有一个控制小车运动的三相电动机，其有正转和反转两个状态，分别对应着正转继电器和反转继电器。另外还有一个输出控制卸料电磁铁开关。所以，该系统的整个输出点有3个。对应的I/O地址分配表如表5-1所示。

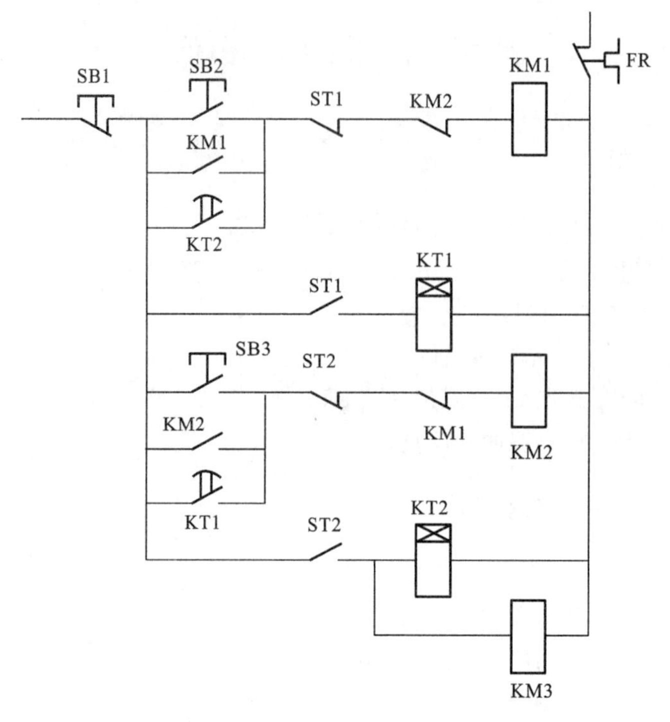

图 5-3 运料小车控制系统的继电器控制电路图

表 5-1 运料小车 PLC I/O 分配

输入信号			输出信号		
名称	代号	输入点编号	名称	代号	输出点编号
总停按钮	SB1	X000	正转接触器	KM1	Y000
正转起动按钮	SB2	X001	反转接触器	KM2	Y001
反转起动按钮	SB3	X002	卸料电磁铁	KM3	Y002
行程开关	ST1	X003			
行程开关	ST2	X004			
热继电器	FR	X005			

再根据上述 PLC 的 I/O 分配表可以画出其外部端子的接线图如图 5-4 所示。

5. 运料小车控制系统梯形图

根据运料小车运动控制的要求，当按下起动按钮 SB1 后，运料小车系统开始工作。小车碰到装料点 A 的行程开关，开始进行装料，20 s 装料结束。小车自动右行，碰到卸料点 B 的行程开关后，停车并卸料，20 s 后卸料完毕。小车左行，碰到装料点 A 的行程开关后，小车停止并装料。在整个过程中，如果要小车停止运动，可按总停按钮。根据上述逻辑关系的分析，可画出小车控制系统的梯形图，如图 5-5 所示。

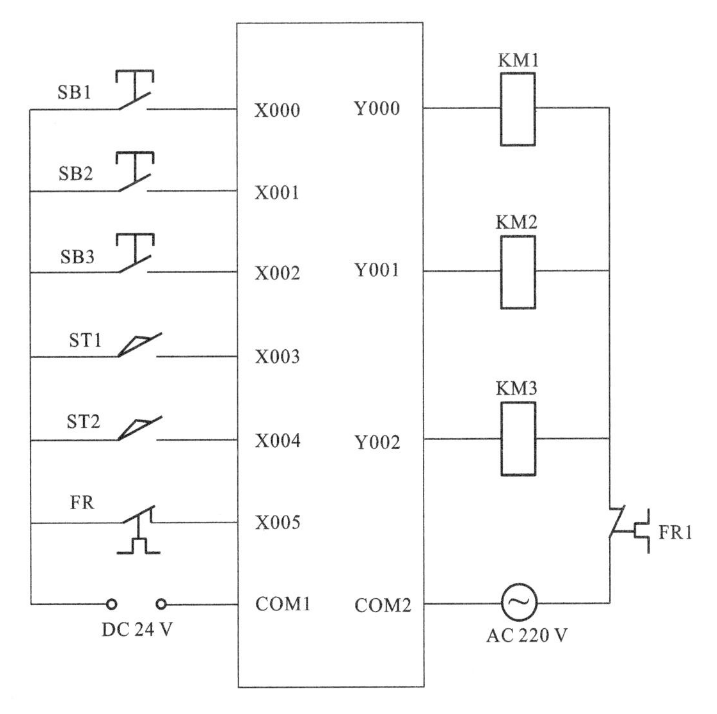

图 5-4　运料小车 PLC 外部接线图

模块 5　项目知识点

1. 经验设计法简介

经验设计法要求开发人员透彻理解 PLC 各种指令的功能，并掌握各种典型电路和基本单元电路，充分理解实际控制要求，能够将实际的控制问题分解成若干个典型控制电路，再将其组合完善，反复修改得到实现相应功能的程序的一种方法。

PLC 梯形图程序用“经验设计法”编写，是沿用了设计继电器的电路图的方法(将在第 6 章介绍)来设计梯形图，即在开发人员非常熟悉的传统继电器的电路的基础上，根据被控对象对控制系统的具体要求，将硬件元器件对应到 PLC 相应的软元件上，并保持相应的联锁关系，不断地修改和完善梯形图。有时，这一过程需要多次反复地进行调试和修改梯形图，不断地增加中间编程元件和辅助触点，才能得到一个较为满意的结果。

这种设计方法没有普遍的规律可以遵循，具有很大的试探性和随意性，最后的结果也不是唯一的。该设计方法所用的时间、设计质量与设计者的经验有很大的关系。它是其他设计方法的基础，用于较简单的梯形图程序设计。

1) 经验设计法的要点

(1) PLC 的编程。通过梯形图设计，找出系统中符合控制要求的各个输出的工作条件，并用 PLC 的各种软元件按一定的逻辑关系组合实现。

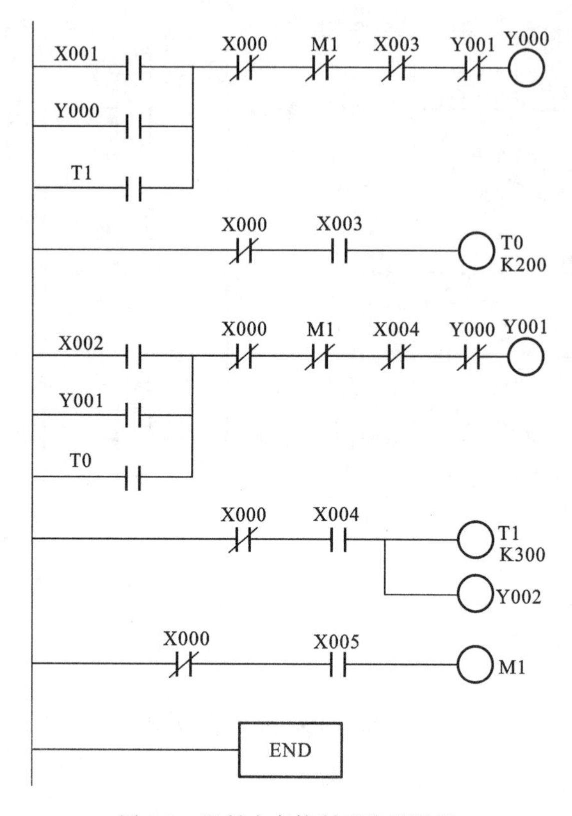

图 5-5　运料小车控制系统梯形图

(2) 梯形图的基本模式为“起-保-停”电路。每个“起-保-停”电路一般只针对一个输出,这个输出可以是系统的实际输出,也可以是中间变量。

(3) 梯形图编程中有约定俗成的基本环节。可以像摆积木一样,罗列相应要求。

2) 经验设计法的步骤

(1) 控制模块划分(工艺分析)。在明确了解系统控制要求后,合理地对控制系统中的事件进行划分。得出控制要求有几个模块组成,每个模块要实现什么功能,因果关系如何,模块与模块之间怎样联络等内容。划分时,一般可将一个功能作为一个模块来处理,即一个模块完成一个功能。

(2) 功能及端口定义。对控制系统中的主令元件和执行元件进行功能定义、代号定义与I/O口的定义(分配),画出I/O接线图。对于一些要用到的内部元件,也要进行定义,以方便后期的程序设计。在进行定义时,可用I/O资源分配表的形式来合理安排软元件。

(3) 功能模块梯形图程序设计。根据已划分的功能模块,进行梯形图程序的设计,一个模块,对应一个程序。在这一阶段中,找到一些能实现模块功能的典型的控制程序,对这些控制程序进行比较,选择最佳的控制程序(方案选优),并进行一定的修改补充,实现系统所需功能。

(4) 程序组合,得出最终梯形图程序。对各个功能模块的程序进行组合,得出总的梯形图程序。组合以后的程序,需在此程序的基础上,对程序进行进一步补充、修改。在经过多次反复完善后,才能够得出一个功能完整的程序。

因此,在程序组合时,既要注意各个功能模块组合的先后顺序,又要注意各个功能模块之间的联络信号,同时也要注意线圈之间的联锁(互锁)信号,最后给程序添加结束指令。

2. 常用基本环节梯形图程序

1) 起动、保持和停止电路

实现 Y010 的起动、保持和停止的四种梯形图如图 5-6 所示。这些梯形图均能实现起动、保持和停止的功能。X000 为起动信号,X001 为停止信号。图 5-6(a)、(c)所示为利用 Y010 常开触点实现自锁保持,而图 5-6(b)、(d)所示为利用 SET、RST 指令实现自锁保持。

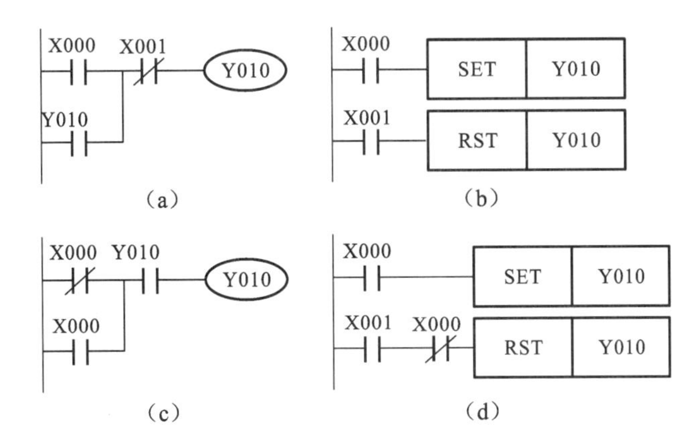

图 5-6　实现 Y010 的起动、保持和停止的四种梯形图

2) 三相异步电动机正反转控制

常用的三相异步电动机正反转控制梯形图如图 5-7 所示。

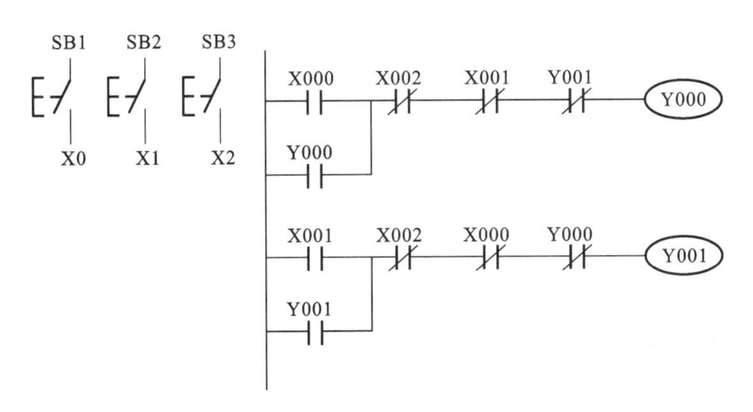

图 5-7　三相异步电动机可逆运转控制:互锁环节

3）常闭触点输入信号的处理

如果输入信号只能由常开触点提供，梯形图中的触点类型与继电器电路的触点类型完全一致。

如果接入 PLC 的是输入信号的常闭触点，这时在梯形图中所用的 X001 的触点的类型与 PLC 外接 SB2 的常开触点时刚好相反，与继电器电路图中的习惯也是相反的，如图 5-8 所示。建议尽可能采用常开触点作为 PLC 的输入信号。

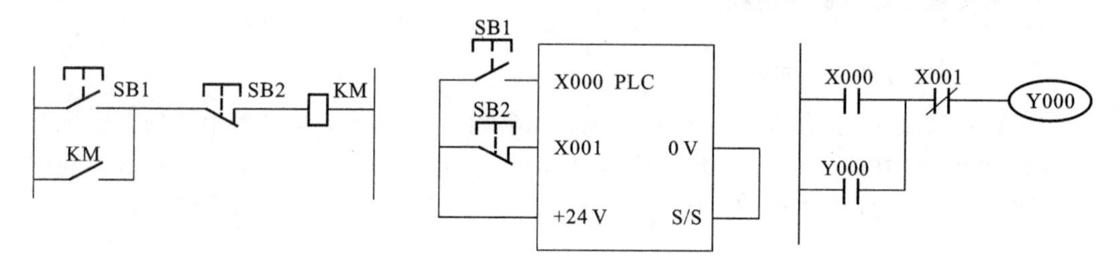

图 5-8　常闭触点输入信号的处理

4）多继电器线圈控制电路

图 5-9 所示为可以自锁的同时控制 4 个继电器线圈的电路图。其中 X000 是起动按钮，X001 是停止按钮。

5）多地控制电路

图 5-10 所示为两个地方控制一个继电器线圈的程序。其中 X000 和 X001 是一个地方的起动和停止控制按钮，X002 和 X003 是另一个地方的起动和停止控制按钮。

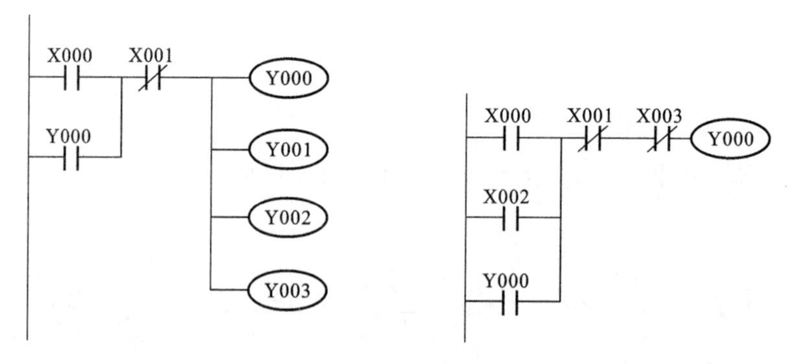

图 5-9　多继电器线圈控制电路　　图 5-10　多地控制电路

6）互锁控制电路

图 5-11 所示为 3 个输出线圈的互锁电路。其中 X000、X001 和 X002 是起动按钮，X003 是停止按钮。由于 Y000、Y001、Y002 每次只能有一个接通，所以将 Y000、Y001、Y002 的常闭触点分别串联到其他两个线圈的控制电路中。

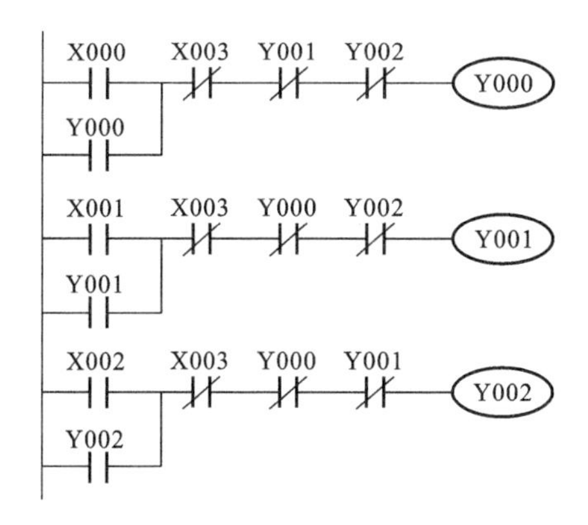

图 5-11　互锁控制电路

7）顺序起动控制电路

如图 5-12 所示，Y000 的常开触点串在 Y001 的控制回路中，Y001 的接通是以 Y000 的接通为条件。这样，只有 Y000 接通才允许 Y001 接通。Y000 关断后 Y001 也被关断停止，而且 Y000 接通条件下，Y001 可以自行接通和停止。X000、X002 为起动按钮，X001、X003 为停止按钮。

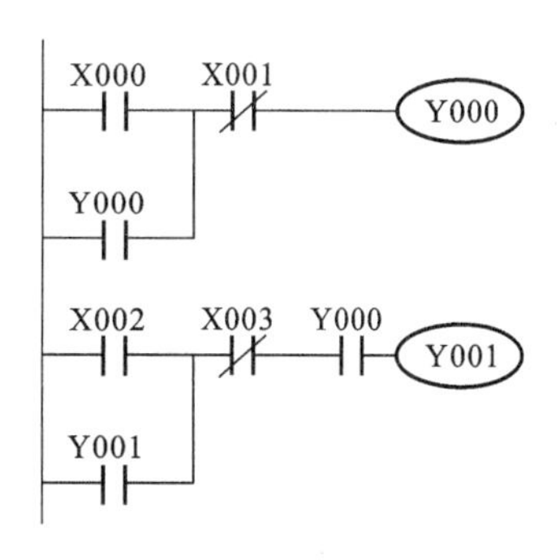

图 5-12　顺序起动控制电路

8）集中与分散控制电路

在多台单机组成的自动线上，有在总操作台上的集中控制和在单机操作台上分散控制的联锁。集中与分散控制的梯形图如图 5-13 所示。X002 为选择开关，以其触点为集中控制与分散控制的联锁触点。当 X002 为 ON 时，为单机分散起动控制；当 X002 为 OFF 时，为集中总起动控制。在两种情况下，单机和总操作台都可以发出停止命令。

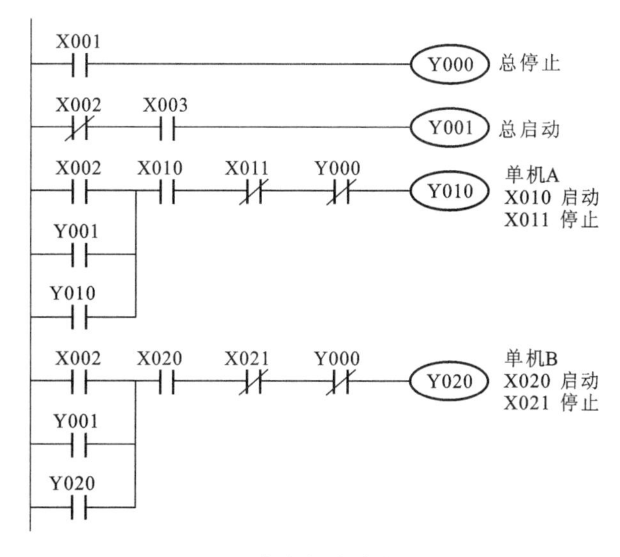

图 5-13　集中与分散控制电路

9）自动与手动控制电路

在自动与半自动工作设备中，有自动控制与手动控制的联锁，如图5-14所示。输入信号X1是选择开关，选其触点为联锁型号。当X1为ON时，执行主控指令，系统运行自动控制程序，自动控制有效，同时系统执行功能指令CJP63，直接跳过手动控制程序，手动调整控制无效。当X1为OFF时，主控指令不执行，自动控制无效，跳转指令也不执行，手动控制有效。

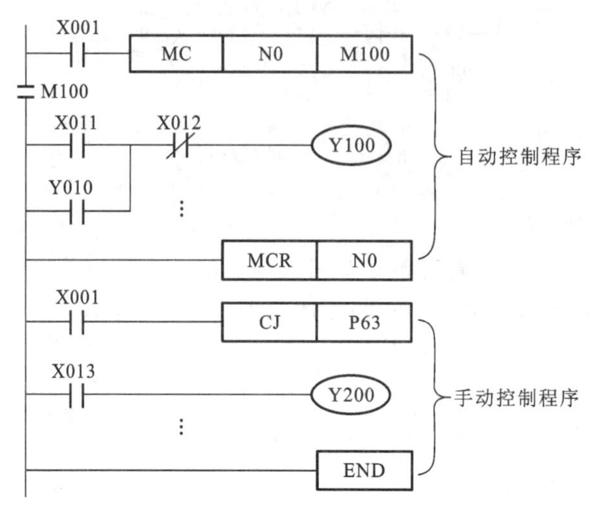

图5-14　自动与手动控制电路

10）得点延时合、失电延时断电路

如图5-15所示，用X000控制Y000，当X000的常开触点接通后，T000开始定时，10 s后T0的常开触点接通，使Y000变为ON。X000为ON时其常闭触点断开，使T001复位，X000变为OFF后T1开始定时，5 s后T1的常闭触点断开，使Y000变为OFF，T1也被复位。Y000用起动、保持、停止电路来控制。

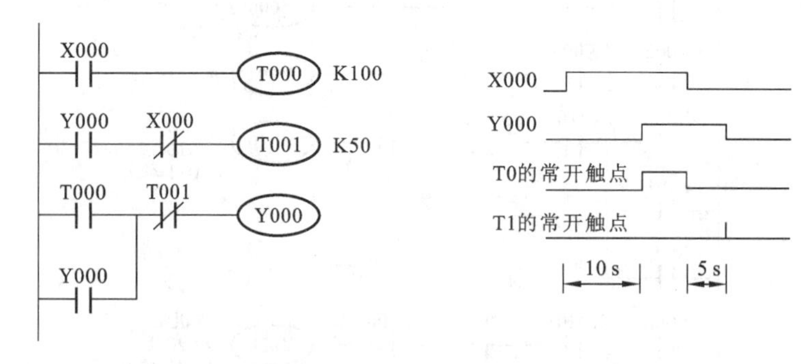

图5-15　延合延分电路

11）多定时器组合的长延时电路

如图5-16所示，当X000接通，T0线圈得电并开始延时，延时到T0常开触点闭合，又使 T1 线圈得电，并开始延时，当定时器 T1 延时到其常开触点闭合，再使 T2 线圈得电，并开始延时，当定时器 T2 延时到其常开触点闭合，才使 Y0 接通。因此，从 X0 为 ON 开始到 Y0 接通共延时 9 000 s。

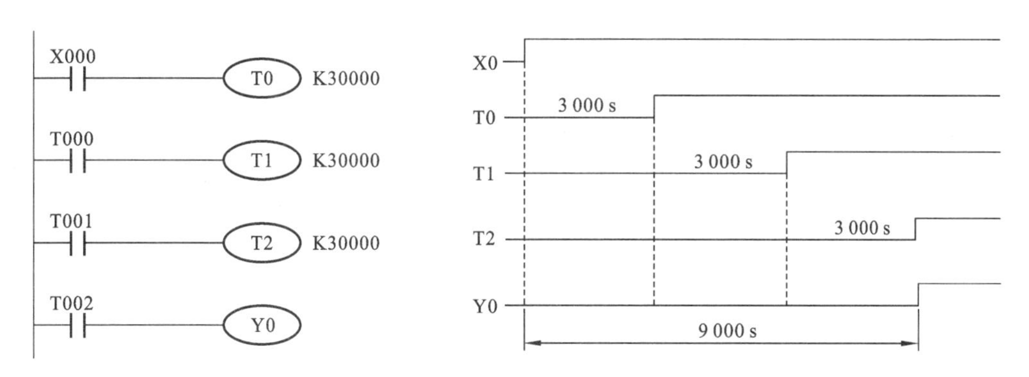

图 5-16　多个定时器组合电路

12）定时器和计数器组合

当 X1 为 ON 时，T1 开始定时，0.6 s 后 T1 定时时间到，其常闭触点断开，使它自己复位，复位后 T1 的当前值变为 0，同时它的常闭触点接通，使它自己的线圈重新通电，又开始定时。T1 将这样周而复始地工作，直至 X1 变为 OFF。从分析中可看出，最上面一行电路是一个脉冲信号发生器，脉冲周期等于 T1 的设定值。产生的脉冲列送给 C0 计数，计满 3 个数后，C0 的当前值等于设定值，它的常开触点闭合，Y0 开始输出。

3. 经验设计法的不足

对于一些简单的控制任务，经验设计法确实是一种简捷有效的方法，而面对复杂的控制要求，用经验设计法就显得非常困难，并存在着以下两个问题。

(1) 经验法设计方法很难掌握，设计周期长。用经验法设计系统的梯形图时，没有一套固定的方法和步骤可以遵循，具有很大的试探性和随意性。对于各种不同的控制系统，没有一种通用的容易掌握的设计方法。在设计复杂系统的梯形图时，用大量的中间单元来完成记忆、联锁、互锁等功能。由于需要考虑的因素很多，它们往往又交织在一起，分析起来非常困难，并且很容易遗漏一些应该加以考虑的问题。修改某一局部电路时，很可能会“牵一发而动全身”，对系统的其他部分产生意想不到的影响。因此梯形图的修改也很麻烦，往往花了很长的时间还得不到一个满意的结果。

(2) 装置交付使用后维修困难。用经验法设计出的梯形图往往看上去就非常复杂。对于其中某些复杂的逻辑关系，即使是设计者的同行，分析起来都很困难，更不用说维修人员了。这给 PLC 控制系统的维修和改进带来了很大的困难。

实际上，对于 PLC 所擅长的离散型控制场合，不管控制任务有多复杂，通过细心分析就会发现，所谓的控制过程就是在 PLC 的指挥下，系统状态发生变化的过程。所以，只要把系统的状态从工艺要求中分离出来，控制问题也就迎刃而解了。系统状态的变化是有规律的，一般是按顺序一步一步地进行的，在此基础上，人们总结形成了一种科学有效的程序设计方法，称为顺序设计法或步进梯形图设计。

习　题

1. 简述经验设计法遵循的基本步骤。

2. 有一条生产线，用光电感应开关 X1 检测传送带上通过的产品，有产品通过时 X1 为 ON；如果连续 10 s 内没有产品通过，则发出灯光报警信号；如果连续 20 s 内没有产品通过，则灯光报警的同时发出声音报警信号；用 X0 输入端的开关解除报警信号。请用经验法设计梯形图。

第6章　继电器控制电路移植法

本章主要任务是将三相异步电动机的星-三角起动电路的继电器控制电路图转换为具有相同功能的PLC外部硬件接线图和梯形图。

模块1　项目导入

1. 项目内容

当前，当三相异步电动机的功率在4 kW及以上时，均采用三角形接法，以利于广泛采用星-三角降压起动过程。三相异步电动机的星-三角起动的控制线路，既可达到减小电动机起动电流的作用，又可以防止电流短路事故，且延长了接触器的寿命。

用PLC外部硬件电路设计实现三相异步电动机的星-三角起动电路，并画出梯形图。

2. 项目目的

（1）掌握继电器控制电路移植法的设计规律。

（2）掌握继电器控制电路移植法步骤。

模块2　完成项目所需条件

（1）三菱公司FX系列PLC。

（2）编程软件名称为fxgpwin、GX Developer或者GX Works2。

（3）速度继电器、熔断器、热继电器、交流接触器、电动机、限位开关、按钮开关、牵引线。

模块3　控制要求

1. 三相异步电动机接法

三相异步电动机一般有六个接线柱，分别对应三个绕组的首端和尾端，用U1、V1、W1和U2、V2、W2来表示，电动机运行时需要按电动机铭牌上的接法接线。常用的接线方法有星形接法和三角形接法。

1）星形接法

如图6-1所示，星形接法是把电动机的首端或末端相连，然后将剩下的三个接线端接入三相电源的接法称为星形接法。例如,把U2、V2、W2接线端相连在一起,让U1、V1、W1接线端接入三相电源,使三个绕组的连接像一颗星星。

2) 三角形接法

如图6-2所示,电动机的三相绕组的首尾顺次相连后,再接三相电源的接法称为三角形接法。如图6-2所示,第一相的尾接第二相的首,第二相的尾连接第三相的首,第三相的尾接第一相的首。即U1和W2相连,V1和U2相连,W1和V2相连。然后,由U1、V1、W1三个接线端接入三相电源,三个绕组的连接像个三角形。

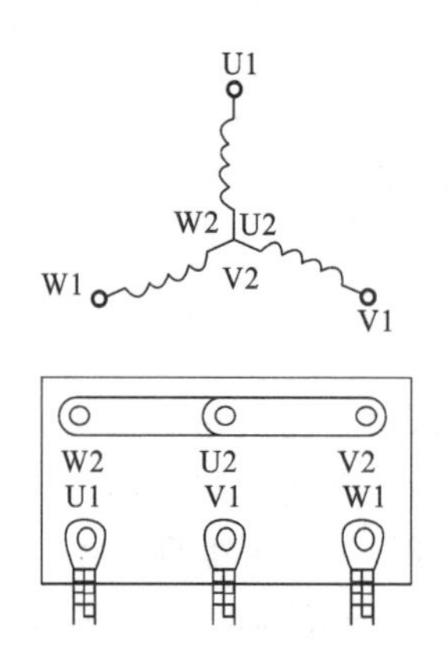

图6-1 星形接法电路原理图和接线图

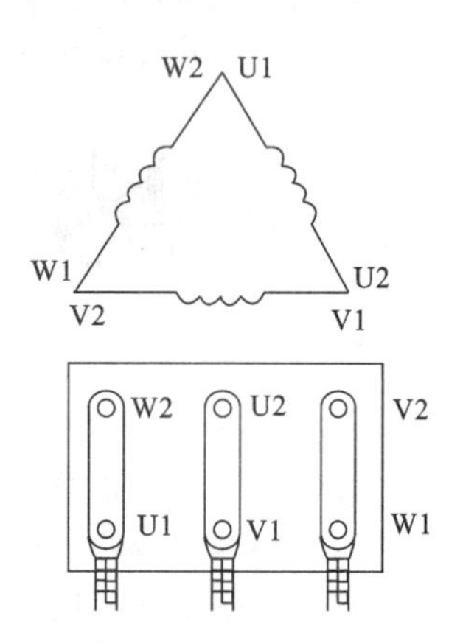

图6-2 三角形接法电路原理图和接线图

2. 星-三角接法的起动过程

三相异步电动机星-三角电路控制图如图6-3所示。由图可知在电动机起动时,KM1与KM3闭合,导线U1、V1、W1、U2、V2、W2接线端通电,电动机内部定子线圈构成星形接线电路。待电动机转速接近额定转速后,KM3断开,KM2闭合,此时电动机定子线圈通过导线U1、V1、W1、U2、V2、W2接线端构成三角形接线电路,电动机到达额定功率开始正常工作。由图可知,接触器KM1、KM2、KM3,热继电器KH1及导线U1、V1、W1、U2、V2、W2接线端上的工作电流随电路的转换发生改变。

星-三角接法的起动过程的目的是降低电动机的起动电流、减少对运行电网的冲击。当电动机星-三角起动时,加在定子每相绕组上的电压为电源电压的$\frac{1}{\sqrt{3}}$(即220 V)。定子绕组接成星形起动时,由电源供给的起动电流仅为接成三角形时的三分之一,星形接法时的起动转矩也减小为三角形接法时的三分之一。

如图6-4所示为星形接法的电路接线图。

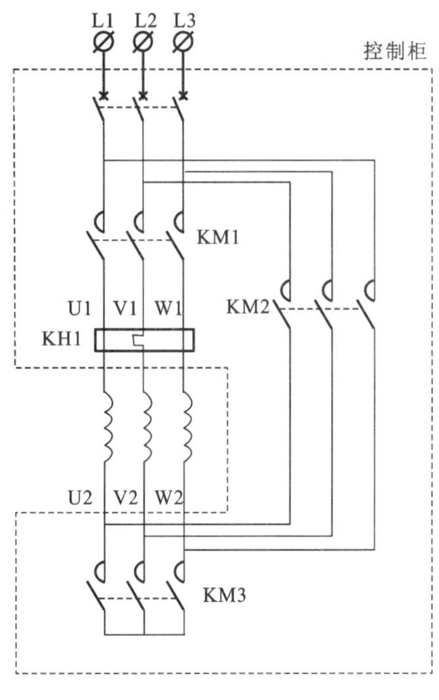

图 6-3　星-三角电路控制图

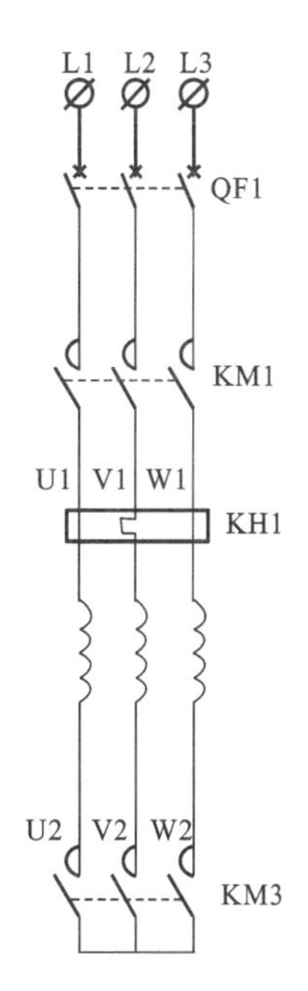

图 6-4　星形接法的电路接线图

待电动机转速接近电动机额定转速时，再转为三角形接法运转。电动机的星-三角接法起动过程，其降压起动电动机的电路简单，且设计成本较低，但起动电动机的转矩较小，一般只适用于空载或轻载起动电动机。

如图 6-5 所示为三角形接法的电路接线图。

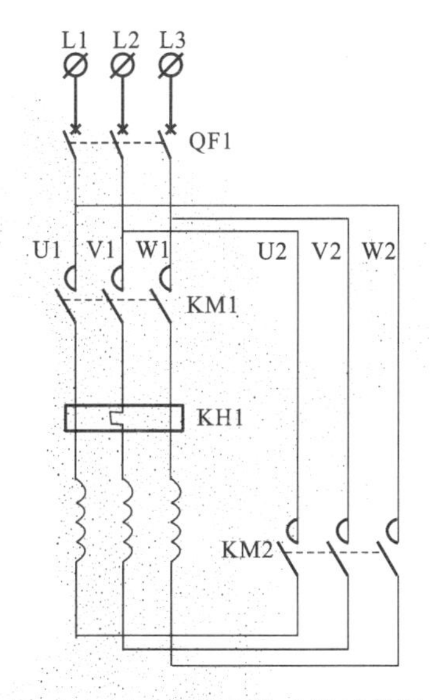

图 6-5　三角形接法的电路接线图

如图 6-6 所示，在星-三角接线方式起动电动机的继电器原理图中，SB1 为电动机停止按钮，SB2 为起动按钮；KT 为时间继电器；KM1 为主接触器，KM2 为星形接线接触器，KM3 为三角形接线接触器。当电动机星形接线运行时，KM1、KM2 闭合，KM3 开启；当电动机三角形接线运行时，KM1、KM3 闭合，KM2 开启。开关 KM2 与 KM3 间，形成互锁功能，避免电动机短路情况。

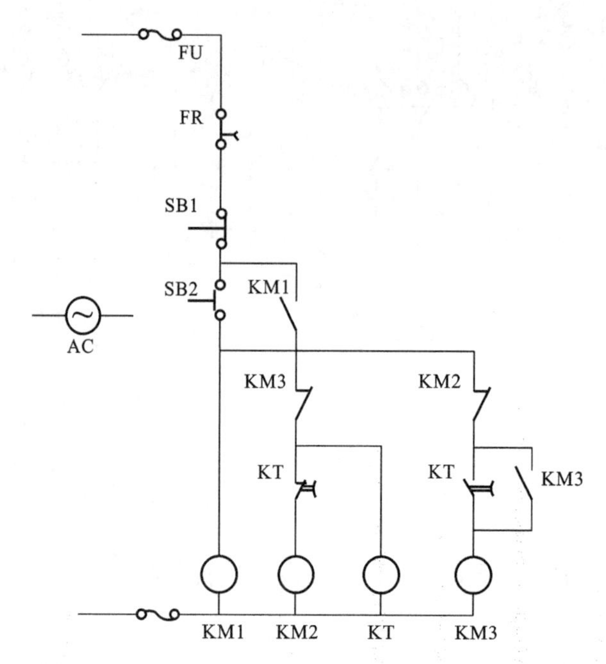

图 6-6　星-三角接线方式起动电动机的继电器原理图

模块 4　项目操作

1. 星-三角接法的三相异步电动机系统的 PLC 外部接线图

该系统 PLC 外部接线图如图 6-7 所示。

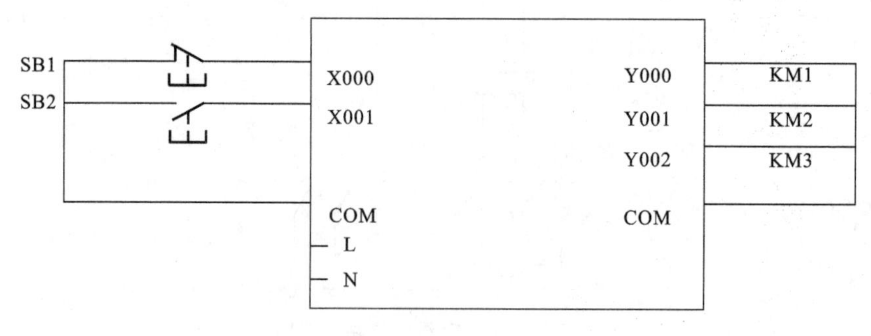

图 6-7　PLC 外部接线图

2. PLC 的 I/O 分配表

电动机星-三角运行的起动按钮为 SB2,停止按钮为 SB1。星形接法运行时,接触器分别为 KM1、KM2;三角形接法运行时,接触器为 KM1、KM3。

电动机星-三角接法的电气控制电路的 I/O 分配表如表 6-1 所示。

表 6-1　电动机星-三角接法的电气控制电路的 I/O 分配表

输入信号			输出信号		
名称	功能	编号	名称	功能	编号
SB1	停止按钮	X000	KM1	主接触器	Y000
SB2	起动按钮	X001	KM2	星形接线接触器	Y001
			KM3	三角形接线接触器	Y002

3. 软件设计

电动机星-三角起动运行的梯形图如图 6-8 所示。

步骤①中,X001 开关由起动按钮 SB2 控制。X002 为停止按钮 SB1。辅助继电器 M1 作为中间过渡环节软元件。且 M1 开关构成带自锁功能的电路,X001、X002 和 M1 构成典型的"起-保-停"电路("起-保-停"电路具体见后续章节介绍)。

步骤②中,Y000 开关对应主接触器 KM1。

步骤③中,Y001 开关对应星形接法运行的接触器 KM2,Y002 开关对应三角形接法运行的接触器 KM3,T0 对应延时继电器功能。此步骤中,电动机为星形接线方式运行。

步骤④中,起动星形接线转三角形接线的 5 s 定时器。

步骤⑤中,电动机按三角形接线方式运行,Y001 开关和 Y002 开关形成互锁功能。

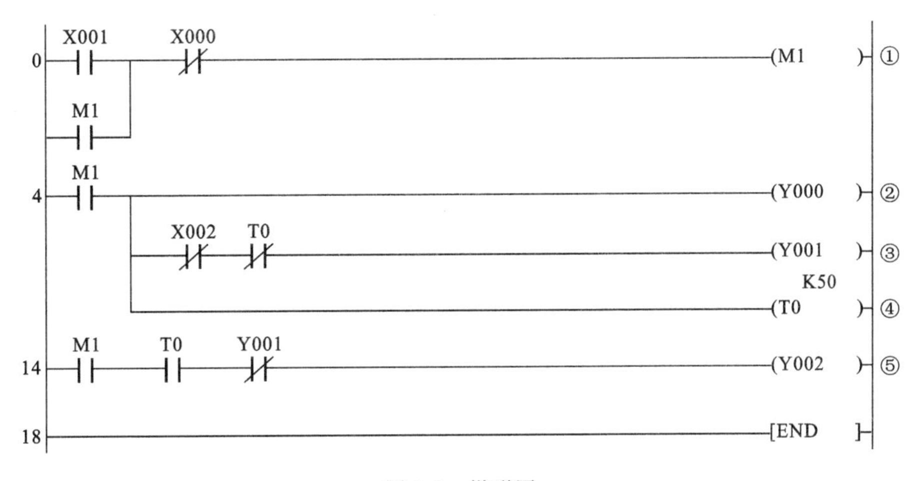

图 6-8　梯形图

模块5　项目知识点

1. 设计梯形图

PLC设计使用的梯形图语言与继电器电路图非常相似。梯形图设计过程沿用了继电控制原理图的基本形式,采用了常开触点、常闭触点、线圈和功能块等结构化的图形语言。对于同一控制电路的设计,继电控制原理图和梯形图的输入/输出信号基本相同,控制过程等效。它们的区别在于前者使用的是硬件继电器和定时器,主要依靠硬件连接组成控制线路;而PLC梯形图使用的是内部的软件元件,包括逻辑继电器、定时器和计数器,依靠的是软件方式来实现控制功能。因此,PLC的梯形图设计过程可以随时修改程序,具有很高的灵活性。

2. 设计梯形图设计步骤

如上所述,继电器的电路图是一个纯粹的硬件电路图。如果将其修改为PLC控制,需要用PLC的外部接线图和梯形图来等效实现继电器的电路图。可以将PLC理解成是一个具有控制功能的黑盒,其外部接线图描述了这个黑盒的外部电路连接情况,而梯形图是这个黑盒的内部电路连接图。梯形图中的输入/输出位是这个黑盒与外部世界联系的继电器开关。可以将继电器的电路图一分为二,采用分析继电器的电路图的方法来分析PLC控制系统。在分析梯形图时,可以将输入软元件的触点理解为对应电路的外部输入器件的触点,将输出软元件理解为对应电路的外部负载的线圈。电路的外部负载线圈除了受梯形图的控制外,还受外部触点的控制。

将继电器的电路图改为PLC控制时,需要用PLC的外部接线图和梯形图来等效继电器电路图,其具体方法和步骤如下。

(1) 要求熟悉被控设备或者系统的工作原理、工艺过程和机械的动作情况。根据继电器的电路图分析和掌握控制系统的工作原理。

(2) 确定PLC的输入信号和输出负载。继电器的电路图中的交流接触器和电磁阀等外部负载可以用PLC的输出软元件来控制,它们的线圈连接在PLC的输出端。接触按钮、操作开关和行程开关、接近开关等连接到PLC的数字量输入软元件上。继电器的电路图中的中间继电器和时间继电器的功能,可以用PLC内部的存储器和定时器来完成。

(3) 在继电器的电路图中,确定中间、时间继电器对应的梯形图中的存储器和定时器、计数器的对应关系,以及输入/输出元件与梯形图软元件的对应关系。

(4) 根据上述的对应关系画出梯形图。

3. 设计PLC的外部接线图和梯形图时应注意的事项

根据继电器的电路图来设计PLC的外部接线图和梯形图时应注意以下问题。

(1) 要求遵守梯形图语言中的语法规定。由于两种电路图工作原理不同,梯形图不能照搬继电器电路中的某些处理方法。

(2) 适当地分离继电器的电路图中的某些电路。在设计继电器的电路图时，为了控制成本，遵循的基本原则是尽量减少图中使用的触点。这样，往往会导致某些线圈的控制电路交织在一起，增加设计人员的理解难度。但在设计梯形图时，首要目的是要求设计出的梯形图容易阅读和理解，而不是特别在意是否多用几个触点。这样的 PLC 梯形图设计方式，并不会增加硬件的成本，只是在输入程序时需要多花一点处理周期而已。

(3) 尽量减少 PLC 的输入/输出点。PLC 的价格与输入/输出点数有关。在设计 PLC 梯形图时，控制输入/输出软元件的点数是降低硬件费用的主要措施。

(4) 时间继电器的处理。在继电器的电路图中，时间继电器除了有延时动作的触点外，还有在线圈通电瞬间接通的瞬动触点。在梯形图中，可以在定时器的线圈两端并联存储器的线圈，它的触点相当于定时器的瞬动触点。

(5) 设置中间单元。如果多个线圈都受某一触点串、并联电路的控制，为了简化电路，在梯形图设计时可以设置中间单元，即用该电路来控制某存储位，在各线圈的控制电路中使用其常开触点。

(6) 设立外部互锁电路。由于软件运行时间的原因，即使在梯形图已经完成互锁功能，为了确保不同时互锁电路的动作，还要在 PLC 外部设置硬件联锁电路。

(7) 外部负载的额定电压。PLC 双向晶闸管输出模块一般只能驱动额定电压 AC 220 V 的负载，系统交流接触器应换成 220 V 电压的线圈。

4. 继电器、按钮开关的处理方法

在继电器的电路图转换成为功能相同的 PLC 梯形图过程中，对应的各种继电器、按钮开关的处理方法如下。

(1) 对各种继电器、电磁阀等的处理。在继电器控制的系统中，会大量采用各种各样的控制电器元件，如交直流接触器、电磁阀、电磁铁、中间继电器等。其中，交直流接触器、电磁阀、电磁铁的线圈是执行元件，要为它们分配相应的 PLC 输出软元件(继电器)号。中间继电器可以用 PLC 内部的辅助继电器来代替。

(2) 对常开按钮、常闭按钮的处理。一般情况下，在继电器的控制电路中，起动功能用常开按钮，停止功能用常闭按钮。在用 PLC 控制时，起动和停止一般都用常开按钮。

(3) 对热继电器触点的处理。如果 PLC 的输入软元件比较富裕，热继电器的常闭触点可占用 PLC 的输入点。反之，热继电器的信号可不输入 PLC，而是连接在 PLC 外部的控制电路中。

(4) 对时间继电器的处理。在继电器的控制电路中，物理的时间继电器分为通电延时型和断电延时型两种。通电延时型时间继电器，其延时动作的触点有通电延时闭合和通电延时断开两种。断电延时型时间继电器，其延时动作的触点有断电延时闭合和断电延时断开两种。

在用 PLC 控制时，时间继电器可以用 PLC 的定时器/计数器来代替。

(5) 处理电路的连接顺序。在将继电器的控制电路转换成 PLC 的梯形图时，通常为了方便转换，需要把相应的电路图进行一些调整。例如，在将图 6-9 转换成梯形图时，要

先对图中部分电路进行调整。如图 6-9 所示，线圈 KM2 和 KM 之间连接着常开触点 KM2，在 PLC 梯形图不允许有这种结构。

对这种继电器的接线图需要进行调整，由于 KM 接通的条件有两个，要么是 KM2 接通，要么是时间继电器的常开触点 KT 闭合。所以，可以将 KM2 的常开触点与 KT 的延时闭合的常开触点并联作为 KM 的接通条件。根据这个原则，逐步调整后的控制电路如图 6-10 所示。

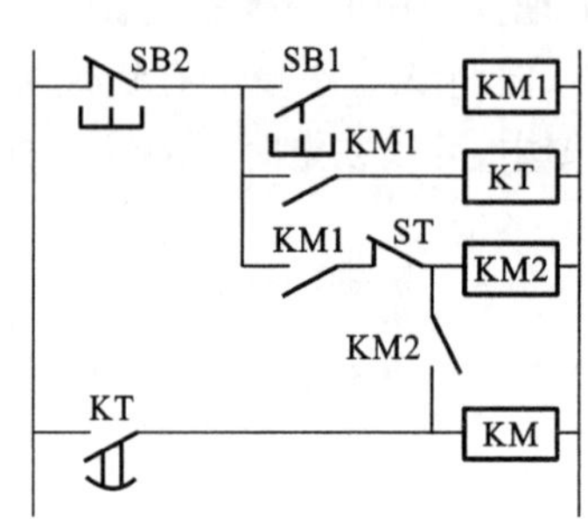

图 6-9　调整前继电器控制电路图

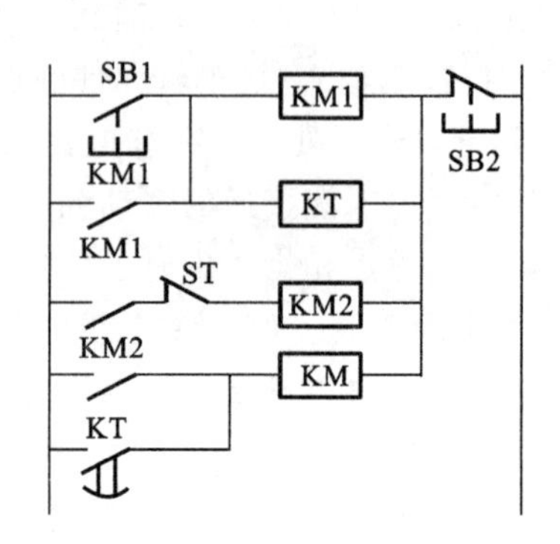

图 6-10　调整后继电器控制电路图

当继电器的电路图转换成 PLC 梯形图后，设计人员一定要仔细校对、调试，保证其控制功能与原电路图相符。对于复杂的控制电路，可以先进行局部的转换，最后再综合起来。当控制电路复杂时，可以将大量的中间继电器、时间继电器、计数器等都用 PLC 的内部软元件来代替，并借助程序逻辑来实现复杂的控制。

第7章 单序列结构的编程方法

用梯形图或指令表方式编程固然为广大电气技术人员所接受，但是对于一些复杂的控制程序，尤其是顺序控制程序，由于其内部的连锁、互动关系极其复杂，在程序的编制、修改和可读性等方面都存在许多缺陷。因此，近年来，许多新生产的 PLC 在梯形图语言之外增加了符合 IEC1131-3 标准的顺序功能图语言。顺序功能图（sequential function chart，SFC）是描述控制系统的控制过程、功能和特性的一种图形化的语言，专门用于编制顺序控制程序。

使用顺序功能图设计程序时，首先应根据系统的工艺流程，画出顺序功能图，然后根据顺序功能图画出梯形图或写出指令表。

三菱 FX 系列 PLC，在基本逻辑指令之外还增加了两条简单的步进顺序控制指令，同时辅之以大量的状态继电器，用类似于 SFC 语言的状态转移图来编制顺序控制程序。

本章将详细介绍顺序控制设计法的单序列结构的编程方法及编程实例。

模块1 项目导入

（1）掌握顺序控制相关概念。

（2）掌握用顺序控制设计法的单序列结构的编程方法。

（3）掌握顺序控制程序编程的注意事项。

（4）掌握利用 PLC 来实现全自动搬运机械手的程序设计。

模块2 完成项目所需条件

1. 硬件条件

（1）PLC 实训装置。

（2）三菱公司 FX 系列 PLC。

（3）计算机（或者手持编程器）。

（4）配套通信电缆。

（5）机械手模拟显示模块。

（6）开关、按钮板模块若干。

（7）导线若干。

（8）电工常用工具一套。

2. 软件条件

(1) 三菱公司 FX 系列 PLC 配套编程软件 GX Developer。
(2) GX-Simulator 仿真软件。

模块3 控制要求

设计一个用 PLC 控制的全自动搬运机械手,该机械手能实现将工件从 A 点移动到 B 点,并在实训室完成模拟搬运与调试,其具体控制要求为:该机械手为全自动连续运行(不含手动功能),在原点位置按起动按钮,机械手按图 7-1 所示连续工作一个周期。一个周期的工作过程如下:原点—放松(T)—下降—夹紧(T)—上升—右移—下降—放松(T)—上升—左移(同时夹紧)到原点,时间 T 由教师现场规定。

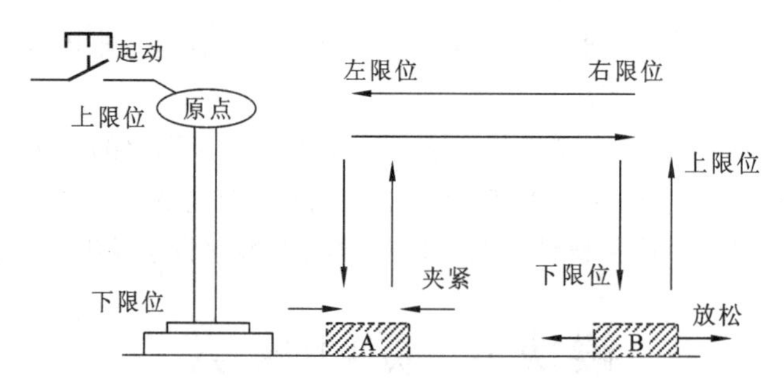

图 7-1 全自动搬运机械手工作示意图

模块4 项目操作

在解决上述全自动搬运机械手控制问题之前,首先来分析其工作过程:实际上这是一个顺序控制,整个控制过程可分为如下 10 个阶段(或称工序):原点复位(初始状态)、放松、下降、夹紧、上升、右移、下降、放松、上升、左移(同时夹紧)回原点。各个阶段之间只要触发相应行程开关或者延时一定时间就可以过渡(也称转移)到下一阶段。因此,可以很容易地画出其工作流程图。流程图对大家来说并不陌生,那么如何让 PLC 来识别大家所熟悉的流程图呢?这就要将流程图"翻译"成状态转移图,完成这种类似"汉译英"的过程就是本章要解决的问题。

1. 顺序控制及状态转移图

PLC 用基本逻辑指令在做一些顺序控制,特别是较为复杂的顺序控制时,不很直观。因此 PLC 厂家开发出了专门用于顺序控制的指令,在三菱 FX 系列中为 STL、RET 一组指令,从而使得顺序控制变得直观简单。

1）顺序控制程序设计方法简介

PLC是典型的开环顺序控制系统，我们在日常生活和工业生产中常常要求机器设备能实现某种顺序控制功能，即要求机器能按照某种预先规定的顺序以及各种环境输入信号来自动实现所期望的动作。例如，一个配料系统，我们可能对其运转提出以下要求。

（1）先装入原料A，直到液面配料桶容积的50%。

（2）再装入原料B，直到液面配料桶容积的75%。

（3）然后开始持续搅拌20 s。

（4）最后停止搅拌，开启出料阀，直到液位低于配料桶的5%后再延时2 s，最后关闭出料阀。

（5）以上过程反复进行。

由此可见，顺序控制系统中的动作存在确定的先后关系，即顺序，且后面的动作必须根据前面的动作情况来确定。其顺序工作过程如图7-2所示。

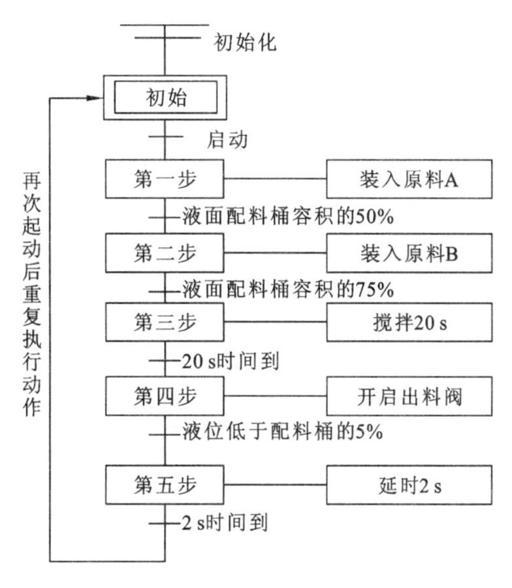

图7-2 配料系统顺序工作流程图

2）顺序控制

所谓顺序控制，就是按照生产工艺所要求的动作规律，在各个输入信号的作用下，根据内部的状态和时间顺序，使生产过程的各个执行机构自动地、有秩序地进行操作。

在顺序控制中，生产过程是按顺序、有秩序地连续工作。因此可以将一个较复杂的生产过程分解成若干步骤，每一步对应生产过程中的一个控制任务，即一个工步或一个状态。

3）状态继电器

在状态转移图中，采用状态继电器来表示每个工步（或动作），或者说每个状态继电器对应一个状态。FX系列PLC的状态继电器如表7-1所示。状态继电器是构成状态转移

表 7-1 FX 系列 PLC 的状态继电器

PLC	FX1S	FX1N	FX2N/FX2NC
初始化状态继电器	S0～S9,10 点		S0～S9,10 点
通用状态继电器	—		S10～S499,490 点
锁存状态继电器	S0～S127,128 点	S0～S999,1000 点	S500～S899,400 点
信号报警器	—		S900～S999,100 点

图的重要软元件,它与后述的步进顺序控制指令配合使用。状态继电器的常开和常闭触点在 PLC 梯形图内可以自由使用,且使用次数不限。不用步进顺序控制指令时,状态继电器 S 可以作为辅助继电器 M 在程序中使用。通常状态继电器有下面 5 种类型。

(1) 初始状态继电器 S0～S9,共 10 点。

(2) 回零状态继电器 S10～S19,共 10 点。

(3) 通用状态继电器 S20～S499,共 480 点。

(4) 保持状态继电器 S500～S899,共 400 点。

(5) 报警用状态继电器 S900～S999,共 100 点,这 100 个状态继电器可用作外部故障诊断输出。

此外,在顺序控制程序设计中,经常会用到一些特殊辅助继电器,如表 7-2 所示。

表 7-2 相关特殊辅助继电器

编 号	名 称	功能和用途
M8000	RUN 运行	PLC 运行中接通,可作为驱动程序的输入条件或作为 PLC 运行状态显示
M8002	初始脉冲	在PLC 接通瞬间,接通一个扫描周期,用于程序的初始化或 SFC 的初始状态激活
M8040	禁止转移	该继电器接通后,禁止在所有状态之间的转移,但激活状态内的程序仍然运行,输出仍然执行
M8046	STL 动作	任一状态激活时,M8046 自动接通。用于避免与其他流程同时起动或用于工序的动作标志
M8047	STL 监视有效	该继电器接通,编程功能可能自动读出正在工作中的状态元件编号并加以显示

4) 状态转移图

以彩灯循环点亮实例来介绍状态转移图相关概念。其控制要求为:闭合起动按钮 SB1,彩灯依次按照黄、绿、红的顺序点亮 1 s,并循环;闭合停止按钮 SB,彩灯立即全部熄灭。其接线图如图 7-3 所示。其中工作流程图如图 7-4 所示。

状态转移图(图 7-5)又称状态流程图,它是一种用状态继电器来表示的顺序功能图,是 FX 系列 PLC 专门用于编制顺序控制程序的一种编程语言。那么,如何将流程图转化为状态转移图呢? 其实很简单,只要进行如下变换(即“汉译英”)。

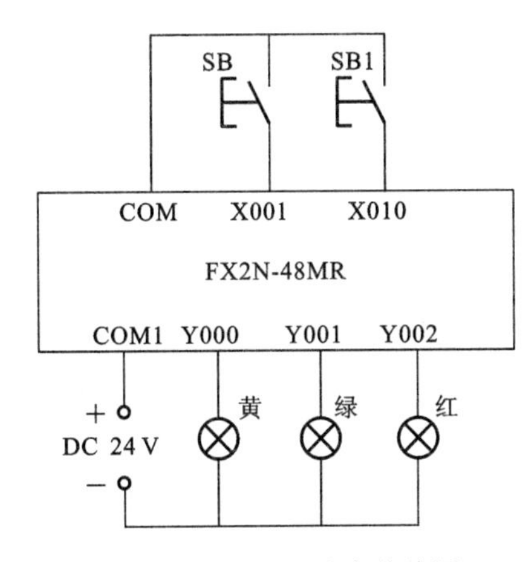

图 7-3　彩灯循环点亮接线图

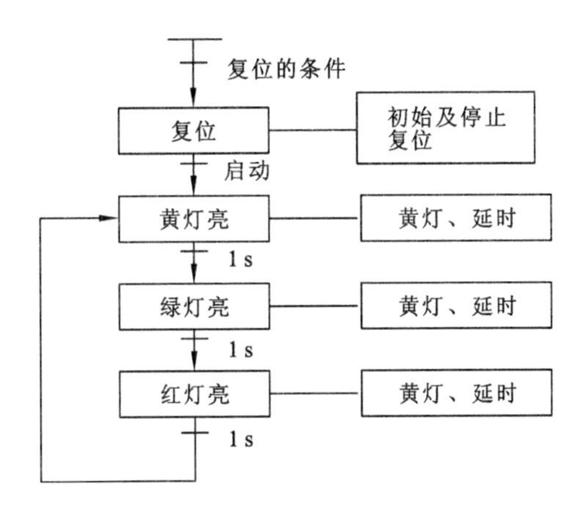

图 7-4　彩灯循环点亮流程图

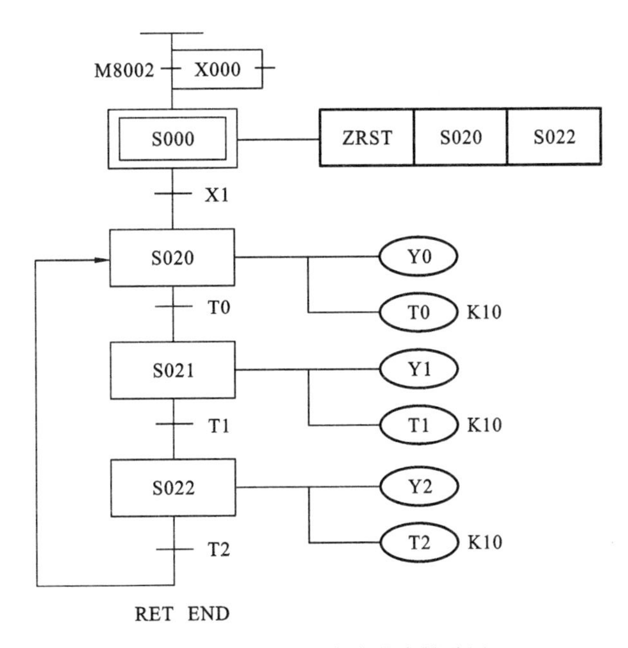

图 7-5　彩灯循环点亮状态转移图

(1) 将流程图中的每一个阶段(或工序)用 PLC 的一个状态继电器来表示。

(2) 将流程图中每个阶段要完成的工作(或动作)用 PLC 的线圈指令或功能指令来实现。

(3) 将流程图中各个阶段之间的转移条件用 PLC 的触点或电路块来替代。

(4) 流程图中的箭头方向就是 PLC 状态转移图中的转移方向。

5) 状态的三要素

在一个顺序控制程序中每个工步往下进行都需要一定的条件,也需要一定的方向,这就是转移条件和转移方向。状态转移图中的状态有驱动负载、指定转移方向和转移条件三个要素，其中指定转移方向和转移条件是必不可少的，驱动负载则要视具体情况，也可能不进行实际负载的驱动。图 7-5 中，ZRST、S020、S022 区间复位指令，Y0、T0 的线圈，Y1、T1 的线圈，Y2、T2 的线圈，分别为状态 S000、S020、S021 和 S022 驱动的负载；X1、T0、T1、T2 的触点分别为状态 S000、S020、S021、S022 的转移条件；S020、S021、S022、S000 分别为 S000、S020、S021、S022 的转移方向。

6）状态转移的实现过程

任何一个顺序控制过程都可分解为若干步骤，每一工步就是控制过程中的一个状态，所以顺序控制的动作流程图也称为状态转移图，状态转移图就是用状态（工步）来描述控制过程的流程图。

当某一状态被"激活"成为活动状态时，它右边的电路被处理，即该状态的负载可以被驱动。当该状态的转移条件满足时，就执行转移，即后续状态对应的状态继电器被 SET 或 OUT 指令驱动，后续状态变为活动状态，同时原活动状态对应的状态继电器被系统程序自动复位，其后面的负载复位（SET 指令驱动的负载除外）。每个状态一般具有三个功能，即对负载的驱动处理、指令转移条件和指定转移方向。也就是在状态转移图中，一个完整的状态必须包括以下方面。

（1）该状态的控制元件。

（2）该状态所驱动的对象。

（3）向下一个状态转移的条件。

（4）明确的转移方向。

状态转移的实现，必须满足两个方面：一是转移条件必须成立；二是前一步当前正在进行。二者缺一不可，否则程序的执行在某些情况下就会混乱。

如图 7-5 所示，S000 为初始状态，用双线框表示；其他状态为普通状态，用单线框表示；垂直线段中间的短横线表示转移的条件（例如，X1 常开触点为 S000 到 S020 的转移条件，T0 常开触点为 S020 到 S021 的转移条件），若为常闭触点，则在软元件的正上方加一短横线表示，如$\overline{X2}$、$\overline{T5}$等；状态方框右侧的水平横线及线圈表示该状态驱动的负载。图 7-5 所示的状态转移图的驱动过程如下。

PLC 开始运行时，M8002 产生一初始脉冲使初始状态 S0 置 1，进而使 ZRST（ZRST 是一条区间复位指令）指令有效，使 S020～S022 复位。当按下起动按钮 X1 时，状态转移到 S020，使 S020 置 1，同时 S000 在下一扫描周期自动复位，S020 马上驱动 Y0、T0（亮黄灯、延时）。当延时到转移条件 T0 闭合时，状态从 S020 转移到 S021，使 S021 置 1，同时驱动 Y1、T1（亮绿灯、延时），而 S020 则在下一扫描周期自动复位，Y0、T0 线圈也就断电。当转移条件 T1 闭合时，状态从 S021 转移到 S022，使 S022 置 1，同时驱动 Y2、T2（亮红灯、延时），而 S21 则在下一个扫描周期自动复位，Y1、T1 线圈也就断电。当转移条件 T2 闭合时，状态转移到 S020，使 S020 又置 1，同时驱动 Y0、T0（亮黄灯、延时），而 S022 则在下一个扫描周期自动复位，Y2、T2 线圈也就断电，开始下一个循环。在上述过程中，若按下停止按钮 X0，则随时可以使状态 S020～S022 复位，同时 Y0～Y2、T0～T2 的线圈也复位，彩灯熄灭。

由以上分析可知，状态转移图的理解如下：若对应状态"有电"（即"激活"），则状态的负载驱动和转移处理才有可能执行；若对应状态"无电"(即"未激活")，则状态的负载驱动和转移处理就不可能执行。因此，除初始状态外，其他所有状态只有在其前一个状态处于"激活"且转移条件成立时才可能被"激活"；同时，一旦下一个状态被"激活"，上一个状态就自动变成"无电"。从PLC程序的循环扫描角度来分析，在状态转移图中，所谓的"有电"或"激活"可以理解为该段程序被扫描执行；而"无电"或"未激活"则可以理解为该段程序被跳过，未能扫描执行。这样，状态转移图的分析就变得条理清楚，无须考虑状态间繁杂的联锁关系。也可以将状态转移图理解为"接力赛跑"，每个状态(选手)只要跑完自己这一棒，接力棒传给下一个人，这个选手的工作就完成了，剩下的工作是下一个状态(选手)的事情，自己就可以停下来不跑了，或者理解为"只干自己需要干的事，无须考虑其他"。

7) 状态转移图的设计法

所谓状态转移图(系统状态)设计法，系统程序设计一般有两种思路：一是针对某一具体对象(输出)来考虑；另一种就是功能图设计法。它把整个系统分成几个时间段，在这段时间里可以有一个输出，也可有多个输出，但它们各自状态不变。一旦有一个变化，系统即转入下一个状态。给每一个时间段设定一个状态器(步进接点)，利用这些状态器的组合控制输出。例如，工作台自动往返控制系统(图7-6)，可以画出它的状态转移图(图7-7)。

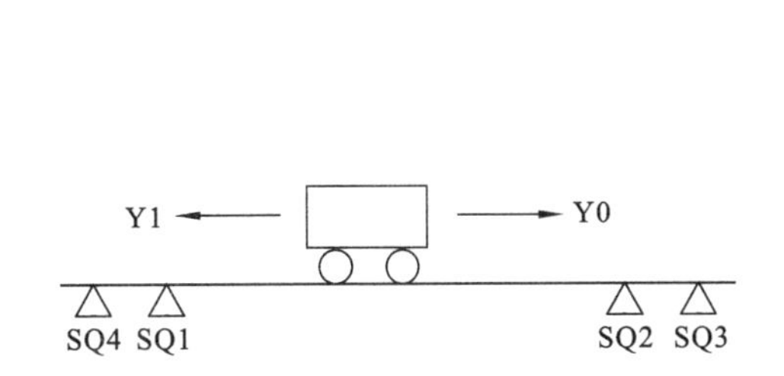

图7-6　工作台自动往返示意图

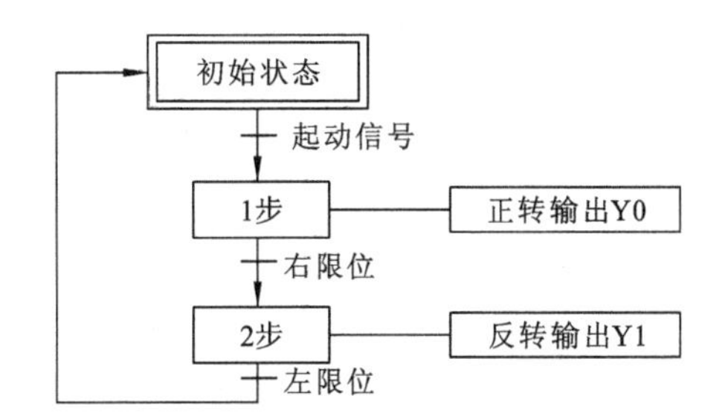

图7-7　工作台自动往返状态转移图

工作台自动往返控制程序要求：正反转启动信号SB0、SB1，停车信号SB2，左右限位开关SQ1、SQ2，左右极限保护开关SQ3、SQ4，输出信号Y0、Y1。具有电气互锁和机械互锁功能。

8) 画状态转移图的一般步骤

(1) 分析控制要求和工艺流程，画出流程图(熟练之后可以不用画)，将整个控制过程按任务要求分解成若干道工序，其中的每一道工序对应一个状态(即步)，并分配状态继电器。

(2) 搞清楚每个状态的功能。状态的功能是通过状态元件驱动各种负载(即线圈或功能指令)来完成的，负载可由状态元件直接驱动，也可以由其他软触点逻辑组合驱动。

例如，图7-5所示的彩灯循环点亮程序中，相应功能设计要求如下。

S000：PLC初始及停止复位(驱动ZRST S000～S022区间复位指令)。

S020：亮黄灯、延时(驱动Y0、T0的线圈，使黄灯亮1 s)。

S021：亮绿灯、延时(驱动Y1、T1的线圈，使绿灯亮1 s)。

S022:亮红灯、延时(驱动 Y2、T2 的线圈,使红灯亮 1 s)。

(3) 找出每个状态的转移条件和方向,即在什么条件下将下一个状态“激活”。状态的转移条件可以是单一的触点,也可以是多个触点串、并联电路的组合。

例如,图 7-5 所示的彩灯循环点亮程序中,相应状态各软元件要求如下。

S000:初始脉冲 M8002,停止按钮(常开触点)X0,并且,这两个条件是或的关系。

S020:一个是起动按钮 X1,另一个是从 S022 来的定时器 T2 的延时闭合触点。

S021:定时器 T0 的延时闭合触点。

S022:定时器 T1 的延时闭合触点。

(4) 根据控制要求或工艺要求,画出状态转移图。

(5) 注意初始状态、循环和停止的处理。

(6) 急停信号的处理。

由以上分析可知,状态转移图就是由状态、状态转移条件及转移方向构成的流程图。顺序控制编程过程就是设计状态转移图的过程,其一般思路为:将一个复杂的控制过程分解为若干个工作状态,弄清楚各状态的工作细节(即各状态的功能、转移条件和转移方向),再依据总的控制要求将这些状态连接起来,就形成了状态转移图。

状态转移图和流程图一样,具有如下特点。

(1) 可以将复杂的控制任务或控制过程分解为若干个状态。无论多么复杂的过程都能分解为若干个状态,有利于程序的结构化设计。

(2) 相对某一个具体的状态来说,控制任务简单了,就给局部程序的编制带来了方便。

(3) 整体程序是局部程序的综合,只要搞清楚各状态需要完成的动作、状态转移的条件和转移方向,就可以进行状态转移图的设计。

(4) 这种图形很容易理解,非常直观,可读性很强,能清楚地反映整个控制的工艺过程。

2. 步进顺序控制指令

状态转移图画好后,接下来的工作是如何将它变成步进顺序控制指令、步进梯形图等,即写出指令清单,以便更加快捷地通过编程工具将程序输入到 PLC 中。

我们知道每一个状态都有一个控制元件来控制该状态是否动作,保证在顺序控制过程中,生产过程有秩序地按步进行,所以顺序控制也称为步进控制。

1) 步进控制程序设计方法简介

FX 系列 PLC 采用状态继电器作为控制元件,并且只利用其常开触点来控制步动作。控制状态的常开触点称为步进接点,在梯形图中用符号 S000 STL 表示。

当利用 SET 指令将状态继电器置 1 时,步进接点闭合。此时,顺序控制就进入该步进接点所控制的状态。当转移条件满足时,利用 SET 指令将下一个状态控制元件(即状态继电器)置 1 后,上一个状态继电器(上一工步)自动复位,而不必采用 RST 指令复位,如图 7-8 所示。

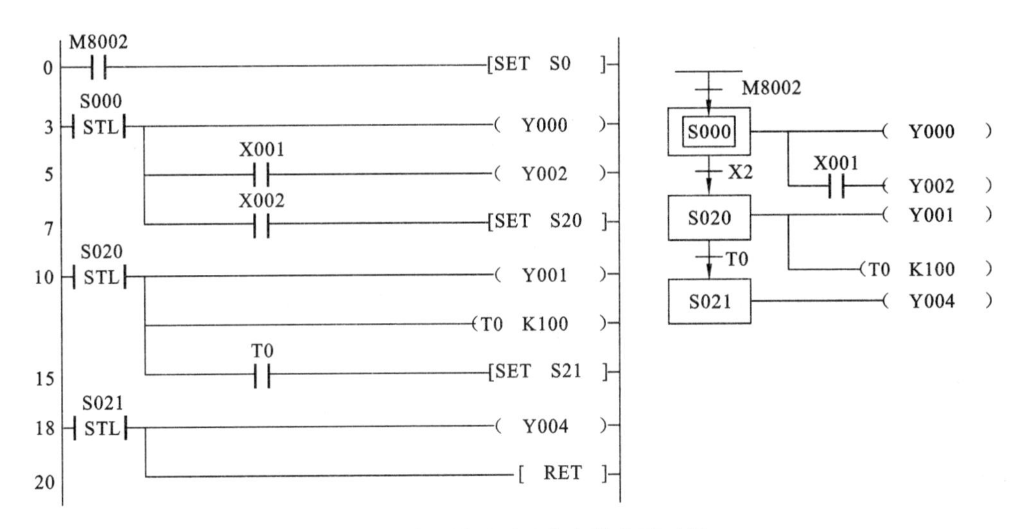

图 7-8　步进梯形图及状态转移图对照

状态转移图用梯形图表示的方法如下。

(1) 控制元件:梯形图中画出状态继电器的步进接点。

(2) 状态所驱动的对象:依照状态转移图画出。

(3) 转移条件:转移条件用来 SET 下一个步进接点。

(4) 转移方向:往哪个方向转移,就是 SET 置 1 的步进接点控制元件。

FX 系列 PLC 仅有两条步进顺序控制指令,其中 STL(step ladder)是“步进开始”指令,以使该状态的负载可以被驱动;RET 是步进返回(也称“步进结束”)指令,使步进顺序控制程序执行完毕时,非步进顺序控制程序的操作在主母线上完成。为防止出现逻辑错误,步进顺序控制程序的结尾必须使用 RET“步进结束”指令。利用这两条指令,可以很方便地编制状态图的指令表程序。

2) 步进指令 STL、RET

(1) STL、RET 指令用法。STL 指令称为“步进接点”指令(也称“步进开始”指令)。其功能是将步进接点接到左母线。其用法如表 7-3 所示。

表 7-3　“步进开始”指令的用法

指　令	格　式	操作元件
STL	S000 STL	状态继电器 S

RET 指令称为“步进返回”指令(也称“步进结束”指令)。其功能是使临时左母线回到原来左母线的位置,其用法如表 7-4 所示。

表 7-4 “步进开始”指令的用法

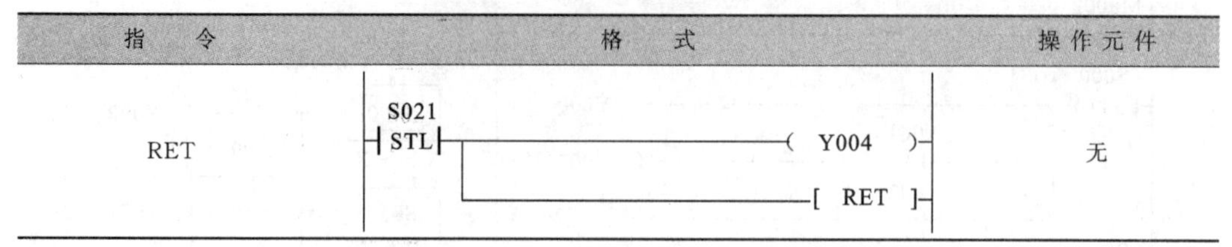

指　令	格　式	操作元件
RET	S021 STL —(Y004) —[RET]	无

对状态转移图进行编程，就是如何使用 STL 和 RET 指令的问题。状态转移图的编程原则为：先进行负载的驱动处理，然后进行状态的转移处理。图 7-9 所示的程序举例列出一个完整的步进顺序控制程序的状态梯形图及其对应的指令表。

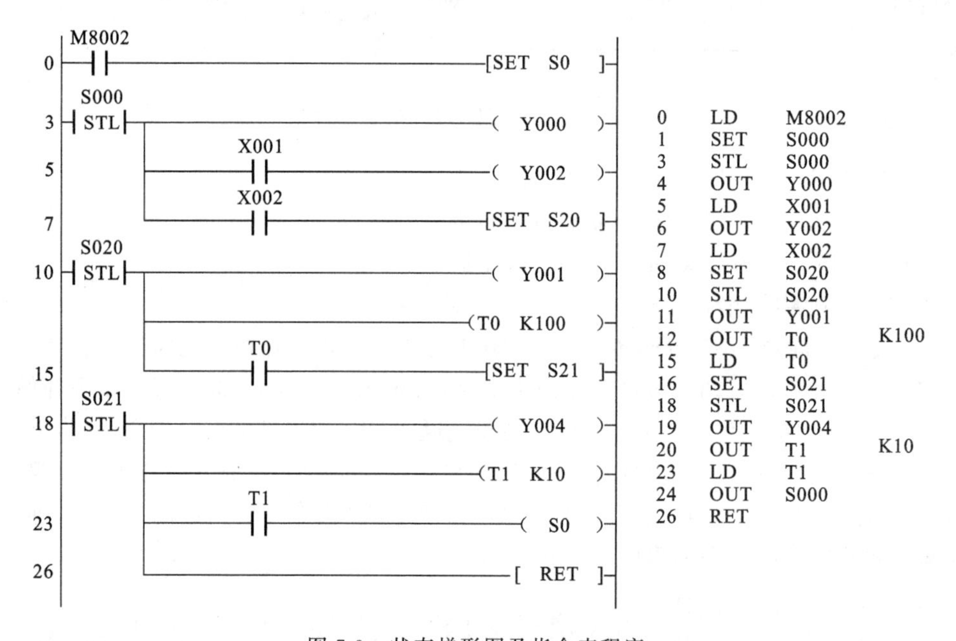

图 7-9　状态梯形图及指令表程序

从以上指令表程序可以看出：负载驱动及转移处理必须在 STL 指令之后进行，负载的驱动通常使用 OUT 指令(也可以使用 SET、RST 及功能指令，还可以通过触点及其组合来驱动)；状态的转移必须使用 SET 指令，但若为上游转移、向非相邻的下游转移或向其他流程转移(称为不连续转移)，一般不能使用 SET 指令，而用 OUT 指令。

(2) 指令说明。

① 步进接点与左母线相连时，具有主控和跳转作用。

② 状态继电器 S 只有在使用 SET 指令以后才具有步进控制功能，提供步进接点。

③ 在状态转移图中，会出现在一个扫描周期内两个或两个以上状态同时动作的可能，因此在相邻的步进接点必须有联锁措施。

④ 状态继电器不仅在状态转移图中可以按编号顺序使用，也可以任意使用。但是建议按顺序使用。

⑤ 状态继电器可作为辅助继电器使用，与辅助继电器 M 用法相同。

⑥ 步进接点后的电路中不允许使用 MC/MCR 指令。

⑦ 在状态内，不能从 STL 临时左母线位置直接使用 MPS/MRD/MPP。

（3）编程的注意事项。

① 步进接点只有常开触点，没有常闭触点。步进接通需要 SET 指令进行置 1，步进接点闭合，将左母线移动到临时左母线，与临时左母线相连的触点用 LD、LDI 指令，如图 7-9 所示。在每条步进指令后不必都加一条 RET 指令，只需在连续的一系列步进指令的最后一条的临时左母线后接一条 RET 指令返回原左母线，且必须有这条指令，否则将出现“程序语法错误”信息，PLC 不能执行用户程序。

② 初始状态必须预先作好驱动，否则状态流程不可能向下进行。一般用控制系统的初始条件，若无初始条件，可用 M8002 或者 M8000 进行驱动。

M8002 是一个初始脉冲，它只在 PLC 运行开关由 STOP 拨至 RUN 时有电一个扫描周期，故初始状态 S0 就只被它“激活”一次，因此，初始状态 S0 就只有初始置位和复位的功能。M8000 是运行监视，它在 PLC 的运行开关由 STOP 拨至 RUN 后一直有电，直到 PLC 停电或者 PLC 运行开关由 RUN 拨至 STOP，故初始状态 S0 就一直处在被“激活”的状态。

③ STL 指令后可以直接驱动或通过别的触点来驱动 Y、M、S、T、C 等元件的线圈和功能指令。若同一线圈需要在连续多个状态下驱动，则可在各状态下分别使用 OUT 指令，也可以使用 SET 指令将其置位，等到不需要驱动时，用 RST 指令将其复位。

④ 由于 CPU 只执行活动（即有电）状态对应的程序，因此，在状态转移图中允许双线圈输出，即在不同的 STL 程序区可以驱动同一软元件的线圈，但是同一元件的线圈不能在同时为活动状态的 STL 程序区内出现。在有并行流程的状态转移图中，应特别注意这一问题。

⑤ 需要在停电恢复后继续维持停电前的运行状态时，可以使用 S500～S899 停电保持型状态继电器。

3）编程与动作，步进梯形图

（1）状态的动作与输出的重复使用。

① 状态的地址号不能重复使用。

② 如果 STL 触点接通，则与其相连的电路动作；如果 STL 触点断开，则与其相连的电路停止动作。

③ 如图 7-10 所示，在不同的步之间可给同一软元件编程。

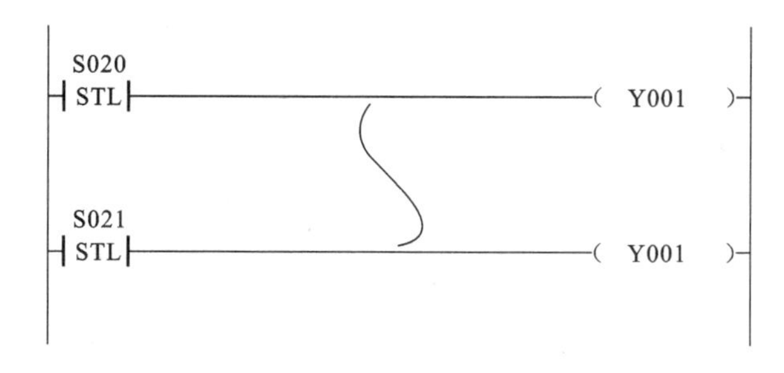

图 7-10　对同一软元件的编程

(2) 输出的联锁。在状态转移过程中,仅在瞬间(一个扫描周期)两种状态同时接通,因此为了避免不能同时动作的两个输出(如控制三相电动机正反转的交流接触器线圈)出现同时动作,需要设置联锁,而且除了在程序中设置软件互锁电路外,还应在 PLC 外部设置由常闭触点组成的硬件互锁电路,如图 7-11 所示。

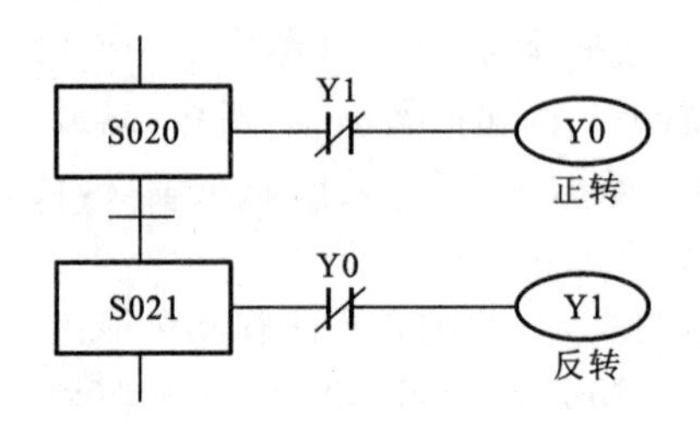

图 7-11　三相电动机正反转的互锁

(3) 定时器的重复使用。定时器线圈与输出线圈一样,也可对在不同的状态的同一软元件编程,但是在相邻的状态中不能编程。如果在相邻的状态下编程,则步进状态转移时定时器线圈不断开,当前值不能复位,如果不是相邻的两个状态则可以使用同一个定时器,如图 7-12 所示。

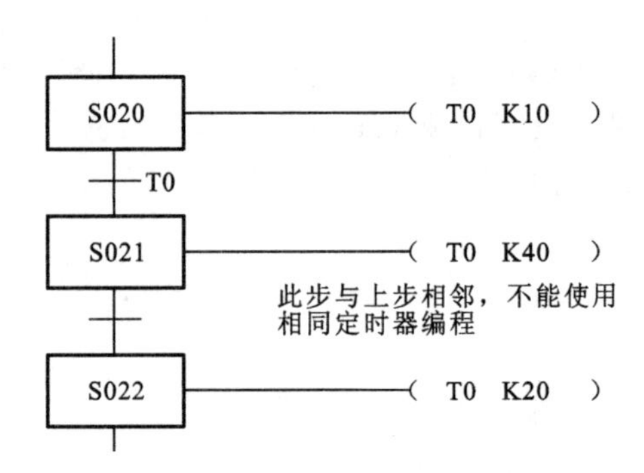

图 7-12　定时器相邻时不能编程

4) 单流程、多流程状态转移图的编程与梯形图的转换

步进顺序控制程序设计通常有单流程控制的程序设计、多流程的程序设计两大类,多流程又包含选择性流程、并行性流程以及复杂流程等。本章着重讲解单流程、选择性流程和并行性流程这三种状态转移图的程序设计,其他如跳转流程进行简单介绍。

所谓单流程就是状态转移只有一个流程,没有其他分支。如图 7-5 所示的彩灯循环点亮就只有一个流程,是一个典型的单流程程序。

选择性流程就是由两个以上的分支流程组成的,但是根据控制要求只能从中选择 1 个分支流程执行的程序。例如,一台三相电动机的正转和反转在同一时间只能处于一个状态。

并行性流程就是由两个以上的分支流程组成的,但是必须同时执行各分支的程序,例如,十字路口交通灯,其南北方向亮红灯的同时东西方向必须亮绿灯。

步进指令编程一般遵循以下几个步骤。

(1) 分析工艺过程。

(2) 分配 I/O,列出输入/输出分配表。

(3) 画出 PLC 接线图。

(4) 根据工艺要求分析的结果,画出顺序控制的状态转移图。

(5) 状态转移图转换成梯形图或指令语句表。

(6) 输入程序到 PLC。

(7) 运行调试。

5) 单流程、选择性流程及并行性流程的示例分析

下面以实例分别介绍单流程、选择性流程及并行性流程的程序设计一般解决步骤。

(1) 单流程的程序设计方法步骤。

例 1:有一个机械动作为图 7-13 所示的台车,控制要求如下:按下起动按钮台车前进,直到限位开关 LS11 动作,台车后退;台车后退时,直到限位开关 LS12 动作,停 5 s 后再前进,直到限位开关 LS13 动作,台车后退;不久限位开关再动作,这时驱动台车的电动机停止。

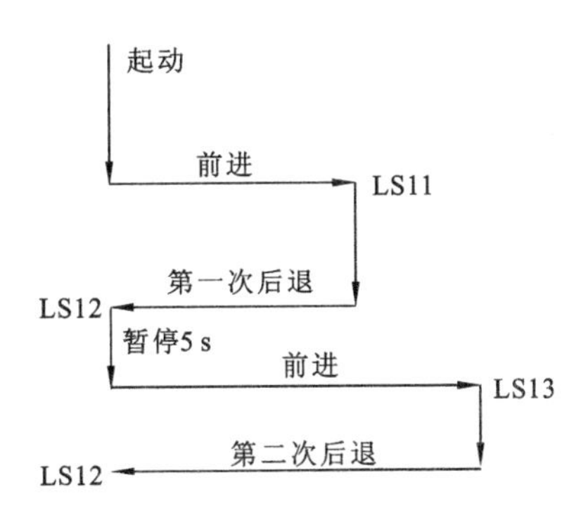

图 7-13　台车往返工作示意图

上述示例图 7-13 中给出了台车机械动作的过程,分为两次前进和后退,进程长度不一样。解题流程及思路如下。

① I/O 分配。输入/输出分配如表 7-5 所示。

表 7-5　输入/输出分配表

输入		输出	
启动按钮	X0	前进	Y0
停止按钮	X1	后退	Y1
开关 LS11	X2		
开关 LS12	X3		
开关 LS13	X4		

② 画出 PLC 接线图,如图 7-14 所示。

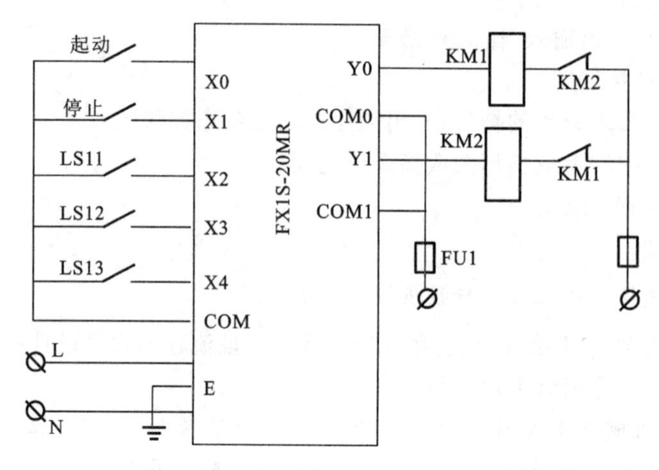

图 7-14 台车往返控制 PLC 接线图

③ 状态转移图程序。在分析了工作过程之后,可以画出工序流程图如图 7-15 所示,将上述实例的动作,分成各个工序,并按照从上至下的动作顺序用矩形表示。然后用纵线连接各个工序,请写入工序推进的条件,执行重复的动作的情况下,在一连串的动作结束时,用箭头表示返回到哪个工序。在表示工序的矩形框的右边写入各个工序中执行的动作。

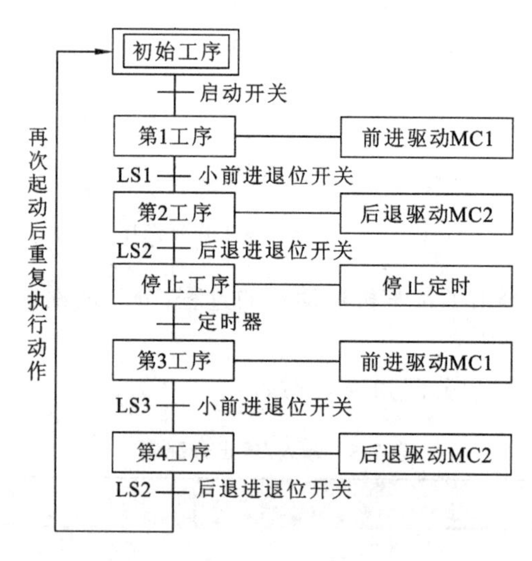

图 7-15 工序流程图

在已经创建好的工序图基础上,进行 PLC 的软元件分配(熟练之后,工序流程图这部分工作可以省略,直接画出状态转移图)。

(a) 给表示各个工序的矩形分配状态继电器 S,此时,请给初始工序中分配初始状态 S0～S9。第一个工序之后,请任意分配除去初始状态以外的状态编号 S20～S899 等,状态编号的大小与工序顺序无关，但是建议最好从小到大选用。

(b) 给转移条件分配软元件(按钮开关以及限位开关连接的输入端子编号以及定时器编号)。转移条件中可以使用常开触点和常闭触点。此外，有多个条件时，也可以使用 AND 梯形图或者 OR 梯形图。对各个工序执行的动作中使用的软元件(外部设备连接的输出端子编号及定时器编号)进行分配。PLC 中备有多个定时器、计数器、辅助继电器等器件，可以自由使用。此外使用了定时器 T0，这个定时器是按照 0.1 s 时钟动作，所以当设定值为 K50 时，线圈被驱动 5 s 后输出触点动作。

(c) 执行重复动作以及工序的跳转时使用箭头指定要跳转的目标状态编号。在本例中，仅仅说明了 SFC 程序的制作步骤，实际上，要是 SFC 运行，还需要将初始状态置 ON 的梯形图。此时，为了使状态置 ON，请使用 SET 指令。后续章节中会详细讲解 SFC 程序在编程软件中的具体实现步骤。

完成上述软元件分配工作之后，即得到状态转移图如图 7-16(a)所示。接下来对状态转移图进行“翻译”就可得到对应的状态梯形图(图 7-16(b))和指令表程序(图 7-17)。

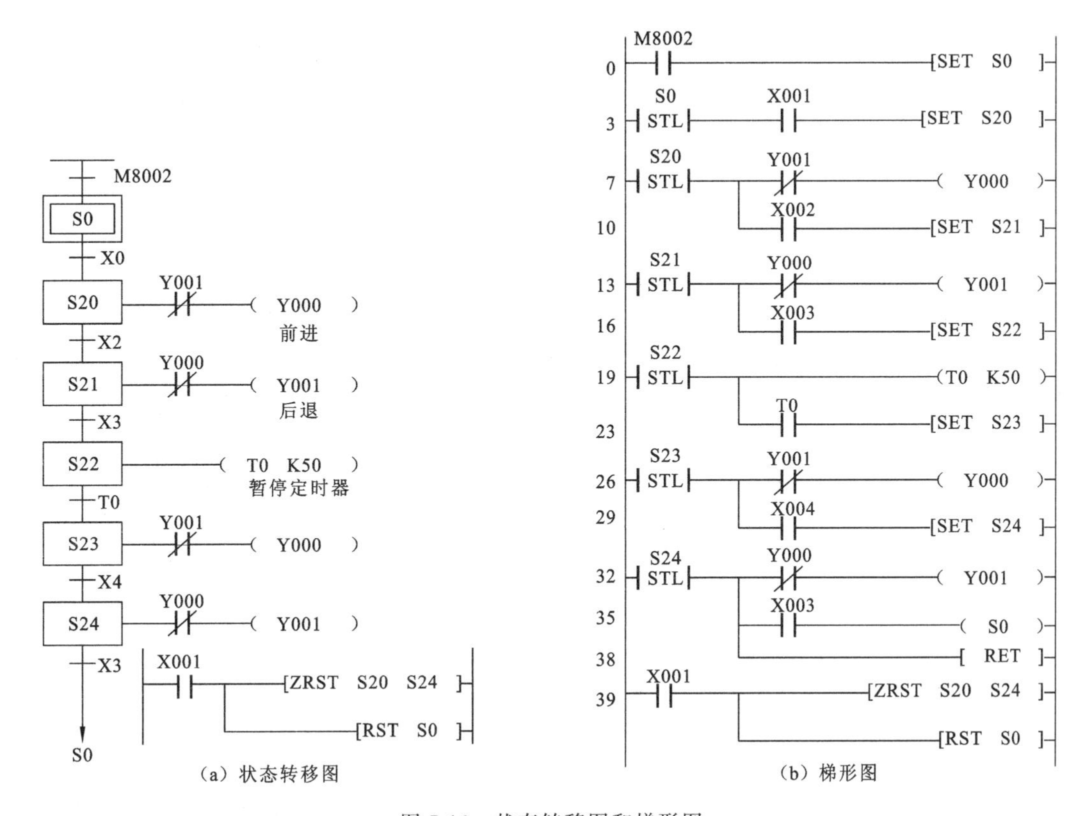

图 7-16　状态转移图和梯形图

④ 调试程序。可以在实习室试验操作时根据机械动作操作，观察结果。

(a) 输入程序。按照前面介绍的程序输入方法，用手持编程器或者计算机正确输入程序。

0	LD	M8002	20	OUT	T0	K50
1	SET	S0	23	LD	T0	
3	STL	S0	24	SET	S23	
4	LD	X000	26	STL	S23	
5	SET	S20	27	LDI	Y001	
7	STL	S20	28	OUT	Y000	
8	LDI	Y001	29	LD	X004	
9	OUT	Y000	30	SET	S24	
10	LD	X002	32	STL	S24	
11	SET	S21	33	LDI	Y000	
13	STL	S21	34	OUT	Y001	
14	LDI	Y000	35	LD	X003	
15	OUT	Y001	36	OUT	S0	
16	LD	X003	38	RET		
17	SET	S22	39	LD	X001	
19	STL	S22	40	ZRST	S20	S24
			45	RST	S0	

图 7-17　指令表程序

(b) 静态调试。按设计的系统接线图正确连接好输入设备,进行 PLC 的模拟静态调试,观察 PLC 的输出指示灯是否按照要求指示,若不按要求指示,则检查并修改程序,直至指示正确。

(c) 动态调试。按设计的系统接线图正确连接好输出设备,进行系统的动态调试,观察台车是否按照控制要求动作,若不按控制要求动作,则检查线路或修改程序,直至能按控制要求动作。

(d) 其他测试。实训过程工具使用,安全操作规范相关问题。

至此,一个完整的顺序控制任务的程序设计过程已经完成,下面继续介绍其他实例,分析过程不再进行深述。

例 2:用步进顺控指令设计一个三相电动机循环正反转的控制系统。其控制要求如下:按下起动按钮,电动机正转 3 s,暂停 2 s,反转3 s,暂停 2 s,如此循环 5 个周期,然后自动停止;运行中,可按停止按钮停止,热继电器动作也应停止。

解题流程及思路如下。

① 根据控制要求,其 I/O 分配为 X000:停止按钮,X001:起动按钮,X002:热继电器常闭触点,Y001:电动机正转接触器,Y002:电动机反转接触器。其 I/O 分配图如图 7-18 所示。

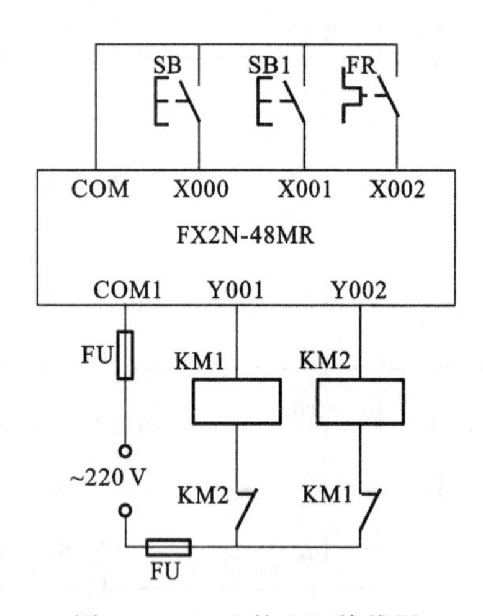

图 7-18　PLC 的 I/O 接线图

② 根据控制要求可知,这是一个单流程控制程序,其工作流程图如图 7-19 所示;再根据其工作流程图可以画出其状态转移图,如图 7-20 所示。

③ 根据状态转移图得到其指令表程序(图7-21)和梯形图程序(图 7-22)。

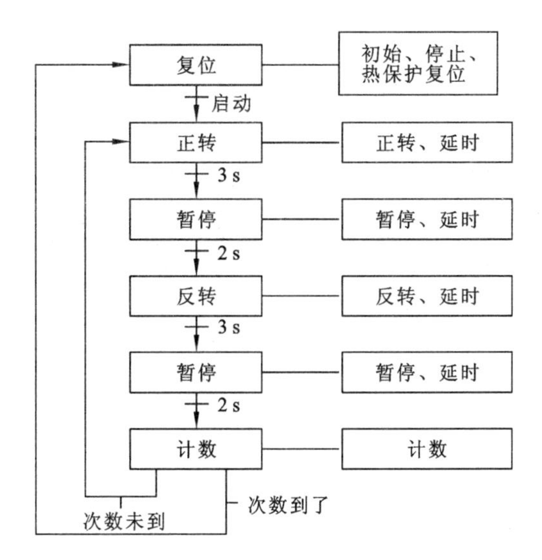

图 7-19　工作流程图

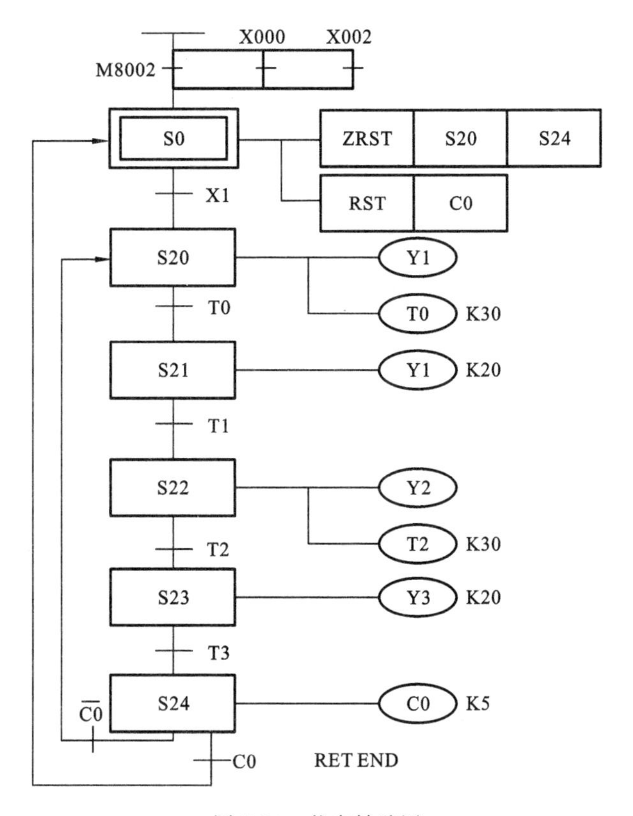

图 7-20　状态转移图

步	指令	操作数		步	指令	操作数	
0	LD	M8002		24	STL	S21	
1	OR	X000		25	OUT	T1	K20
2	OR	X002		28	LD	T1	
3	SET	S0		29	SET	S22	
5	STL	S0		31	STL	S22	
6	ZRST	S20	S24	32	OUT	Y002	
11	RST	C0		33	OUT	T2	K30
13	LD	X001		36	LD	T2	
14	SET	S20		37	SET	S23	
16	STL	S20		39	STL	S23	
17	OUT	Y001		40	LD	C0	
18	OUT	T0	K30	41	OUT	S0	
21	LD	T0		43	RET		
22	SET	S21		44	END		

图 7-21　指令表程序

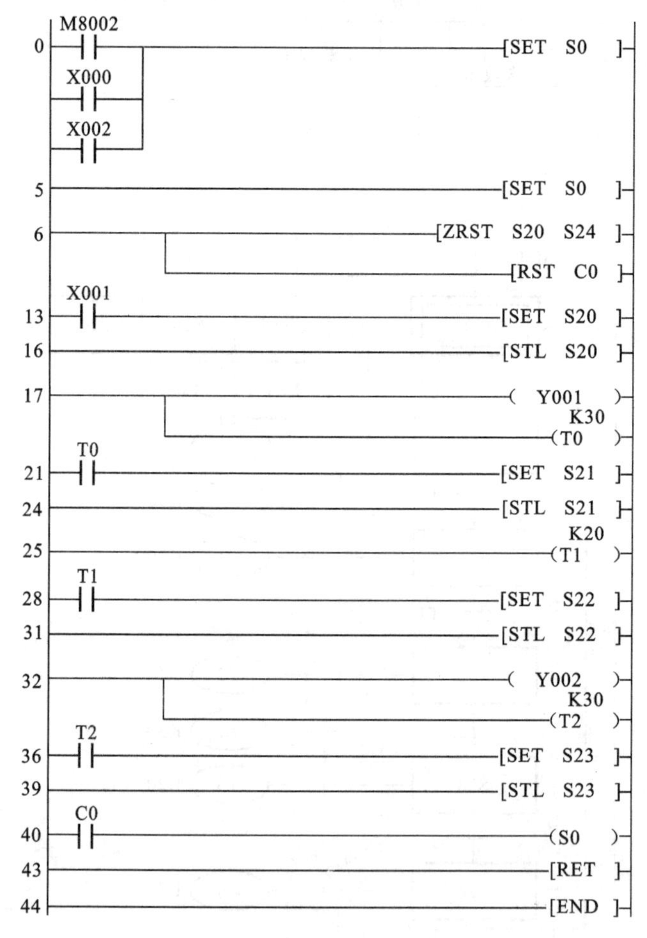

图 7-22　梯形图程序

(2) 选择性流程的程序设计方法步骤。所谓选择性流程就是从多个流程中选择执行一个流程。最简单地说就是前面有两条或多条路,只能选择走一条,那么选择性分支也就是这个意思,若每条路都通向某一个相同的地方,则那个地方就是汇合处,例如,抢答器就是这个原理,每次只有一个能抢答到。

选择性分支与汇合的状态转移图和梯形图之间的转换:以图7-23为例,必须是X000、X010、X020不同时接通。例如,在S20动作时,若X000接通,则动作状态就向S21转移,S20变为不动作。因此,即使以后X010、X020动作,S31、S41也不会动作。汇合状态S50,可被S22、S32、S42中任意一个驱动。

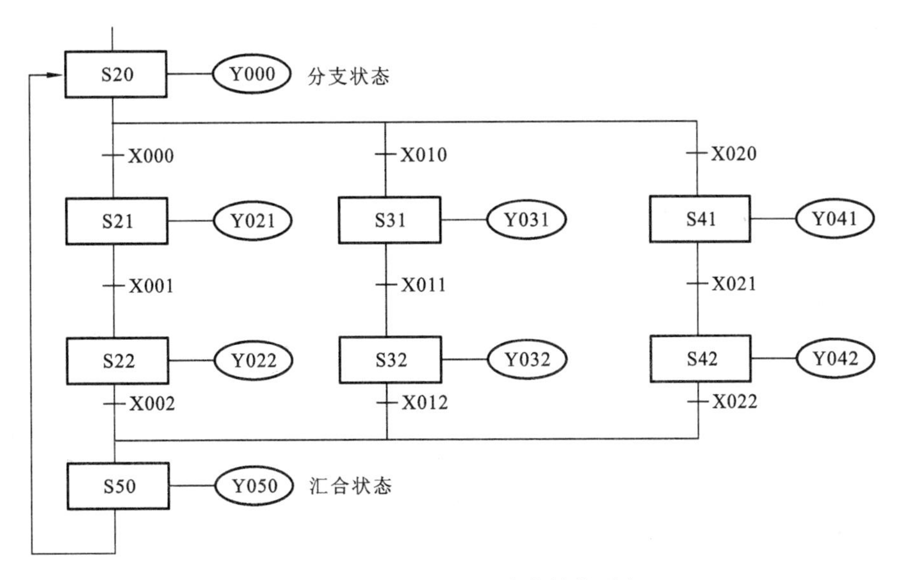

图7-23　选择性流程程序的结构形式

① 选择性分支的处理。选择性分支的编程与一般状态的编程一样,先进行驱动负载处理,然后进行转移处理,所有的转移处理按顺序执行,简称先驱动后转移。因此,首先对S20进行驱动处理(OUT Y0),然后按S21、S31、S41的顺序进行转移处理。选择性分支的程序如表7-6所示。

表7-6　选择性分支程序的指令表

STL　S20		LD X010	第2分支的转移条件
OUT　Y000	驱动处理	SET S31	转移到第2分支
LD　X000	第1分支的转移条件	LD X020	第3分支的转移条件
STL　S21	转移到第1分支	SET S41	转移到第3分支

② 选择性汇合的处理。选择性汇合的编程是先进行汇合前状态的驱动处理,然后按顺序向汇合状态进行转移处理。因此,首先对第1分支(S21和S22)、第2分支(S31和S32)、第3分支(S41和S42)进行驱动处理,然后按S22、S32、S42的顺序向S50转移。选择性汇合的程序如表7-7所示。

表 7-7　选择性汇合程序的指令表

<table>
<tr><td>STL　S21</td><td rowspan="6">第 1 分支驱动处理</td><td>LD　X021</td><td rowspan="4">第 3 分支驱动处理</td></tr>
<tr><td>OUT　Y021</td><td>SET　S42</td></tr>
<tr><td>LD　X001</td><td>STL　S42</td></tr>
<tr><td>SET　S22</td><td>OUT　Y042</td></tr>
<tr><td>STL　S22</td><td>STL　S22</td><td rowspan="3">由第 1 分支转移到汇合点</td></tr>
<tr><td>OUT　Y022</td><td>LD　X002</td></tr>
<tr><td>STL　S31</td><td rowspan="6">第 2 分支驱动处理</td><td>SET　S50</td></tr>
<tr><td>OUT　Y031</td><td>STL　S32</td><td rowspan="3">由第 2 分支转移到汇合点</td></tr>
<tr><td>LD　X011</td><td>LD　X012</td></tr>
<tr><td>SET　S32</td><td>SET　S50</td></tr>
<tr><td>STL　S32</td><td>STL　S42</td><td rowspan="3">由第 3 分支转移到汇合点</td></tr>
<tr><td>OUT　Y032</td><td>LD　X022</td></tr>
<tr><td>STL　S41</td><td rowspan="2">第 3 分支驱动处理</td><td>SET　S50</td></tr>
<tr><td>OUT　Y041</td><td colspan="2">STL　S50　　OUT　Y50</td></tr>
</table>

以上介绍了关于选择性流程的分支与汇合的编程处理，下面以具体实例讲解有关选择性流程程序设计的解答步骤。

例 1：图 7-24 所示为使用传送带，将大、小球分类选择传送的机械。左上方为原点，其动作顺序为下降、吸住、上升、右行、下降、释放、上升、左行。此外，机械臂下降，当电磁铁压着大球时，下限限位开关 LS2 断开；压着小球时，LS2 导通。

解题流程及思路如下。

① 图 7-24 给出了其工作过程，并且对使用的元器件进行了分配。

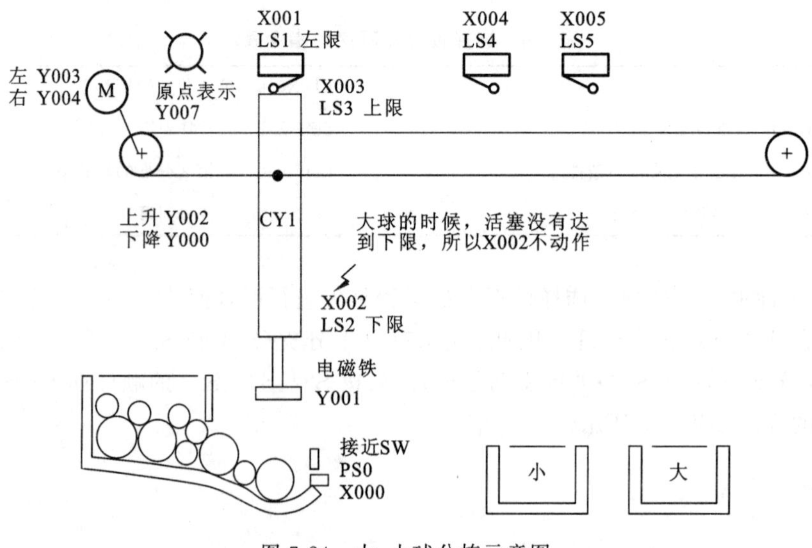

图 7-24　大、小球分拣示意图

② 在分析了工艺动作的前提下，为每一个动作、每一个状态分配了继电器，像这种大小分类选择或判别合格与否的 SFC 图是一个典型的选择性流程程序的设计，可用如图 7-25所示的选择性分支与汇合的 SFC 图表示。

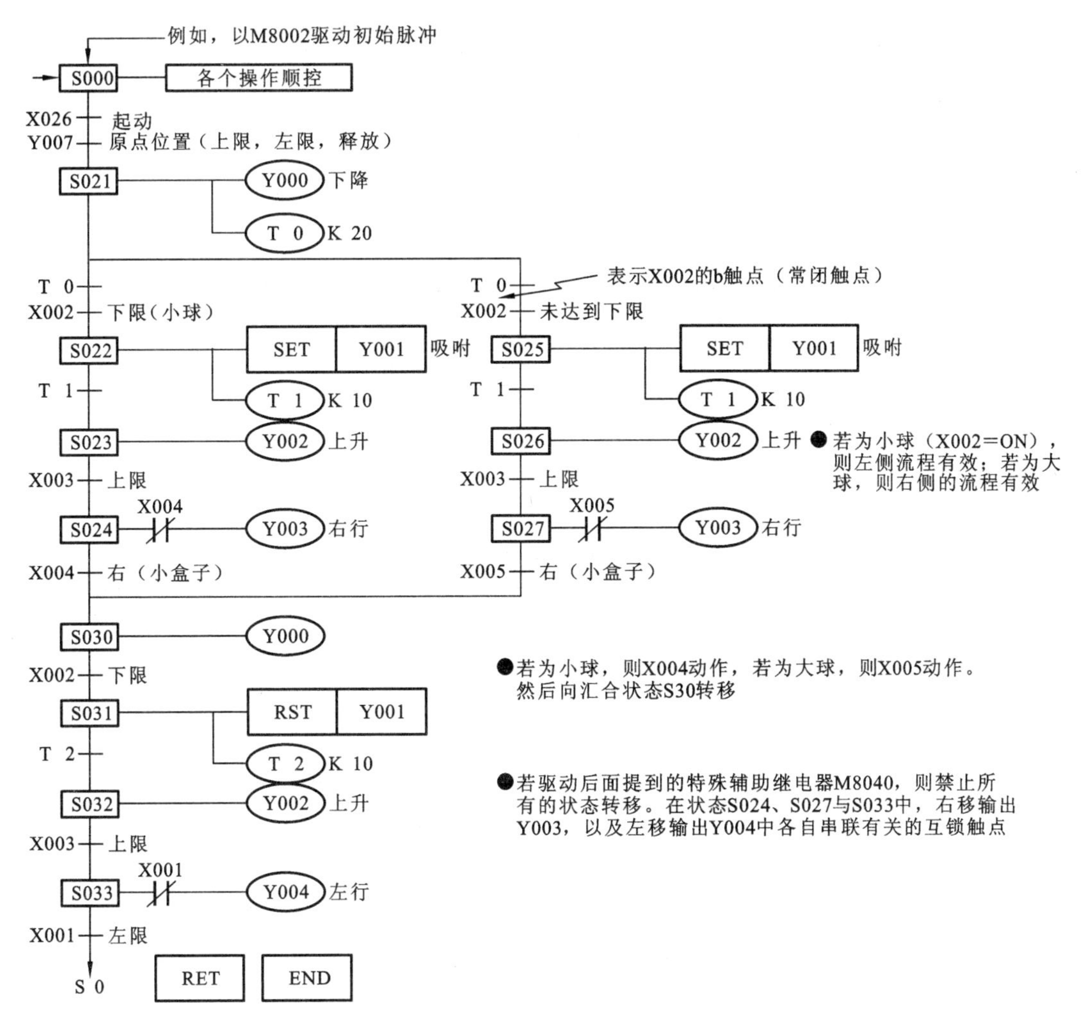

图 7-25　大、小球分拣控制 SFC 程序

例 2：用步进指令设计三相电动机正反转的控制程序。其控制要求如下：按正转起动按钮 SB1，电动机正转，按停止按钮 SB，电动机停止；按反转起动按钮 SB2，电动机反转，按停止按钮 SB，电动机停止，热继电器具有保护功能。

解题流程及思路如下。

① 根据控制要求，其 I/O 分配为 X000：SB(常开)，X001：SB1，X002：SB2，X003：热继电器 FR(常开)，Y1：正转接触器 KM1，Y2：反转接触器 KM2。

② 根据控制要求，三相电动机的正反转控制是一个具有两个分支的选择性流程，分支转移的条件是正转起动按钮 X001 和反转起动按钮 X002，汇合的条件是热继电器 X003

或停止按钮 X000,而初始状态 S0 可由初始脉冲 M8002 来驱动。其状态转移图如图 7-26 所示。

③ 根据图 7-26 所示的状态转移图,其指令表如表 7-8 所示。

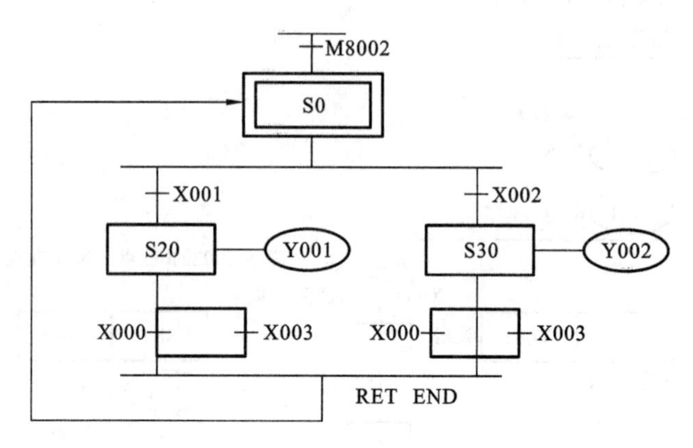

图 7-26 三相电动机正反转控制状态转移图

表 7-8 三相电动机正反转控制指令表程序

LD M8002	STL S020
SET S000	LD X000
STL S000	OR X003
LD X001	OUT S000
SET S020	STL S030
LD X002	LD X000
SET S030	OR X003
STL S020	OUT S000
OUT Y001	RET
STL S030	END
OUT Y002	

(3) 并行性流程的程序设计方法步骤。多个流程全部同时执行的分支称为并行分支。以图 7-27 为例,在 S020 动作时,若 X000 接通,则 S021、S024、S027 同时动作,各分支流程开始动作。当各流程动作全部结束时,若 X7 接通,则汇合状态 S030 开始动作,转移前的各状态 S023、S026、S029 全部变为不动作。这种汇合,有时又称为等待汇合。(先完成的流程要等所有流程动作结束后,再汇合,继续动作)例如,将零件 A、B、C 分别并行加工,三个零件全部加工完成后进行装配,这也是并行性分支与汇合流程。

例 1:如图 7-28 所示为一圆盘工作台控制示意图,这是一个典型的并行性流程的控制系统。

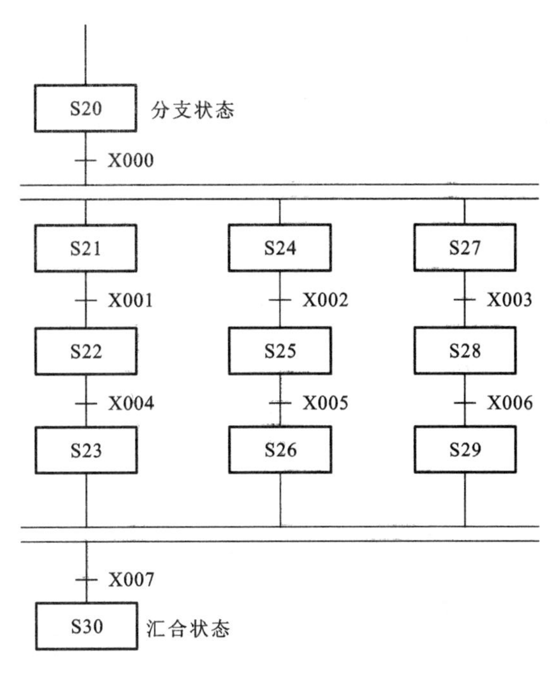

图 7-27　并行性流程程序的结构形式

圆盘工作台有三个工位，按下启动按钮后，三个工位同时对工件进行加工，一个工件要经过三个工位的顺序加工后才算加工好。因此，这是一个流水作业法的机械加工设备。这种设备的控制流程在半自动生产设备上具有典型意义。

解题流程及思路如下。

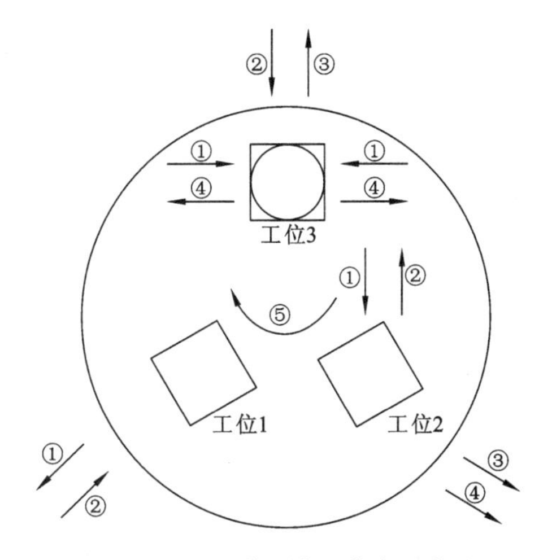

图 7-28　三工位圆盘工作台示意图

① 分析其工艺。其控制过程可用下面流程表示。

工位 1：

推料杠推进工件——工件到位；

推料杠退出——退出到位，等待。

工位 2：

夹紧工件——夹紧到位；

钻头下降到钻孔——钻到位；

钻头上升——上升到位；

松开工件——松开到位，等待。

工位 3：

测量头下降测量——检测到位或检测时间到位；

测量头升起——升起到位；

检测到位，推料杠推出工件——工件到位，推料杠返回，等待；

检测时间到位，人工取下工件——人工复位，等待；

工作台转动 120°，旋转到位。

② I/O 地址分配。圆盘工作台 I/O 地址分配如表 7-9 所示。

表 7-9　圆盘工作台 I/O 地址分配

输　入		输　出	
功　能	接口地址	控制作用	接口地址
启动	X000	上料电磁阀	Y001
上料到位	X001	夹紧电磁阀	Y002
上料退回到位	X002	钻头进给	Y003
夹紧到位	X003	钻头升起	Y004
钻孔到位	X004	检测头下降	Y005
钻头升起到位	X005	检测头升起	Y006
松开到位	X006	工作台旋转	Y007
检测到位	X007	废品指示	Y010
检测头升起到位	X010	卸料电磁阀	Y011
卸料到位	X011		
卸料退回到位	X012		
旋转到位	X014		

如图 7-29 所示，在分析了其工作流程并分配 I/O 地址之后，可直接画出其 SFC 程序。

通过上述对不同类型的步进顺序控制设计方法和步骤的讲解，可以更加熟练地掌握步进顺序控制程序的设计，对这种图形化的编程语言有了更清晰的理解，那么，回到本章最开始的图 7-1 所示的全自动搬运机械手控制的程序设计，显然，这是一个典型的单流程程序，我们试着按照顺序控制程序设计的一般方法和步骤来解决这个问题。

解题流程及思路如下。

① 分析控制任务。机械手的工作是将工件从 A 点移到 B 点，原点位机械夹钳处于

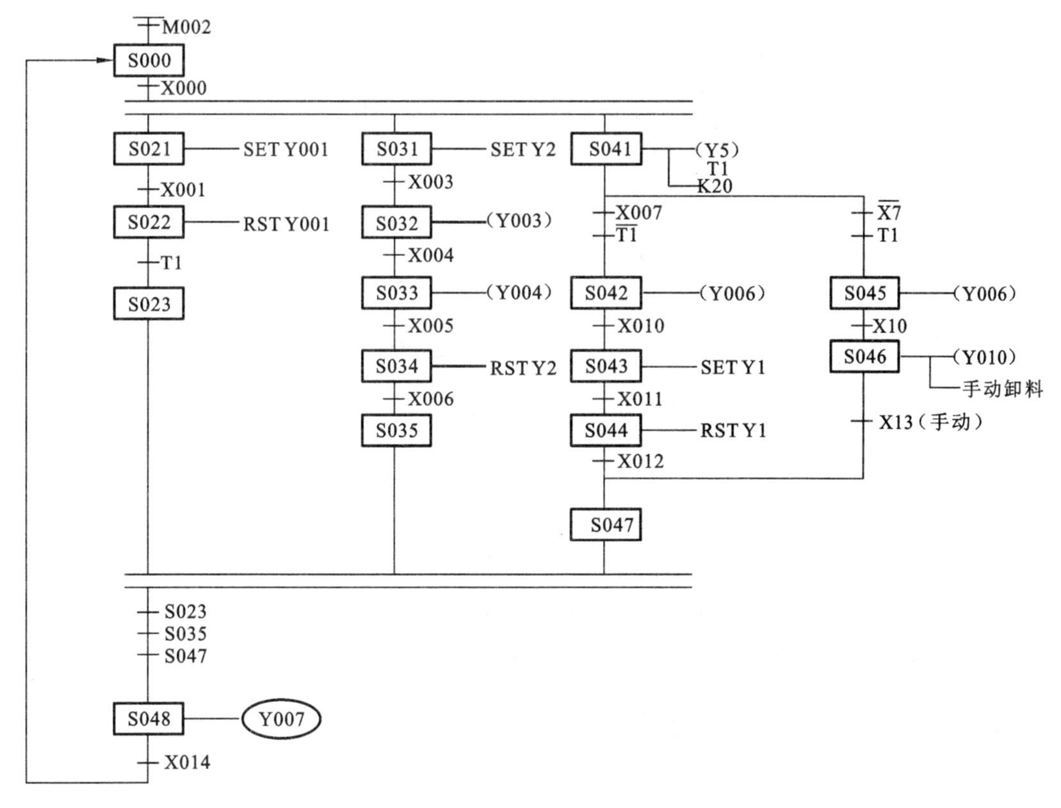

图 7-29　圆盘工作台控制系统 SFC 程序

夹紧状态，且机械手处于左上角位，机械夹钳为有电放松，无电夹紧。按照箭头所示进行搬运移动。

② 根据控制要求，其 I/O 分配：X000 为全自动挡位，X001 为停止按钮，X002 为自动位启动，X003 为上限位，X004 为下限位，X005 为左限位，X006 为右限位；Y000 为夹紧/放松，Y001 为上升，Y002 为下降，Y003 为左移，Y004 为右移，Y005 为原点指示；其中使用了三个定时器 T0、T1、T2 延时时间均设置为 2 s 用来夹紧和放松。

③ 根据控制要求可知，这是一个简单的单流程程序设计，其状态转移图如图 7-30 所示。

上述主要重点介绍了单流程、选择性流程以及并行性流程的顺序控制程序设计的要领。此外，下面简要介绍一下其他形式的状态转移图的特点。

6）跳转、重复和循环

SFC 除了上述几种类型外，还存在一些非连续性的状态转移类型。

（1）跳转与分离。当 SFC 中某一状态，在转移条件成立时，跳过下面的若干状态而进行的转移。这是一种特殊的转移，它与分支不同的是它仍然在本流程里进行转移。如图 7-31 所示，如果转移条件 X001＝OFF，X002＝ON，则状态 S020 直接跳转到状态 S040 去转移激活执行，而 S021、S050 则不再被顺序激活。

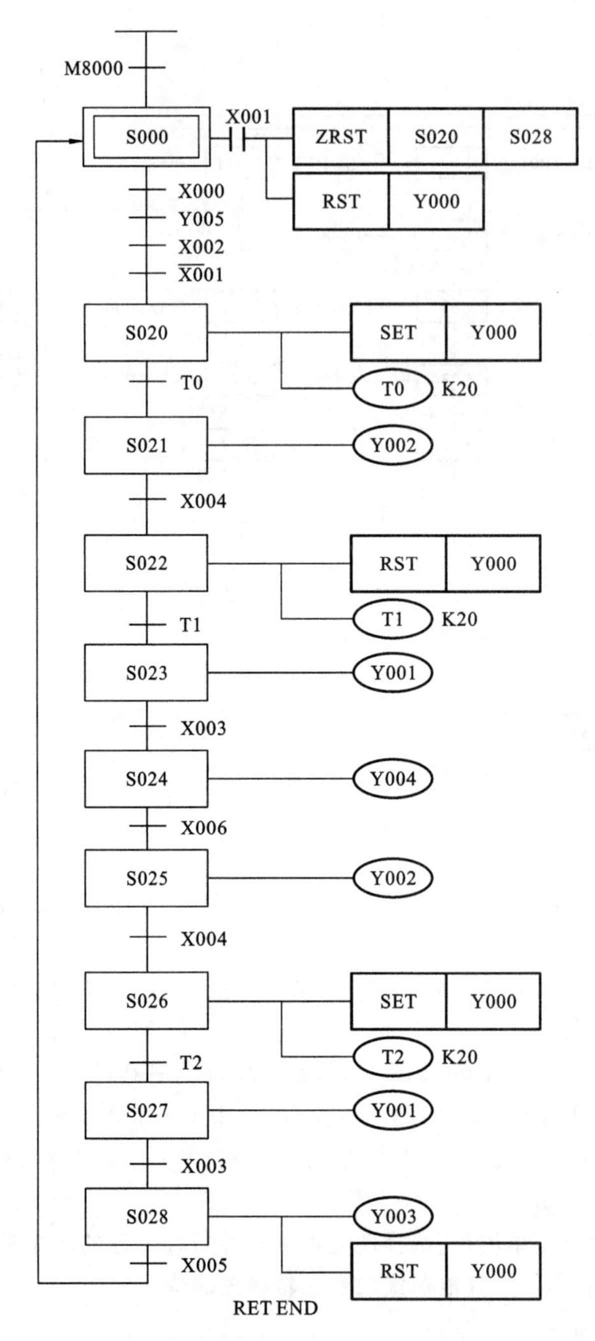

图 7-30　全自动搬运机械手状态转移图

如果跳转发生在两个 SFC 程序流程之间，则称为分离。这时，跳转的转移已不在本流程内，跳转到另外一个流程的某个状态，如图 7-32 所示。

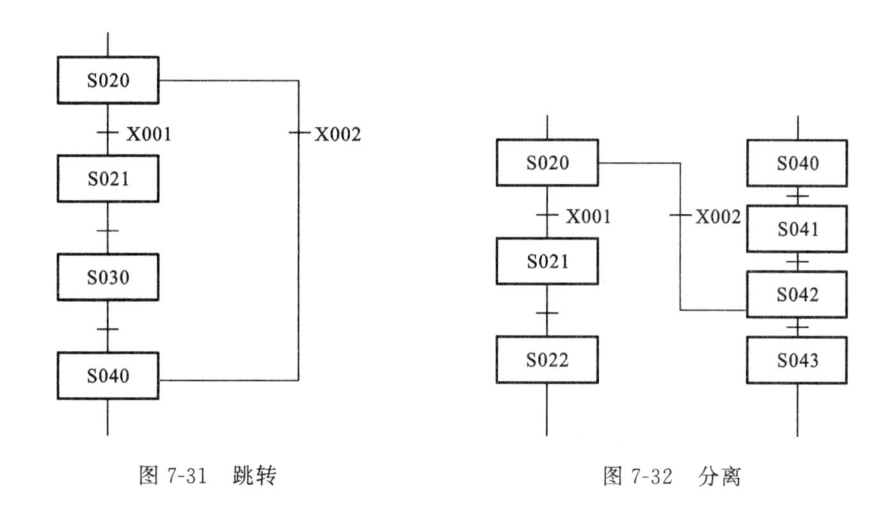

图 7-31　跳转　　　　图 7-32　分离

(2) 重复与复位。重复就是反复执行流程中的某几个状态动作,实际上这是一种向前的跳转。重复的次数由转移条件确定,如图 7-33 所示。如果只是向本状态重复,称为复位,如图 7-34 所示。

(3) 循环。在 SFC 流程结束后,又回到了流程的初始状态,则称为系统的循环。回到初始状态有两种可能,一种是又自动地开始一个新的工作周期,另一种可能是进入等待状态,等待指令才开始新的工作周期,具体由初始状态的动作所决定。循环如图 7-35 所示。

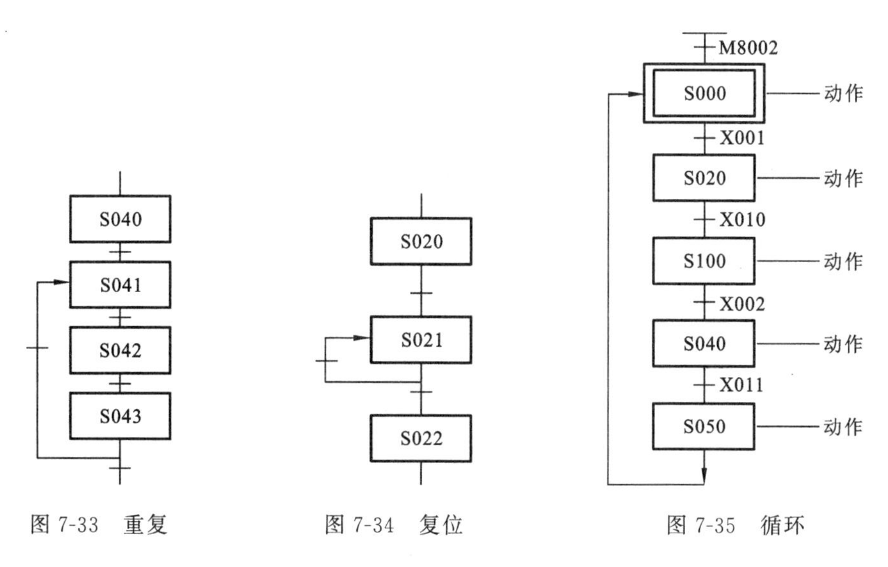

图 7-33　重复　　　　图 7-34　复位　　　　图 7-35　循环

上面介绍的 SFC 的结构仅是一些基本的结构形式。一般而言,现实中的控制任务往往复杂得多,所以,除了比较简单的控制系统,可以直接采用基本结构编制出 SFC 程序外,稍微复杂一些的控制系统都需要将不同的基本结构组合在一起,才能组成一个完整的 SFC 控制程序。

模块 5 项目知识点

1. 顺序控制设计法

顺序控制就是按照生产工艺预先规定的顺序，在各个输入信号的作用下，根据内部状态和时间的顺序，在生产过程中各个执行机构自动地、有序地进行工作。使用顺序控制设计法时首先根据系统的工艺过程，画出顺序功能图，然后根据顺序功能图画出梯形图。

顺序控制设计法是一种先进的设计方法，很容易被初学者接受，程序的调试、修改和阅读也很容易，并且大大缩短了设计周期，提高了设计效率。

2. 顺序控制设计法的设计基本步骤

(1) 步的划分。分析被控对象的工作过程及控制要求，将系统的工作过程划分成若干个阶段，这些阶段称为步。步是根据 PLC 输出量的状态划分的，只要系统的输出量状态发生变化，系统就从原来的步进入新的步。在每一步内 PLC 各输出量状态均保持不变，但是相邻两步输出量总的状态是不同的，如图 7-36 所示。

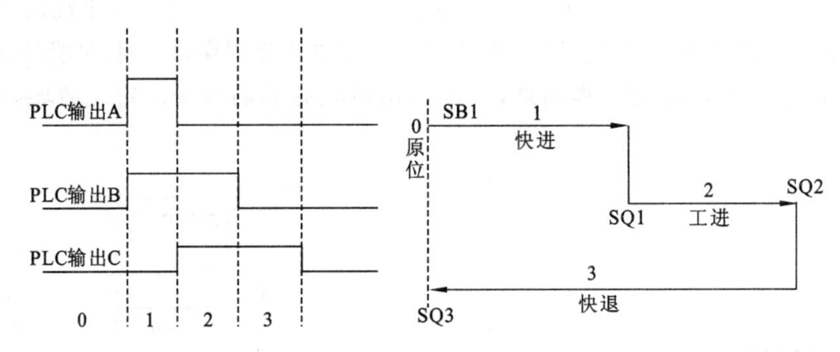

图 7-36 步的划分

(2) 转换条件的确定。转换条件是使系统从当前步进入下一步的条件。常见的转换条件有按钮、行程开关、定时器和计数器的触点的动作(通/断)等。

(3) 顺序功能图的绘制。根据以上分析画出描述系统工作过程的顺序功能图。这是顺序功能设计法中最关键的一个步骤。绘制顺序功能图的具体方法将在第 8 章具体介绍。

(4) 梯形图的绘制。根据顺序功能图，采用某种编程方式设计出梯形图。

常用的设计方法有三种："起-保-停"电路设计法、以转换为中心设计法、步进顺控指令设计法。

3. 顺序功能图的组成要素

顺序功能图主要由步、有向连线、转换、转换条件和动作(或命令)等要素组成，如图 7-37 所示。

步与步之间实现转换应同时具备两个条件：①前级步必须是活动步；②对应的转换条件成立。

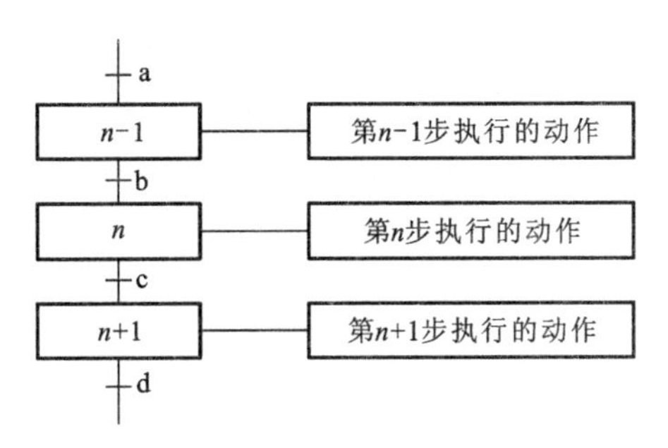

图7-37　顺序功能图的组成要素

本章从顺序控制的相关概念出发，介绍几种不同类型的顺序功能图的编制方法，着重介绍了单流程、选择性流程以及并行性流程的程序设计方法，其中以大量实例为依据，清晰、直观地分析了步进顺序控制程序的设计步骤，将梯形图、指令表、SFC三种不同编程语言的相互关系和它们之间的相互翻译做出了详细讲解。

习　　题

一、选择题

1. 顺序功能图中，步之间实现转换应该具备的条件是转换条件满足和(　　)。
   A. 一个前级步为活动步　　B. 所有前级步为活动步
   C. 前一步为活动步　　D. 后一步为活动步
2. 下列(　　)元件在步进顺序控制程序中用来表示一个状态。
   A. S　　B. M　　C. T　　D. Y
3. 步进返回指令是(　　)指令。
   A. RST　　B. RET　　C. STL　　D. ZRST
4. 状态流程图(顺序功能图)由步、动作、有向线段和(　　)组成。
   A. 转换　　B. 转换条件　　C. 初始步　　D. 触点
5. 与系统的初始状态相对应的步为初始步，每一个功能图中至少有(　　)个初始步。
   A. 1　　B. 3　　C. 2　　D. 5

二、简答题

1. 顺序控制指令段有哪些功能？
2. 顺序功能图的主要类型有哪些？
3. 顺序功能图在编程时的注意事项有哪些？

三、编程题

1. 如图7-38所示，两条运输带顺序相连，按下起动按钮，2号运输带开始运行，5 s后

1号运输带自动启动。停机的顺序刚好相反，间隔仍为5 s。画出顺序功能图，设计出梯形图程序。

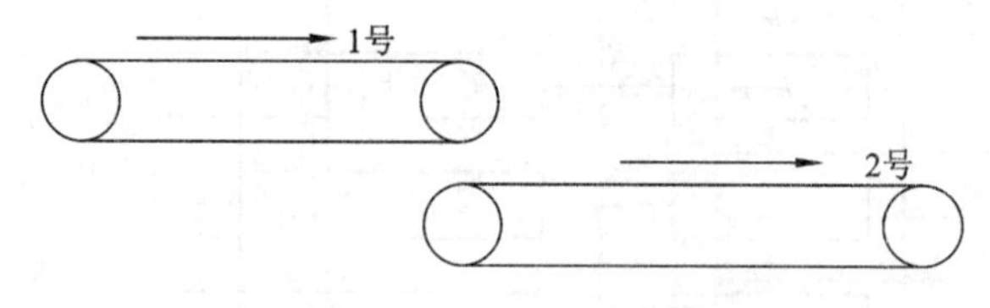

图7-38　皮带传送工作示意图

2. 某组合机床动力头进给运动示意图如图7-39所示（各限位开关的输入信号和M8002提供的初始化脉冲画在一个波形图中），设动力头在初始状态时停在最左边，限位开关X003为ON，Y000～Y002是控制动力头运动的3个电磁阀。按下起动按钮X000后，动力头向右快速进给（快进），碰到限位开关X001后转为工作进给（工进），到限位开关X002后快速退回（快退），返回初始位置后停止运动。画出控制系统的顺序功能图，并设计梯形图。

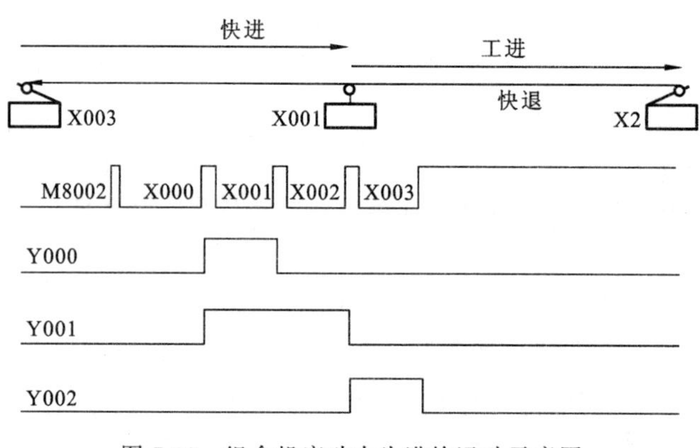

图7-39　组合机床动力头进给运动示意图

第8章　顺序控制功能图的编程方法

PLC顺序控制就是按照生产工艺预先规定的顺序，在各个输入信号的作用下，根据内部状态和时间的顺序，在生产过程中各个执行机构自动地、有序地进行工作。使用顺序控制设计法时首先根据系统的工艺过程，画出顺序功能图，然后根据顺序功能图画出PLC梯形图。本章主要介绍顺序功能图编制梯形图的几种方法，此外，由于状态转移图和STL步进梯形图均不能在GX软件中直接编辑和执行，所以本章将详细介绍顺序功能图在配套编程软件中的编制步骤，并完成顺序控制实例项目的设计任务。

模块1　项目导入

(1) 掌握顺序控制功能图的编程常用方法。
(2) 掌握顺序功能图在GX Developer软件中的编制方法。
(3) 掌握自动门控系统的顺序控制程序的设计。

模块2　完成项目所需条件

1. 硬件条件

(1) PLC实训装置。
(2) 三菱公司FX系列PLC。
(3) 计算机(或者手持编程器)。
(4) 配套通信电缆。
(5) 电动机1台。
(6) 交流接触器模块。
(7) 开关、按钮板模块若干。
(8) 光电传感器。
(9) 导线若干。
(10) 电工常用工具一套。

2. 软件条件

(1) 三菱公司FX系列PLC配套编程软件GX Developer。
(2) GX-Simulator仿真软件。

模块3 控制要求

酒店、餐厅自动门控制装置。人靠近自动门时，感应器 X000 为 ON，Y000 驱动电动机高速开门，碰到开门减速开关 X001 时，变为低速开门。碰到开门极限开关 X2 时电动机停转，开始延时。若在 0.5 s 内感应器检测到无人，Y002 起动电动机高速关门。碰到关门减速开关 X004 时，改为低速关门，碰到关门极限开关 X005 时电动机停转。在关门期间若感应器检测到有人，停止关门，T1 延时 0.5 s后自动转换为高速开门。

模块4 操作演示

1. 硬件设计

根据前面第 7 章的学习，再依据图 8-1 中的标示，可以画出输入及输出端口的分配、工艺流程图、接线图等，这里不加深述。

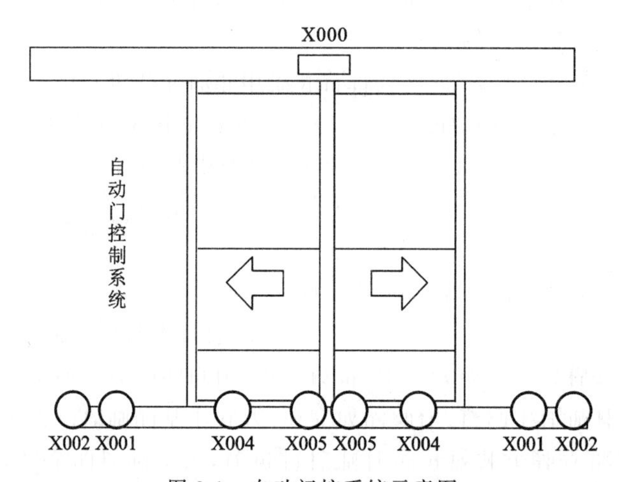

图 8-1　自动门控系统示意图

2. 顺序功能图的绘制

在分析了控制要求，对每个状态分配了软元件之后，并使用两个延时作用的定时器，就可以顺利地画出如图 8-2 所示的自动门控系统的顺序功能图。

3. 梯形图编程

(1) 梯形图程序如图 8-3 所示。

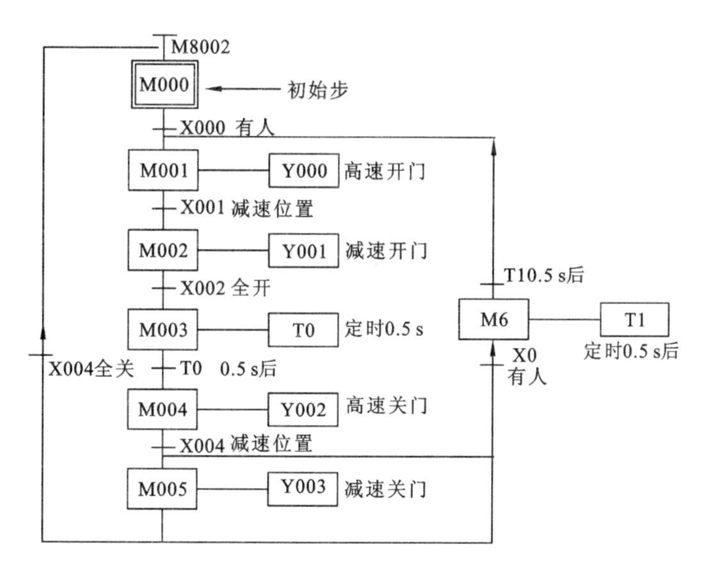

图 8-2　自动门控系统的顺序功能图

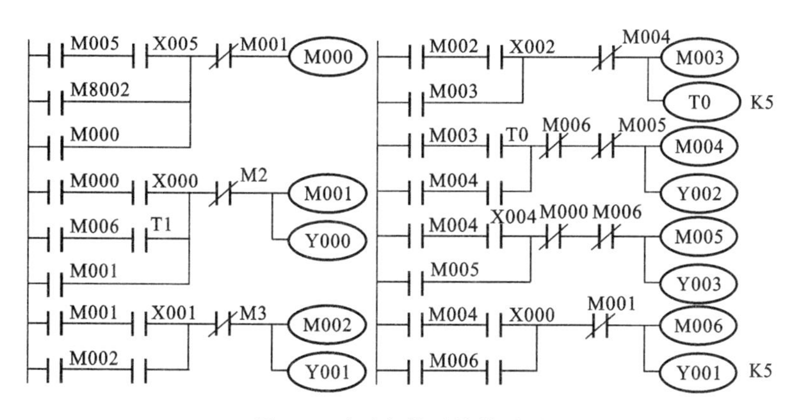

图 8-3　自动门控系统梯形图

(2) 指令表编程。根据上述梯形图，进行逐行“翻译”，可以写出其指令表程序如图 8-4所示。

4. 顺序功能图在 GX Developer 软件中的编制方法

在讲解顺序控制时，重点介绍了两种顺序控制程序的表示方法：一种是 SFC(顺序功能图)表示；另一种是 STL 指令步进梯形图表示，并且以大量实例讲解了两者之间如何对照“翻译”，如图 8-5 所示。

SFC 是专门为顺序控制而设计的，它把顺序控制的流程表示得非常清晰。简单地对控制的内容也进行了描述，对转移条件也做了清楚的指示。而 STL 指令步进梯形图则是三菱专门针对顺序控制而开发的，它的特点是根据 SFC 可以马上写出 STL 指令梯形图。但是这两种表示方法均不能直接在 GX 中编辑，而在 GX 软件中，顺序控制程序有编辑方

```
0    LD    M005
1    AND   X005
2    OR    M8002
3    OR    M000
4    ANI   M001
5    OUT   M000
6    LD    M000
7    AND   X000
8    LD    M006
9    AND   T1
10   ORB
11   OR    M001
12   ANI   M002
13   OUT   M001
14   OUT   Y000
15   LD    M001
16   AND   X001
17   OR    M002
18   ANI   M003
19   OUT   M002
20   OUT   Y001
21   LD    M002
22   AND   X002
23   OR    M003
24   ANI   M004
25   OUT   M003
26   OUT   T0    K5
29   LD    M003
30   AND   T0
31   OR    M004
32   ANI   M006
33   ANI   M005
34   OUT   M004
35   OUT   Y002
36   LD    M004
37   AND   X004
38   OR    M005
39   ANI   M000
40   ANI   M006
41   OUT   M005
42   OUT   Y003
43   LD    M004
44   AND   X000
45   OR    M006
46   ANI   M001
47   OUT   M006
48   OUT   T1    K5
51   END
```

图 8-4　自动门控系统指令表程序

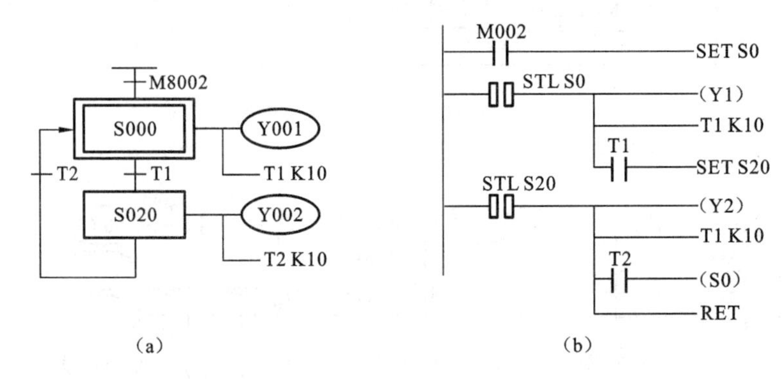

图 8-5　SFC 表示和 STL 指令梯形图表示的程序

法，如图 8-6 所示。

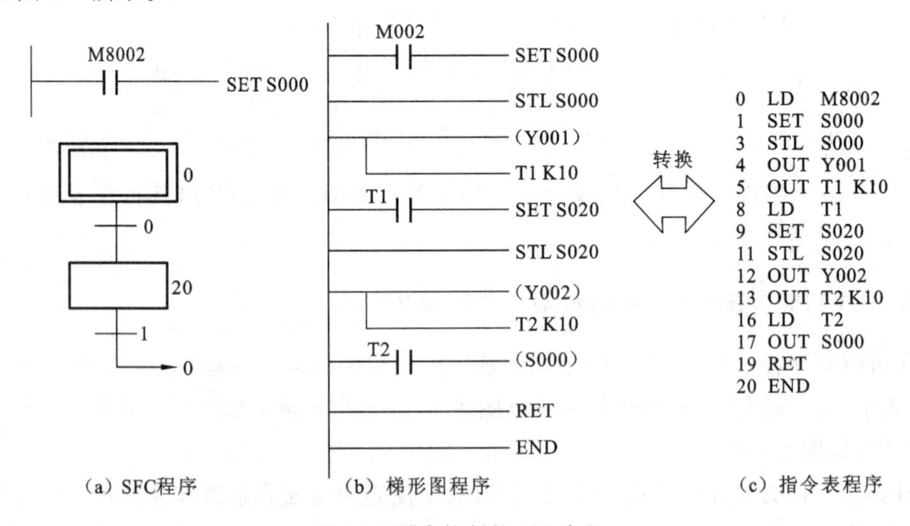

图 8-6　顺序控制的 GX 编程

SFC 程序是仿照 SFC 而设计的，同样具有控制流程清晰的优点，但它不能被 PLC 直接执行,编辑以后必须转换为梯形图程序(由 GX 软件完成)。梯形图程序和指令表程序是 PLC 最常用的两种编程方法,互相之间也可以通过编程软件 GX 进行转换。SFC 程序和指令表程序之间则不能直接进行转换,梯形图是所有表达方式的中介,不同表达方式之间都可以通过梯形图来相互转换。

在本节中,将介绍 SFC 程序和梯形图程序的 GX 软件编辑方法。首先用图 8-7 所示的最简单的 SFC 程序对 SFC 程序的结构做一些简单的介绍。

SFC 程序分成以下两大块。

(1) 梯形图块。这是在 SFC 程序中与主母线相连的程序段。如在程序开始时用于激活初始状态的程序段、用于紧急停止的程序段或是在 RET 指令后的用户程序段。它们的编辑方法与普通梯形图编辑相同。

(2) SFC 块。如图 8-8 所示,这是用方框、连线、横线和箭头等图像所表示的 SFC 程序,在 SFC 程序中,一个 SFC 块表示一个 SFC 流程,一般以其初始状态的状态元件命名。一个 SFC 程序最多只能有 10 个 SFC 块。

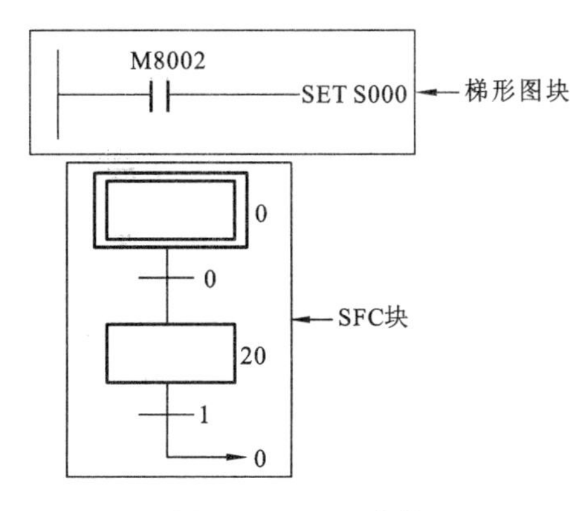

图 8-7　SFC 程序块

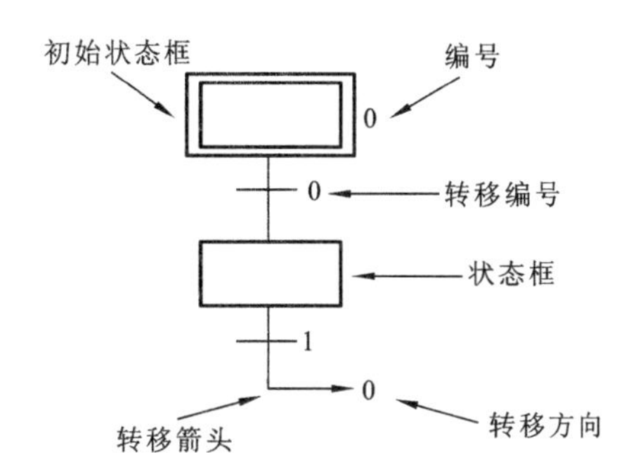

图 8-8　SFC 块的结构组成

在 SFC 块上,是看不到与状态母线相连的有关驱动输出、转移条件和转移方向等梯形图程序。把这些看不到的梯形图程序称为 SFC 内置梯形图。

对 SFC 块的编辑就是生成这些 SFC 图形,对它们进行编号和输入相应的内置梯形图。这里以一个双彩灯闪烁的单流程的程序为例来介绍 SFC 程序的编制,如图 8-9 所示。

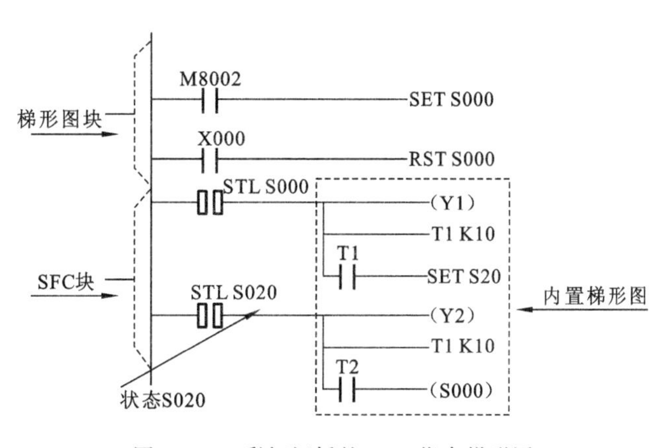

图 8-9　双彩灯闪烁的 STL 指令梯形图

1）*启动 SFC 编程窗口*

启动 GX Developer 编程软件，单击“工程”菜单，单击“创建新工程”项或单击“新建工程”按钮 🗋，弹出“创建新工程”对话框，如图 8-10 所示。

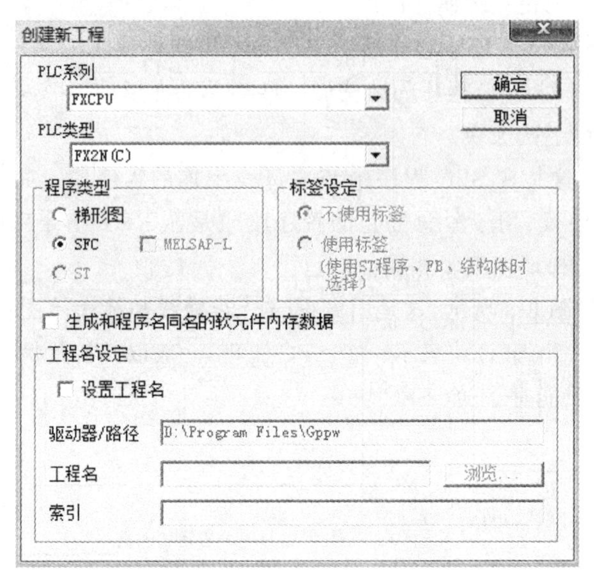

图 8-10　“创建新工程”对话框

按图中从上往下的顺序依次选择 PLC 系列、PLC 类型以及程序类型，选择完成单击“确定”按钮后，出现如图 8-11 所示的块列表窗口。

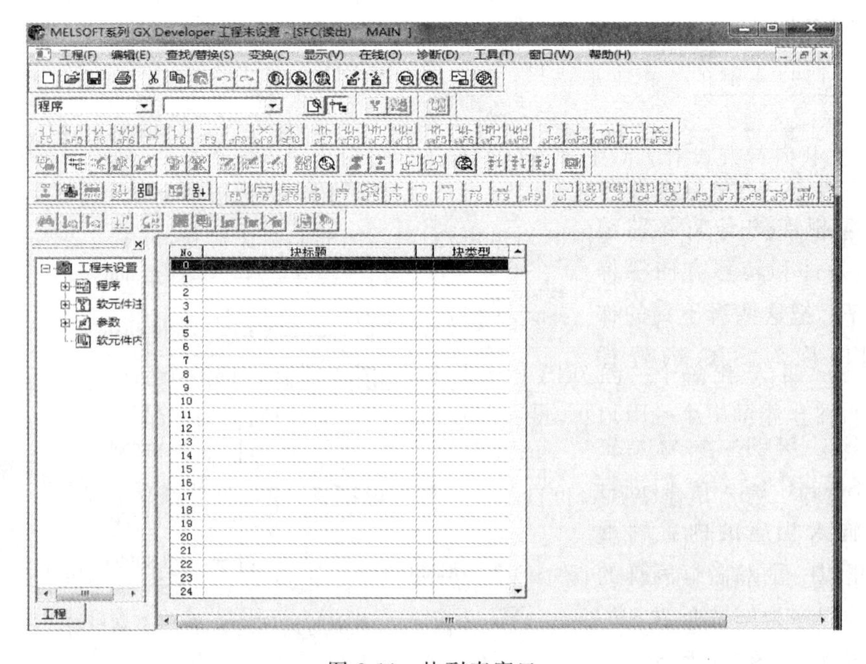

图 8-11　块列表窗口

2）梯形图块编辑

双击第 0 块，弹出“块信息设置”对话框，如图 8-12 所示。

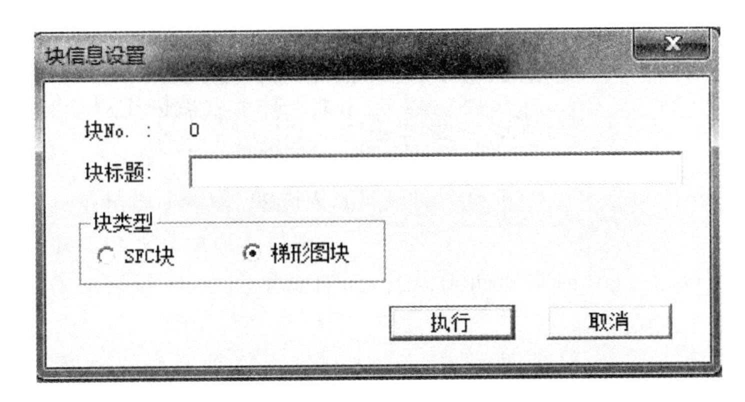

图 8-12　“块信息设置”对话框

现在要编辑的是激活初始状态 S0 的程序行。该梯形图程序是与主母线相连的“梯形图块”。在“块信息设置”对话框内，块标题栏可以根据需要填写，也可以不填。块类型为“梯形图块”，单击“执行”按钮，出现 SFC 编辑窗口，如图 8-13 所示。

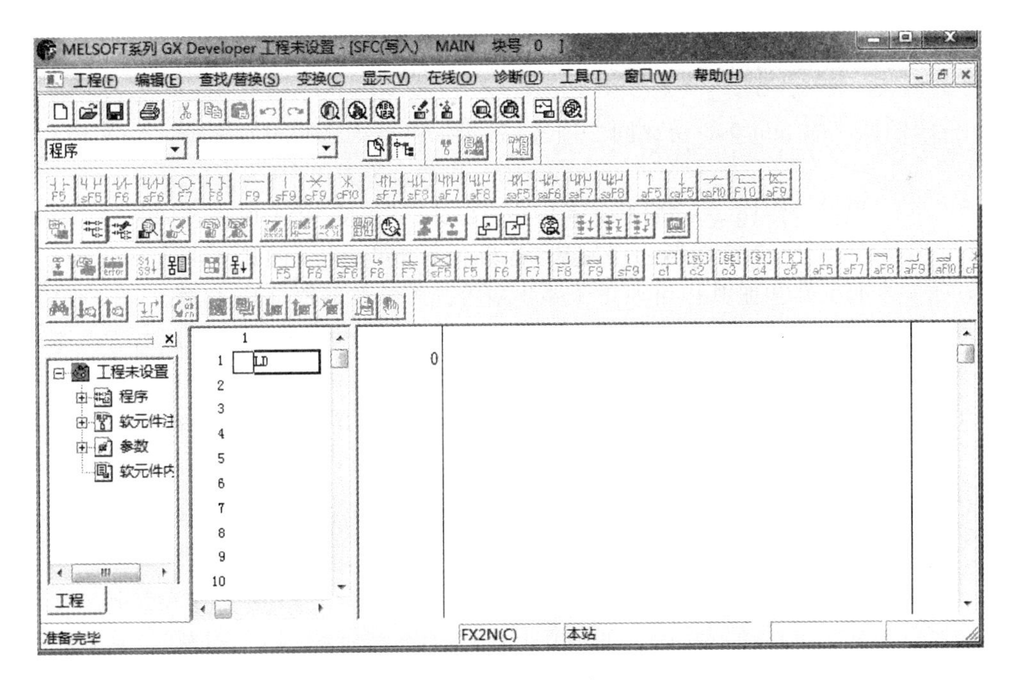

图 8-13　SFC 编辑窗口

SFC 编辑窗口有两个区：一个是 SFC 编辑区（左边）；另一个是梯形图编辑区（右边）。SFC 编辑区是编辑 SFC 程序的，而梯形图编辑区是用来编辑梯形图的。不管是主母线相连梯形图块还是 SFC 程序的内置梯形图，都在这里编辑。

将光标移入梯形图编辑区,编辑激活初始状态程序块。编辑完毕后,发现该程序块为灰色的,说明该程序段还未编译。单击“程序变换”图标,如图 8-14 所示,程序块变为白色,说明程序编译完成。在以后的梯形图区中编辑的程序块在编辑完成后都要进行“程序变换/编译”操作。

图 8-14 “程序变换”图标

3) SFC 块编辑

SFC 块编辑包括驱动输出程序编辑、转移条件编辑和程序转移编辑。

(1) SFC 信息块设置。单击右上角“关闭”图标,如图 8-15 所示。再次出现块列表窗口,如图 8-11 所示。

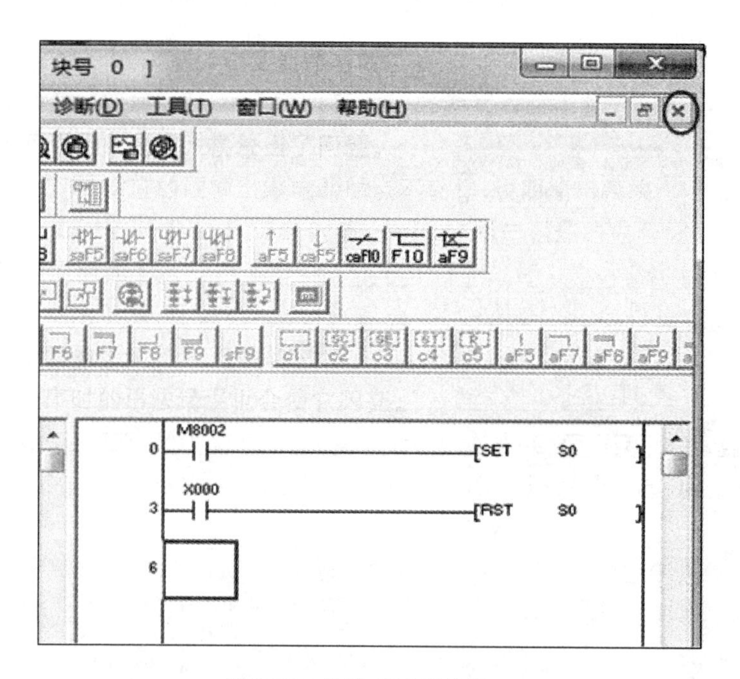

图 8-15 关闭 SFC 编辑窗口

双击第 1 块,弹出“块信息设置”对话框,如图 8-16 所示。

在块标题中填入“S0”,表示是以 S0 为初始状态的一个 SFC 控制流程。在 SFC 编辑中,一个流程为一个块,以其初始状态编号为块标题,因此,块标题只能填入 S0～S9。单击“执行”按钮,重新出现 SFC 块编辑窗口,如图 8-17 所示。

(2) 初始状态 S0 的内置梯形图编辑。在 SFC 编辑区出现了表示初始状态的双线框

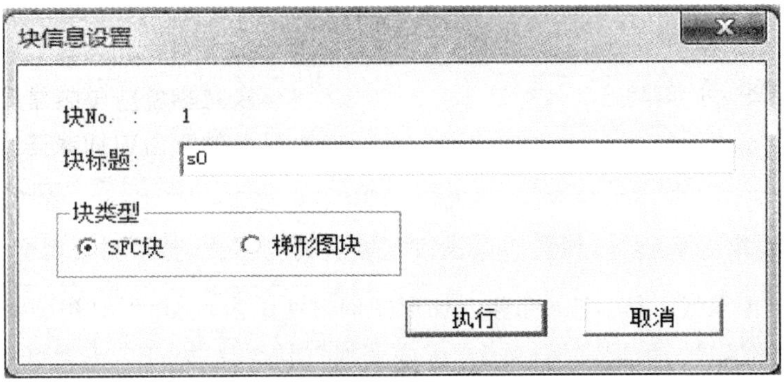

块信息设置

块No. ： 1

块标题： s0

块类型

SFC块　梯形图块

执行　取消

图 8-16　“块信息设置”对话框

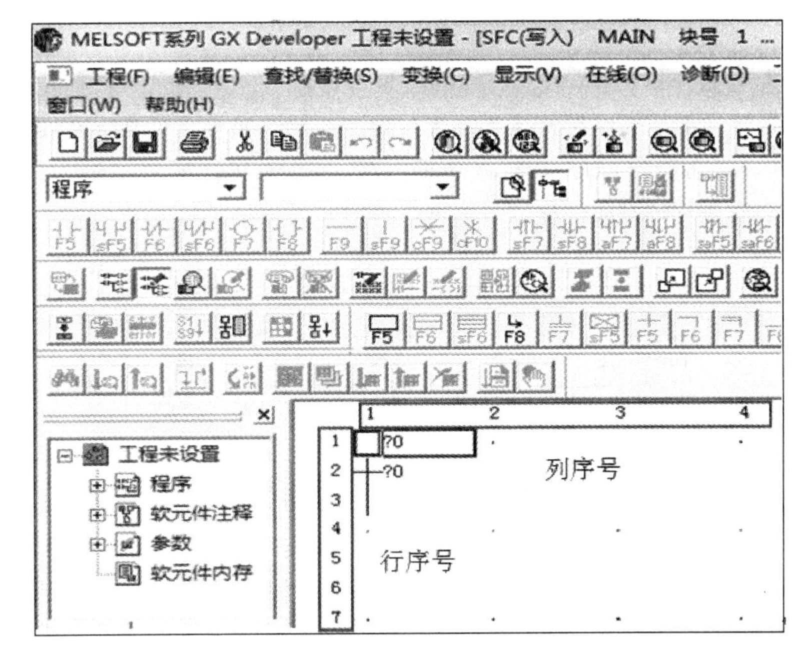

图 8-17　SFC 块编辑窗口

及表示状态相连的有向连线和表示转移条件的短横线。若方框和横线旁边有两个“？0”，“？0”表示初始状态 S0 内还没有驱动输出梯形图。图标的左边有一列数字，为图标所在行位置编号；图标的上边有一行数字，为图标所在列位置编号。例如，双线方框的位置为 1×1（行×列）。

现对初始状态 S0 进行驱动输出梯形图编辑。

第一步，双击双线方框，弹出“SFC 符号输入”对话框，如图 8-18 所示。

该对话框是 SFC 的编号输入对话框。“STEP”表示对状态框进行编号，要求编号与状态框所用状态元件编号相同，现为初始状态 S0，则其编号为“0”（注意：不是 S0），单击“确定”按钮，编号完成。

图 8-18 “SFC 符号输入”对话框 1

第二步，单击双线方框，将鼠标移入梯形图编辑区单击，现在可对初始状态 S0 的驱动输出进行梯形图编辑。编辑完毕，单击“程序变换”图标，这时 SFC 编辑区的对话框旁边的“?”号消失。它表示状态 S0 的驱动输出梯形图已经内置。

如果状态为空操作，即无内置梯形图，则无须输入内置梯形图，仍然保留“?”号，继续往下编辑，并不影响 SFC 程序的整体转换。

第三步，初始状态 S0 的转移条件编辑。

双击横线，弹出“SFC 符号输入”对话框，如图 8-19 所示。这是对转移条件(横线)进行编号的对话框。“TR”表示对转移条件进行编号。转移条件不能像 SFC 图上一样，在横线边上标注“X0”等符号，而是在按顺序编号“0、1、2…”等，“0”表示第 0 个转移条件。单击“确定”按钮，进行转移条件梯形图编辑。

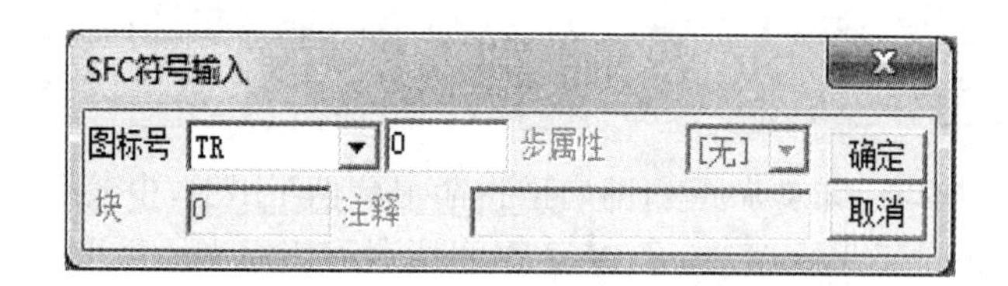

图 8-19 “SFC 符号输入”对话框 2

单击横线“? 0”，将鼠标移入梯形图编辑区单击，输入 T1、TRAN，如图 8-20 所示。单击“程序转换”图标，这时横线旁边“?”已经消失，说明转移条件输入已经完成。

在 GX 编辑软件里，是用“TRAN”代替“SET S20”进行编辑的。可以把“TRAN”看成一个编辑软件转移指令，转移方向由软件自动完成。

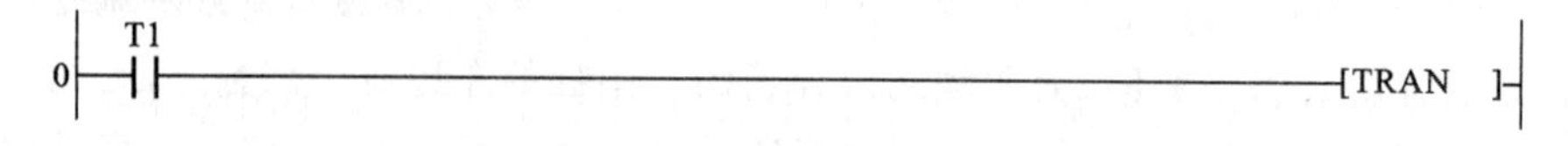

图 8-20 TRAN 指令输入

第四步，状态 S20 的内置梯形图编辑。

将鼠标移到 SFC 编辑区位置 4×1 处，左击，出现光标，再单击“状态图标” F5，弹出 STEP “SFC 符号输入”对话框，如图 8-21 所示。依据初始状态 S0 驱动输出梯形图编辑说明，填入编号“20”。单击“确定”按钮后在位置 4×1 处，出现状态 S20 方框及“? 20”。单击状态 20 方框，将鼠标移入梯形图编辑区单击，编辑状态 S20 的内置驱动输出梯形图，并单击“程序变换”图标进行转换。

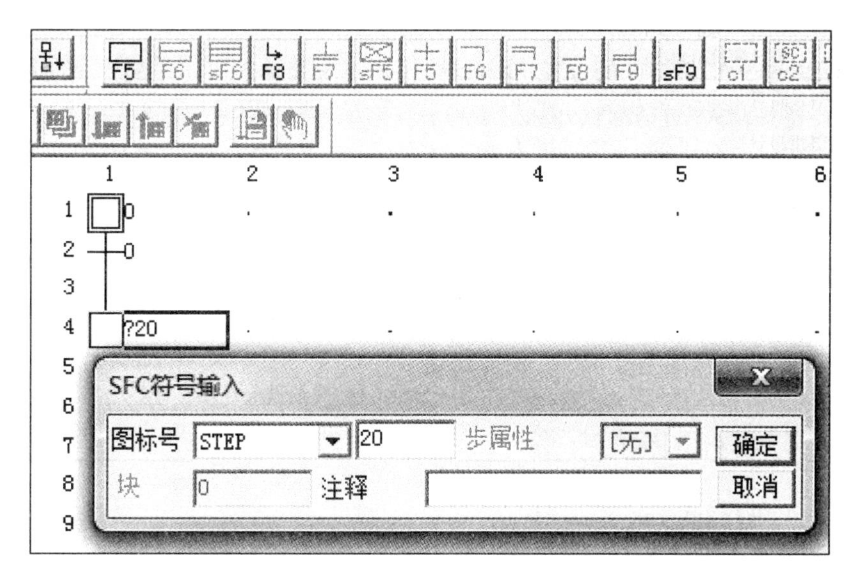

图 8-21　状态 S20 方框生成图

双击位置 5×1 处，弹出 TR“SFC 符号输入”对话框，如图 8-22 所示。F5 为添加转移条件横线，按顺序填入编号“1”，单击“确定”按钮，出现转移条件横线及“? 1”。单击位置横线 1 处，编辑转移条件内置梯形图。输入 LD T2、TRAN，单击“程序变换”图标，状态 S20 的转换条件输入已经完成。

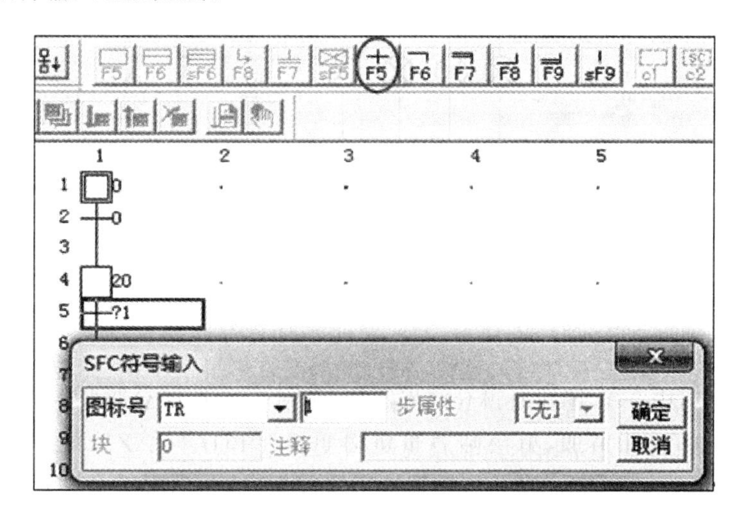

图 8-22　状态 S20 转换横线生成图

如果在 SFC 块中，控制流程状态存在多个，则每一个状态都必须按照状态 S20 的方法顺序编辑各个状态的内置驱动输出梯形图块和转移条件内置梯形图输入。当所有状态的梯形图编辑完毕后，则转入循环跳转编辑。

第五步，循环跳转编辑。

为保证 SFC 控制流程构成 PLC 程序的循环工作，应在最后一个状态里设置返回到初始状态或工作周期开始状态的循环跳转转移。本例中,状态 S20 已完成一个周期的控制流程,应编辑循环跳转到状态 S0 的 SFC 工作环节。

将鼠标移到 SFC 编辑区的位置 7×1,单击后,出现光标。单击“跳转”图标 F8 ,弹出 JUMP“SFC 符号输入”对话框,如图 8-23 所示。图标号“JUMP”表示跳转,其编号应填入跳转转移到所在状态的编号。这里跳转到初始状态 S0,其编号为“0”,填入“0”,不是“S0”。单击“确定”按钮,这时,会看到位置 7×1 有一转向箭头指向 0。同时,在初始状态 S0 的方框中多了一个小黑点,这说明该状态为跳转的目标状态,这也为阅读 SFC 程序流程提供了方便。至此,SFC 程序编辑完成。

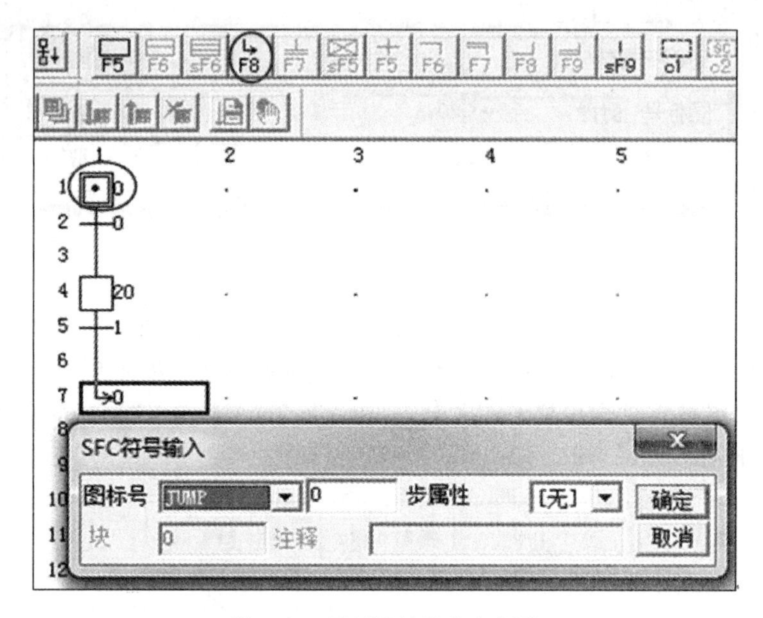

图 8-23　循环跳转箭头生产图

4) SFC 程序整体转换

上面的操作是梯形图块和 SFC 块的程序分别编制。整体 SFC 及内置梯形图块并未串接在一起,因此,需要在 SFC 中进行 SFC 程序整体转换操作。其操作:按下键盘上的功能键 F4 或单击“程序变换”图标,这样,SFC 的 GX 软件编程才算全部完成。

注意:如果 SFC 程序编辑完成,未进行整体转换,一旦离开 SFC 编辑窗口,那刚刚编辑完成的 SFC 及其内置梯形图则前功尽弃。

5) SFC 程序编辑要点

上面是按照单流程 SFC 程序的顺序进行编辑操作的。它是画出一个 SFC 图形,进行一次内置梯形图操作,但实际上不一定要按顺序操作。也可以先画出全部 SFC 程序图形(图 8-23 中的 SFC 编辑图形),然后再逐个图形地输入内置梯形图。也可以先画几个 SFC 图形,输入几个内置梯形图,再画几个 SFC 图形,输入几个内置梯形图,直至完成。具体操作因人而异,但基本操作是一致的,必须熟练掌握。SFC 编辑的基本操作如表 8-1 所示。

表 8-1　SFC 程序编辑基本操作一览表

SFC 图形名称	操　　作	备　　注
状态	(1) 单击图标 F5,生成状态方框; (2) 单击方框,输入 STEP 编号; (3) 编辑内置梯形图,单击图标“程序变换”	初始状态双线方框自动生成
转换条件	(1) 单击图标 F5,生成转移条件横线; (2) 单击横线,输入 TR 编号; (3) 编辑内置梯形图,单击图标“程序变换”	初始状态转移条件横线自动生成
转移方向	(1) 单击图标 F8 ,生成转移方向箭头; (2) 单击箭头,输入 JUMP 编号	转移目标状态方框内生成黑点
整体转换	按下 F4 或单击图标“程序变换”	

6) SFC 程序与梯形图程序之间的转换

编辑好的 SFC 程序 PLC 不能执行,还必须把它转换成梯形图程序才能执行。其操作顺序如图 8-24 所示,单击“工程”→“编辑数据”→“改变程序类型”即可。

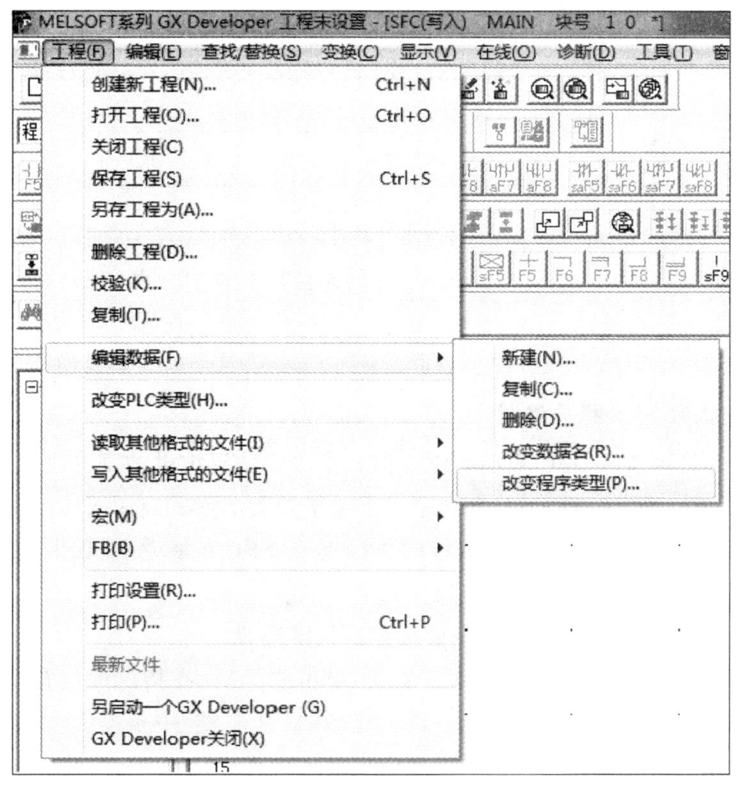

图 8-24　SFC 程序转换为梯形图程序操作

转换后界面为灰色，这时可在工程栏内，双击“程序/MAIN”，如图 8-25 所示。出现转换后的梯形图程序，仔细观察梯形图，可以发现虽然没有编辑 RET、END 指令，但是 GX 软件自动生成 RET、END 指令。

如果想从梯形图转换成 SFC 程序，操作方法一样。转换后会发现“块列表”窗口，双击 SFC 块，再按图 8-13 所示打开程序，出现 SFC 编辑窗口。

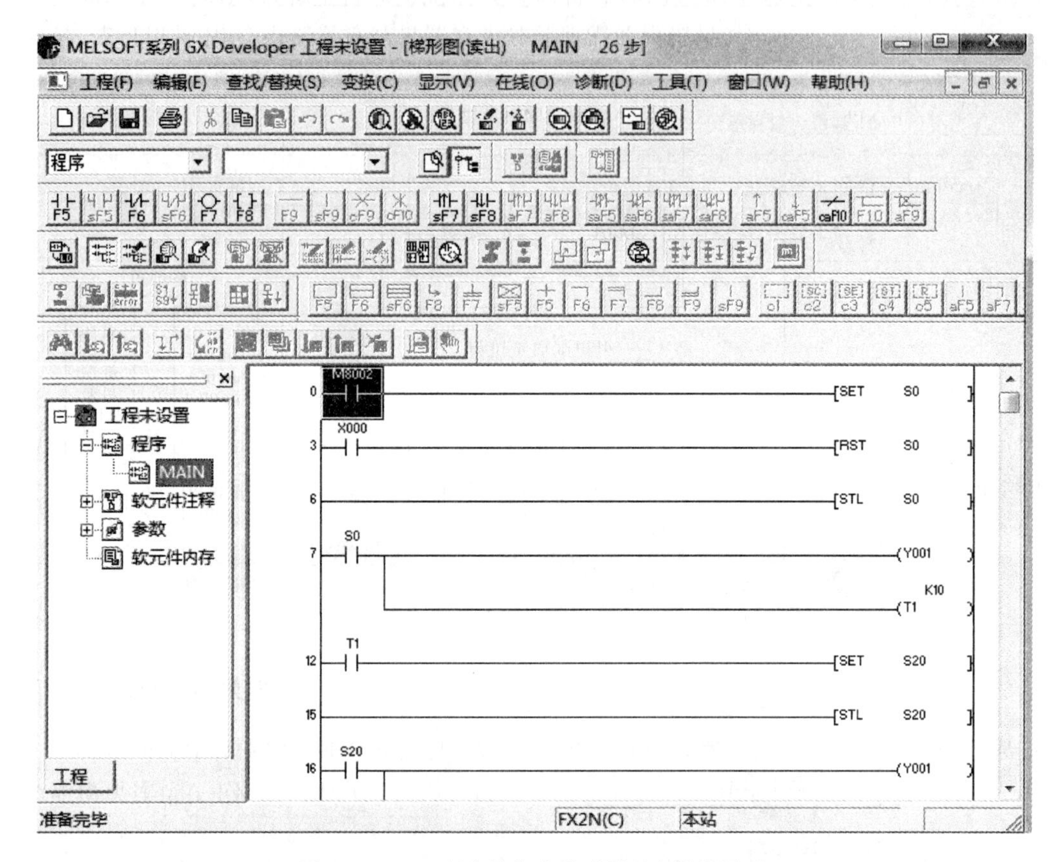

图 8-25　SFC 程序转换为梯形图程序操作图示

7）分支流程的 SFC 程序编制

上面介绍的是单流程 SFC 程序编制。但其中关于图形编辑的基本操作是通用的，在介绍分支流程 SFC 程序编辑之前，先介绍一下关于分支图形的应用图标工具。

图 8-26 所示为所用工具图标，图标的作用是在 SFC 编辑区画出分支的各种连线。图标分两类，它们的作用是一样的，但操作方法不同。

（1）生成线输入图标：这类图标生成指定的长度连线。

（2）划线输入图标：这类图标为动态划线，单击图标后，在指定的位置上按住鼠标左键横向移动，就会划出一条连线，划到一定位置后，松开左键，一条连线被划出。其中“划线删除”图标用于删去已划连线（包括由生成线输入所画连线）。

图 8-27 所示为一个含有分支流程的 SFC 程序。图中各个状态的驱动输出程序均未

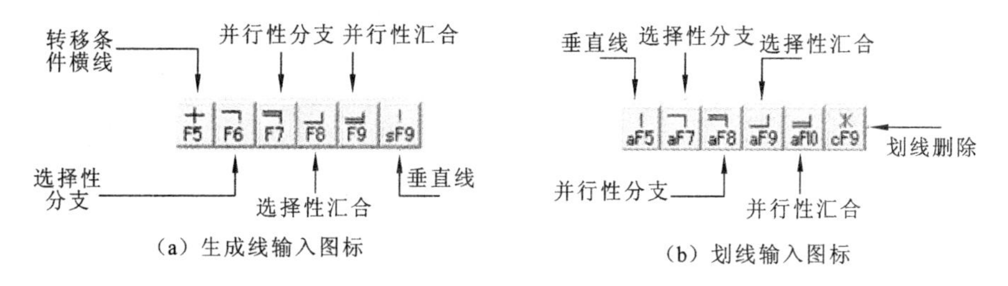

图 8-26　SFC 块分支流程应用工具图标

表示。下面将通过图例来学习分支流程 SFC 块的编辑。

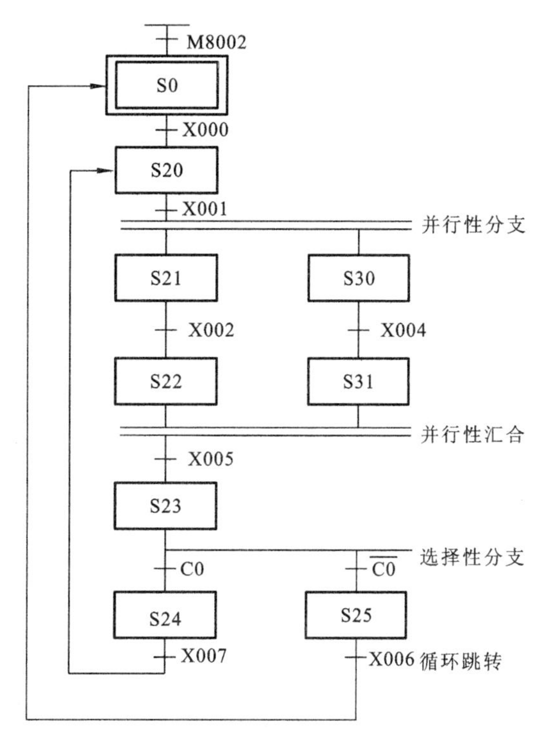

图 8-27　带有分支的 SFC 程序例图

我们换一种方式来编辑 SFC 块的编辑。先将 SFC 块所有的流程图形全部画出，然后再逐个输入内置梯形图。

首先，按照前面关于单流程的操作方法进入 SFC 块编辑窗口。然后，再按表 8-2 所示的步序进行操作。操作完成之后，形成图 8-28 所示的 SFC 图。图中各个状态框和转换条件横线都带有问号，表示内置梯形图还未输入，这是下一步要做的工作，跟前面单流程的操作相同，参考单流程实例，这里不进行赘述。

表 8-2　分支流程 SFC 块图形编辑步序

步　序	光标位置	操　作	图形结果
1	4×1	单击[F5],输入编号 20	生成状态框 20
2	5×1	单击[F5],输入编号 1	生成横线 1
3	6×1	单击[F7],输入长度 1	生成并行分支
4	7×1	单击[F5],输入编号 21	生成状态框 21
5	8×1	单击[F5],输入编号 2	生成横线 2
6	10×1	单击[F5],输入编号 22	生成状态框 22
7	7×2	单击[F5],输入编号 30	生成状态框 30
8	8×2	单击[F5],输入编号 3	生成横线 3
9	10×2	单击[F5],输入编号 31	生成状态框 31
10	11×2	单击[F9],输入长度 1	生成并行汇合
11	12×2	单击[F5],输入编号 4	生成横线 4
12	13×2	单击[F5],输入编号 23	生成状态框 23
13	14×2	单击[F6],输入长度 1	生成选择分支
14	15×2	单击[F5],输入编号 5	生成横线 5
15	16×1	单击[F5],输入编号 24	生成状态框 24
16	17×1	单击[F5],输入编号 6	生成横线 6
17	19×1	单击[F8],输入编号 20	生成转移方向 20
18	15×2	单击[F5],输入编号 7	生成横线 7
19	16×2	单击[F5],输入编号 25	生成状态框 25
20	17×2	单击[F5],输入编号 8	生成横线 8
21	19×2	单击[F8],输入编号 0	生成转移方向 0

注:① 光标位置 4×1 表示光标所在(行×列)位置;

② 输入选择或并行性分支与汇合时,会出现“SFC 符号输入”对话框,编号数字为生成线的长度。例如,“2”为 2 个基本单位长度(1 个基本单位长度为 1 个列宽)。

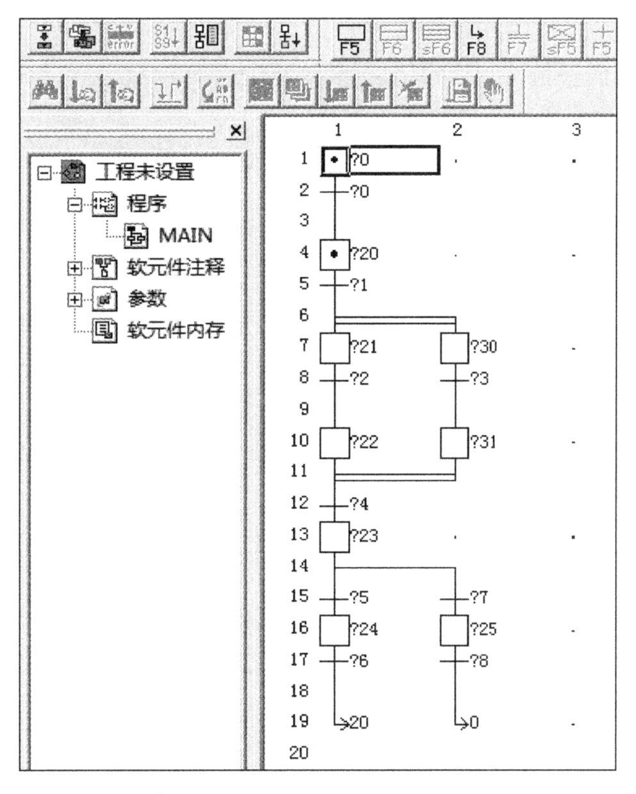

图 8-28　带有分支的 SFC 程序例图

至此,关于顺序功能图在编程软件 GX 中的编写方法就全部介绍完毕。

模块 5　项目知识点

1. PLC 顺序控制功能图的梯形图编程原则

如前所述,SFC 虽然是居首位的 PLC 编程语言,但目前仅仅作为组织编程的工具使用,不能为 PLC 所执行。因此,还需要其他语言(主要是梯形图)将它转换成 PLC 可执行的程序。根据 SFC 而设计梯形图的方法,称为 SFC 的编程方法。SFC 是由一个、一个状态顺序组合而成。各个状态的不同点就是在各自的状态中所执行的命令和动作不同,其他的控制是相同的。因此,只要能设计出针对一个状态的控制梯形图就能完成 SFC 对梯形图的转换。对于一个状态的控制要求,结合图 8-29 来进行说明。

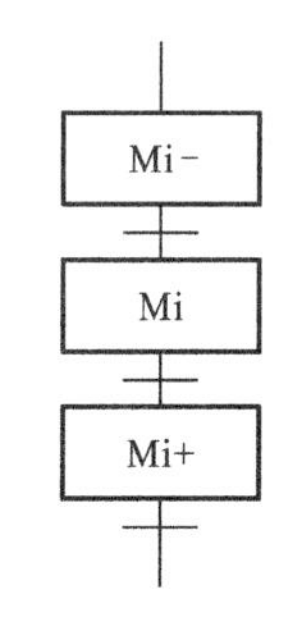

图 8-29　SFC 图

图 8-29 所示为一个顺序相连的三个状态的 SFC,用辅助继电器 M 表示状态的编号,当某个状态被激活时,其辅助继电器为 ON,取 Mi 状态来说明状态的控制要求。

(1) Mi 被激活的条件是它的前步 Mi－1 为激活状态(活动步)且转移条件 Xi＝ON。当 Mi 激活后,前步 Mi－1 变为非激活状态。

(2) 一般来讲,转移条件 Xi 大都为短信号,因此,Mi 被激活后,能够自保持一段时间以保证状态内控制命令和动作的完成。

(3) 当转移条件 Xi＋1 成立,Mi＋1 状态被激活后,Mi 应马上变为非激活状态(非活动步)。

以上三点为 PLC 中各个状态(初始状态除外)的控制要求共同点,即状态的梯形图编程的原则。

目前,常用的 SFC 的编程方法有三种:一是应用"起-保-停"电路进行编程;二是应用置位/复位指令进行编程;三是应用 PLC 特有的步进顺控指令进行编程。不管哪种编程方法,均必须满足上面编程三原则的控制要求。

在三种编程方法中,第三种步进指令的介绍已经花了大量的篇幅进行了重点讲解,下面对前面两种方法进行一般性的介绍。

2. 使用"起-保-停"电路的编程方法

"起-保-停"电路是最基本的梯形图电路。它仅仅使用基本的逻辑指令,而任何一种品牌的 PLC 的指令系统都会有这些指令。因此,这种编程方法是通用的编程方法,可用于任一品牌、任一型号的 PLC。

根据编程三原则设计的 SFC 的状态控制梯形图如图 8-30 所示,图中已经把三原则的应用一并说明了。

图 8-30 中的步 M1、M2 和 M3 是顺序功能图中顺序相连的 3 步,X1 是步 M2 之前的转移条件。设计"起-保-停"电路的关键是找出它的起动条件和停止条件。根据转移实现的基本规则,转移实现的条件是它的前级步为活动步,并且满足相应的转移条件,所以 M2 变为活动步的条件是它的前级步 M1 变为活动步,且转移条件 X1 为 ON。在"起-保-停"电路中,应将前级步 M1 和转移条件 X1 对应的常开触点串联,作为控制 M2 的起动电路。当 M2 和 X2 均为 ON 时,步 M3 变为活动步,这时步 M2 应变为非活动步,因此可以将 M3＝1 作为使辅助继电器 M2 变为 OFF 的条件,即将后续步 M3 的常闭触点与 M2 的线圈串联,作为"起-保-停"电路的停止电路。

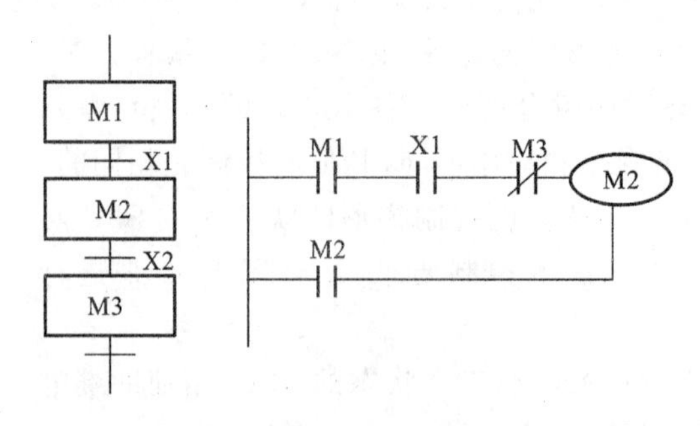

图 8-30 用"起-保-停"电路控制步

在这个例子中，可以用 X2 的常闭触点来代替 M3 的常闭触点。但是当转移条件由多个信号经“与、或、非”逻辑运算组合而成时，应将它的逻辑表达式求反，再将对应的触点串、并联电路作为“起-保-停”电路的停止电路，虽然可以达到控制目的，但不如使用后续步的常闭触点简单方便。

1）单流程的程序设计

例 1：液压进给装置运动控制，其运动示意图如图 8-31 所示。

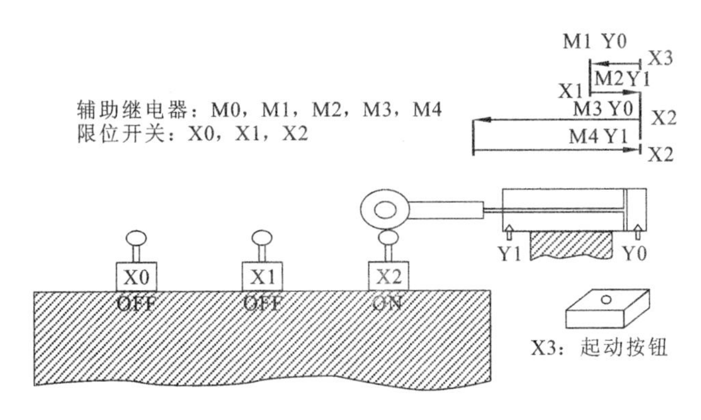

图 8-31　液压进给装置示意图

分析控制要求如下。

（1）初始状态：活塞杆置右端，开关 X2 为 ON，辅助继电器 M0 为 ON。

（2）按下起动按钮 X3，Y0、M1 为 ON，活塞杆左行。

（3）碰到限位开关 X1 时，M2、Y1 为 ON，活塞杆右行。

（4）碰到限位开关 X2 时，M3、Y0 为 ON，活塞杆左行。

（5）碰到限位开关 X0 时，M4、Y1 为 ON，活塞杆右行。

（6）碰到限位开关 X2 时，停止。

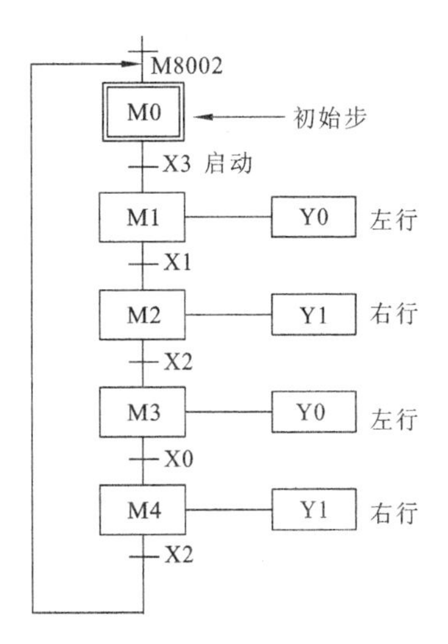

图 8-32　顺序功能图

根据上述动作流程分析，活塞杆的工作周期可以分为 1 个初始步和 4 个运动步，分别用 M0～M4 来代表这 5 步。起动按钮 X3 和限位开关 X0～X3 的常开触点是各步之间的转移条件，因此可画出图 8-32 所示的顺序功能图。

由上述顺序功能图可知：步 M0 的前级步为步 M4，转移条件为 X2，后续步是步 M1，另外，步 M0 有一个初始位置条件 M8002，所以 M0 的起动电路由 M4 和 X2 的常开触点串联后再与 M8002 的常开触点并联组成，步 M0 的停止电路为 M1 的常闭触点；步 M1 的前级步为步 M0，转移条件为 X3，后续步是步 M2，所以 M1 的起动电路由 M0 和 X3 的常开触点串联而成，步 M1 的停止电路为 M2 的常闭触点，其余依次类推。因此，用“起-保-停”电路设计的梯形图如图 8-33 所示。

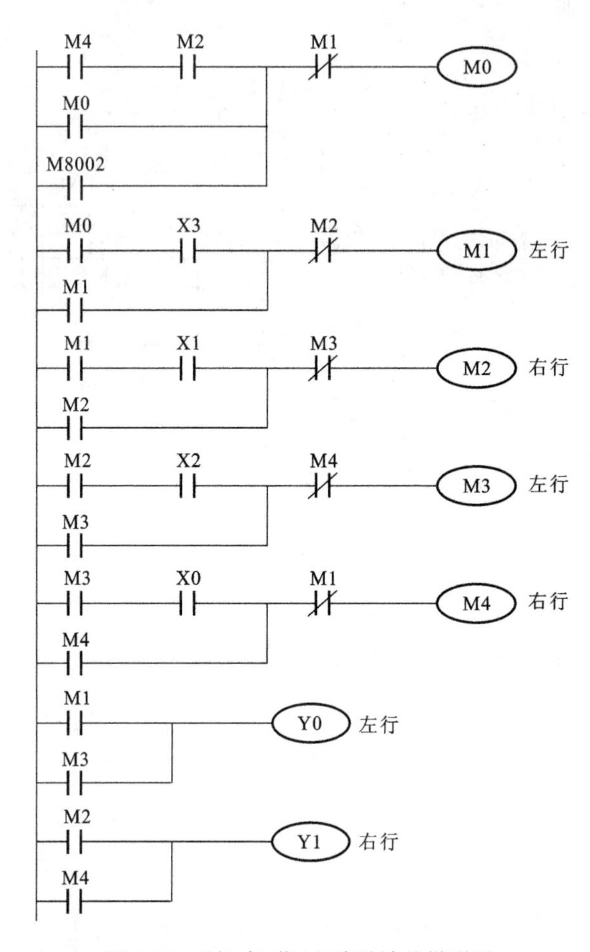

图 8-33 “起-保-停”电路设计的梯形图

下面介绍设计梯形图的输出电路部分的方法。由于步是根据输出变量的状态变化来划分的，它们之间的关系极为简单，可以分为以下两种情况来处理。

(1) 当某一输出量仅在某一步中为 ON 时，可以将它们的线圈分别与对应步的辅助继电器的线圈并联。

(2) 当某一输出继电器在几步中都为 ON 时，应将各有关步的辅助继电器的常开触点并联后再驱动该输出继电器的线圈，例如，在图 8-33 中，Y0 在步 M1 和 M3 中都为 ON，所以将 M1 和 M3 的常开触点并联后再来控制 Y0 的线圈。

2) 选择性流程的程序设计

如果某一步后面有一个由 N 条分支组成的选择性流程，应将这 N 个后续步对应的辅助继电器的常闭触点与该步的线圈串联，作为结束该步的条件。

图 8-34(a)中步 M0 之后有一个选择性分支，当 M0 为活动步时，只要分支转移条件 X1 或 X4 为 ON，它的后续步 M1 或 M4 就变成活动步。当它的后续步 M1 或 M4 变为活动步时，它应变为非活动步，所以只需将 M1 和 M4 的常闭触点与 M0 的线圈串联，如图 8-35(a)所示的第 7 步序行和第 17 步序行。

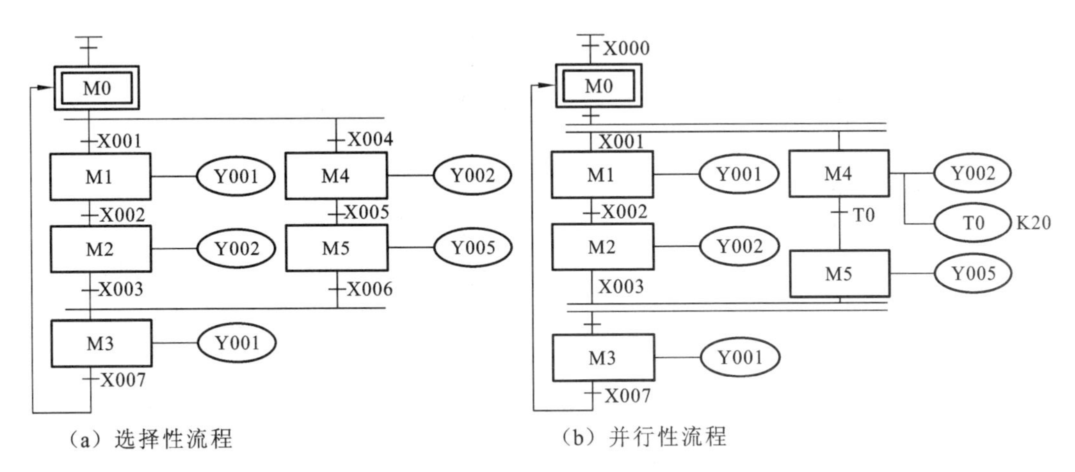

(a) 选择性流程　　　　(b) 并行性流程

图 8-34　顺序功能图

对于选择性汇合，如果某一步之前有 N 个分支(即有 N 条分支在该步之前汇合后进入该步)，则代表该步的辅助继电器的起动电路由 N 条支路并联而成，各支路由某一前级步对应的辅助继电器的常开触点与相应转移条件对应的触点或电路串联而成。

在图 8-34(a)中，步 M3 之前有一个选择性流程的汇合，当步 M2 为活动步(M2 为 ON)且转移条件 X3 满足，或步 M5 为活动步且转移条件 X6 满足时，则步 M3 应变为活动步，即控制 M3 的“起-保-停”电路的起动条件应为 M2 * X3＋M5 * X6，对应的起动电路由两条并联支路组成，每条支路分别由 M2、X3 和 M5、X6 的常开触点串联而成，如图8-35(a)所示的第 27 步序行。

3) 并行性流程的程序设计

并行性流程中各个分支的第 1 步应同时变为活动步，所以对控制这些步的“起-保-停”电路使用同样的起动电路，可以实现这一要求。

图 8-34(b)中步 M0 之后有一个并行性分支，当步 M0 为活动步，并且转移条件 X1 满足时，应转移到步 M1 和步 M4，M1 和 M4 应同时变为 ON，如图 8-35(b)所示的第 6 步序行和第 16 步序行。

步 M3 之前有一个并行性分支的汇合，该转移实现的条件是所有的前级步(即步 M2 和 M5)都是活动步和转移条件 X3 满足。所以，应将 M2、M5 和 X3 的常开触点串联，作为控制 M3 的“起-保-停”电路的起动电路，如图 8-35(b)所示的第 29 步序行。

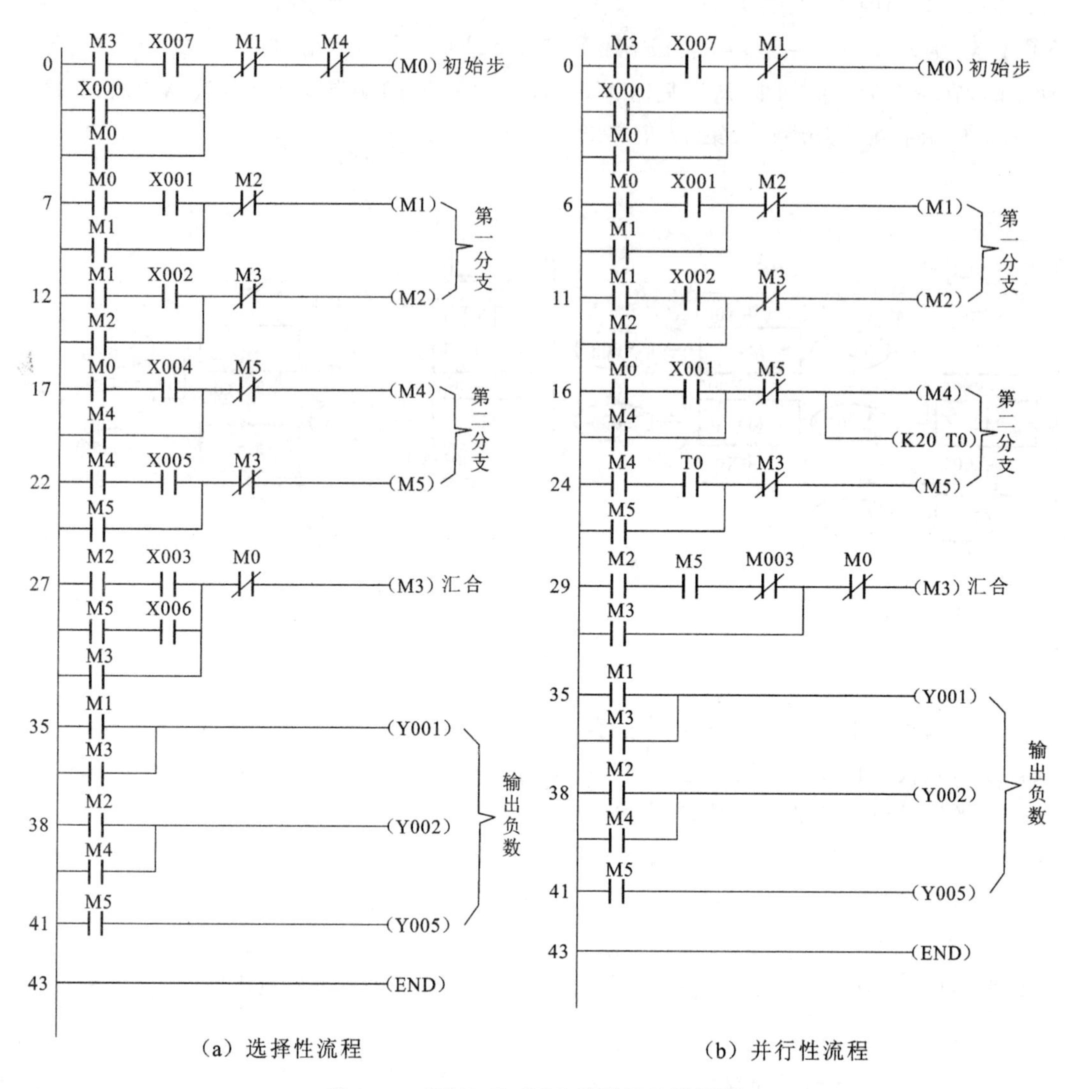

图 8-35 用“起-保-停”电路设计的梯形图

3. 使用置位复位指令的程序设计

1）设计思想

图 8-36 给出了使用置位复位指令设计的顺序功能图与梯形图的对应关系。若要实现图中 X1 对应的转移，则需要同时满足两个条件，即该转移的前级步是活动步（M1＝1）和转移条件（X1＝1）满足，在梯形图中可以用 M1 和 X1 的常开触点组成的串联电路来表示上述条件。若两个条件同时满足，该电路就接通，此时应完成两个操作，即将转移的后续步变为活动步（用 SET 指令将 M2 置位）和将该转移的前级步变为非活动步（用 RST 指令将 M1 复位）。这种设计方法与实现转移的基本规则之间有着严格的对应关系，所以，又称为以转移为中心的程序设计。用它设计复杂的顺序功能图的梯形图时，更能显示

出它的优越性。

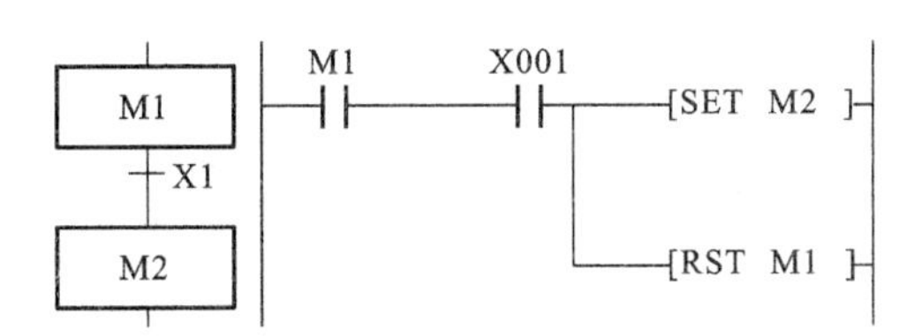

图 8-36　使用置位复位指令设计的梯形图

2）单流程的程序设计

在顺序功能图中，用转移的前级步对应的辅助继电器的常开触点与转移条件对应的触点或电路串联，将它作为转移的后续步对应的辅助继电器置位（使用 SET 指令）和转移的前级步对应的辅助继电器复位（使用 RST 指令）的条件。在任何情况下，代表步的辅助继电器的控制电路都可以用这一原则来设计，每一个转移对应一个这样的控制置位和复位的电路块，有多少个转移条件就有多少个这样的电路块。这种设计方法特别有规律，在设计复杂的顺序功能图的梯形图时，既容易掌握，又不容易出错。

使用这种程序设计方法时，不能将输出继电器的线圈与 SET 和 RST 指令并联，这是因为前级步和转移条件对应的串联电路接通的时间是相当短的，而输出继电器的线圈至少应该在某一步对应的全部时间内被接通过。所以应根据顺序功能图，用代表步的辅助继电器的常开触点或它们的并联电路来驱动输出继电器的线圈。图 8-31 所示为液压进给装置控制系统，使用置位复位指令设计的梯形图如图 8-37 所示。

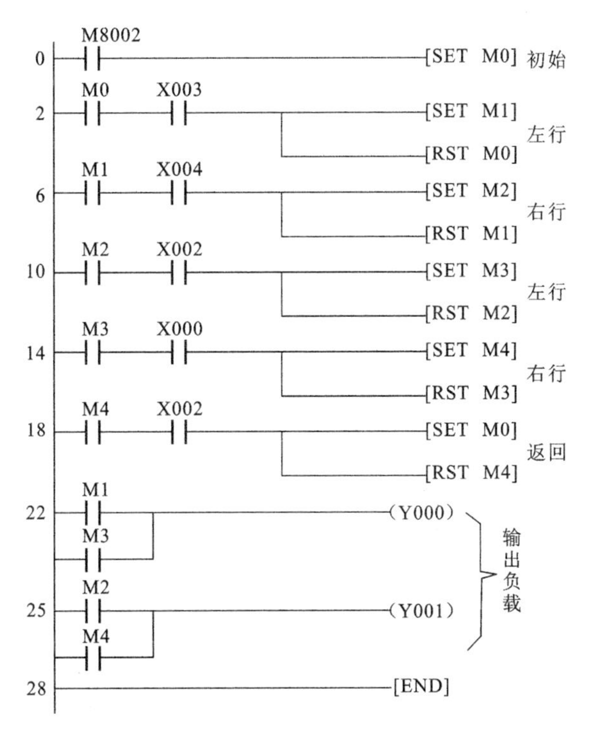

图 8-37　用置位复位指令设计的梯形图

3）选择性流程的程序设计

选择性流程的程序设计与单流程的相似，如图 8-34(a)所示的选择性流程，其分支条件为 X1、X4，所以，M0 和 X1 的常开触点的串联电路是实现第 1 分支转移的条件，M0 和 X004 的常开触点的串联电路是实现第 2 分支转移的条件。其汇合条件为 X003、X006，所以，M2 和 X003 的常开触点的串联电路是实现第 1 分支汇合的条件，M5 和 X006 的常开触点的串联电路是实现第 2 分支汇合的条件。其梯形图如图 8-38(a)所示。

4）并行性流程的程序设计

并行性流程的程序设计与单流程的相似，如图 8-34(b)所示的并行性流程，其分支条件为 X1，所以，M0 和 X001 的常开触点组成的串联电路是实现分支转移的条件。其汇合条件为 X003，所以，M2、M5 和 X003 的常开触点组成的串联电路是实现分支汇合的条件。其梯形图如图 8-38(b)所示。

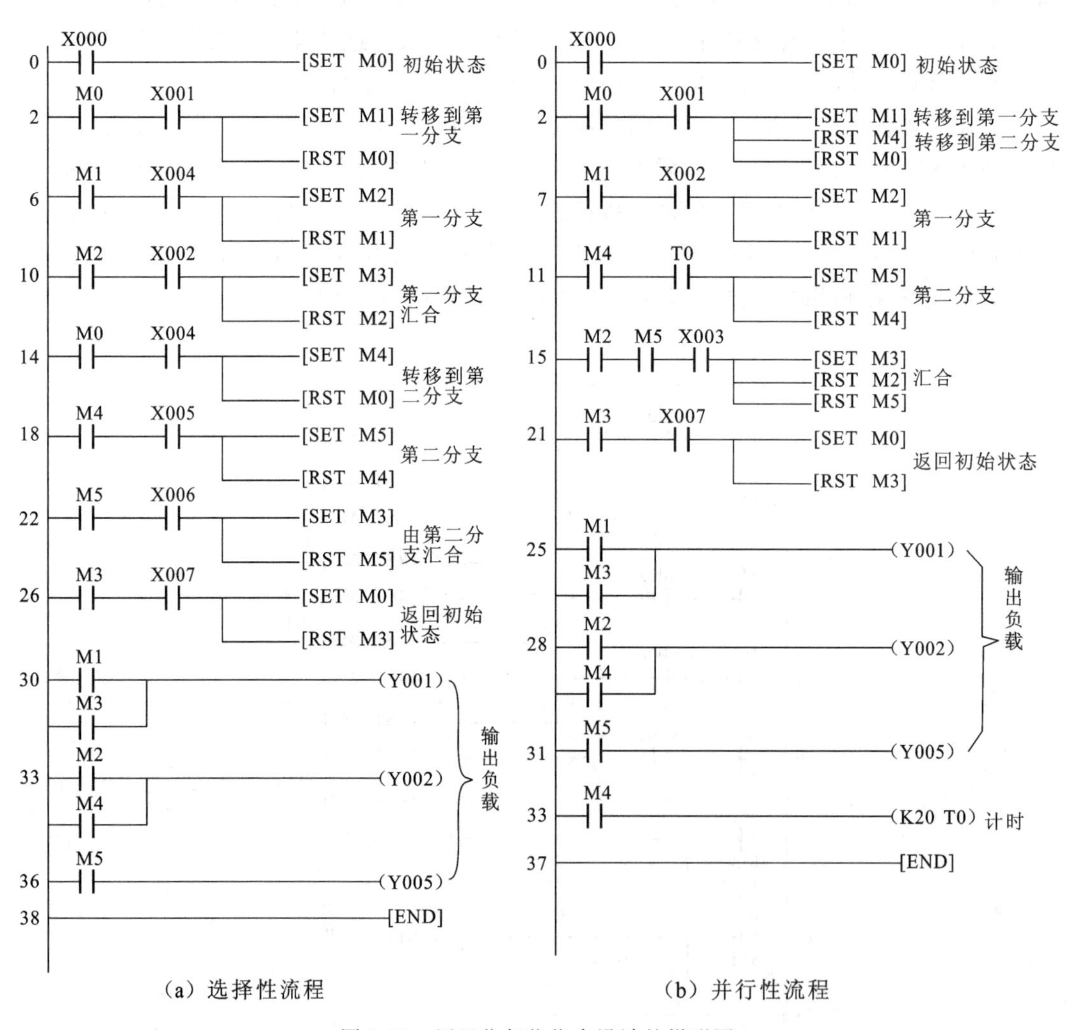

(a) 选择性流程　　　　(b) 并行性流程

图 8-38　用置位复位指令设计的梯形图

本章承接第 7 章的内容，继续从顺序控制程序设计的方法进行讲解，主要介绍了顺序功能图在 GX Developer 软件中的编制方法和注意事项，很好地指导学生将实验过程切实地应用到软件操作当中，并且详细介绍了利用辅助继电器实现顺序控制的方法——使用“起-保-停”电路的程序设计法、使用置位复位指令的程序设计法以及使用步进指令的梯形图设计法。

习　　题

一、程序转换题

1. 写出图 8-27 所示的状态转移图所对应的指令表程序。

2. 画出图 8-38(a)所示的梯形图所对应的状态转移图。

二、程序设计题

1. 图 8-39 为按钮式人行横道线，人行横道和车道的指示灯按照图 8-40 所示点亮。

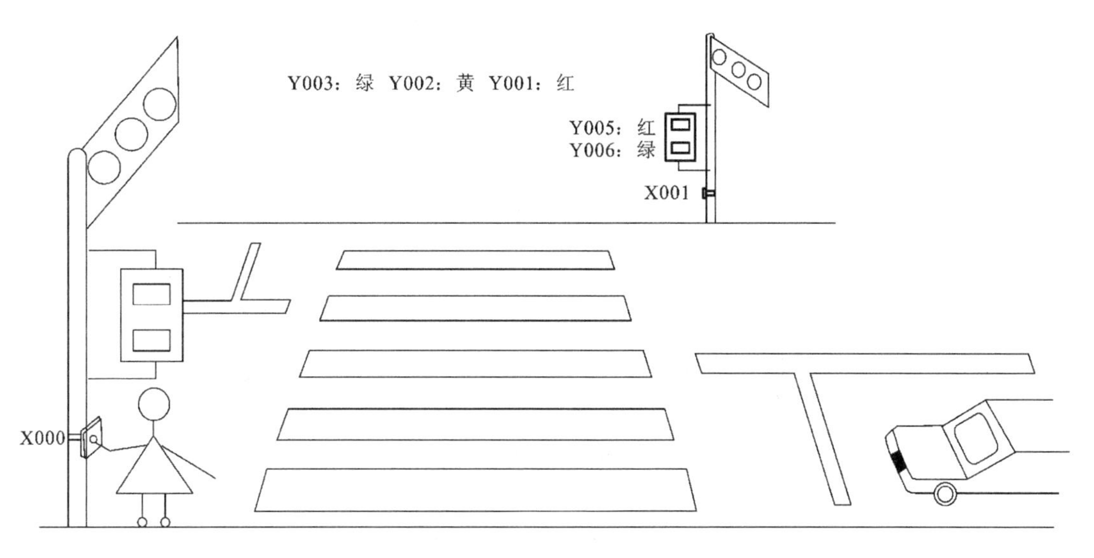

图 8-39　按钮式人行横道交通灯示意图

控制任务详细要求如下：PLC 从 STOP-RUN 变换时，初始状态 S0 动作，通常车道信号灯为绿，而人行道信号灯为红。按下人行道按钮 X000 或 X001，则状态 S21 为车道二绿；状态 S30 中的人行道信号已经为红色，此时状态无变化。30 s 后，车道信号为黄灯；再过 10 s 车道信号变为红灯。此后，定时器 T2(5 s)启动，5 s 后人行道变为绿灯。15 s 后，人行道绿灯开始闪烁。(S32＝暗，S33＝亮)。闪烁中时 S32、S33 反复动作，计数器 CO(设定值为 5 次)触点一接通，动作状态向 S34 转移，人行道变为红灯，5 s 后返回初始状态。在动作过程中，即使按动人行道按钮 X000、X001 也无效。

根据控制要求，其 I/O 分配为 X0：左启动，X1：右启动，Y1：车道红灯，Y2：车道黄灯，

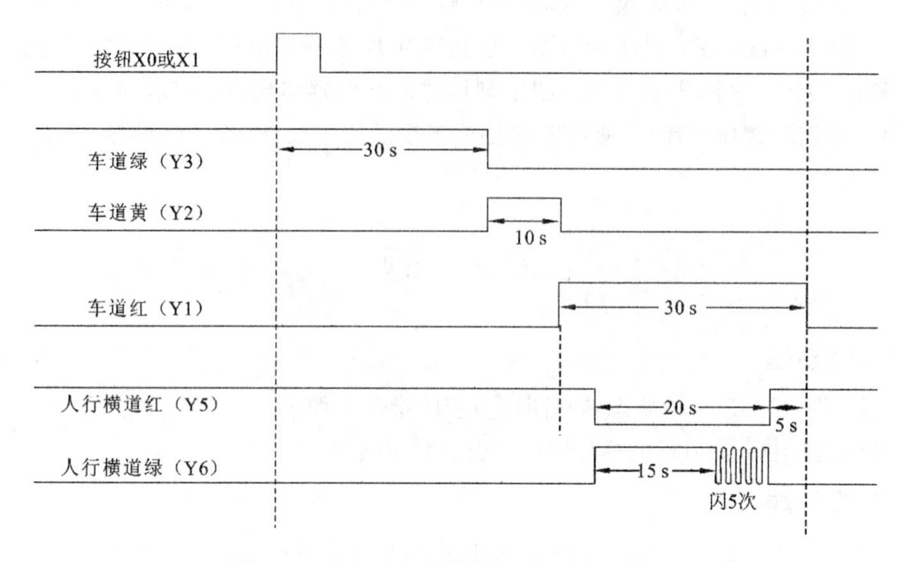

图 8-40　按钮式人行横道指示灯点亮示意图

Y3：车道绿灯，Y5：人行横道红灯，Y6：人行横道绿灯。其 PLC 外部接线图如图 8-41 所示。

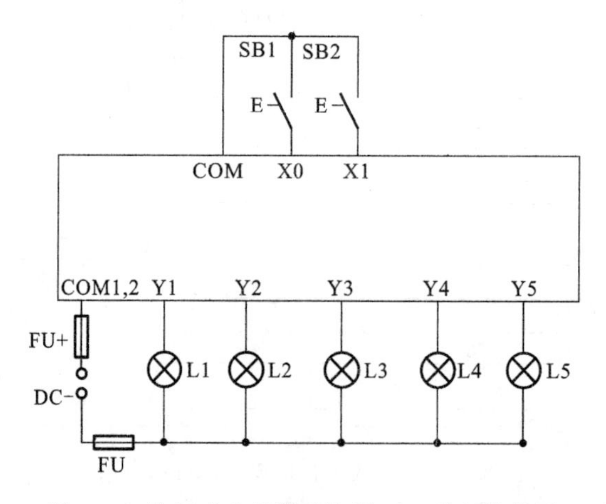

图 8-41　按钮式人行横道控制 PLC 外部接线图

根据上述要求，分析其属于哪种类型的流程？并完成其状态转移图和状态梯形图。

2. 用步进顺序控制指令设计一个电镀槽生产线的控制程序。其控制要求如下：具有手动和自动控制功能，手动时，各个动作能分别操作；自动时，按下启动按钮后，从原点开始按图 8-42 所示的流程运行一个周期回到原点；图中 SQ1～SQ4 为行车进退限位开关，SQ5、SQ6 为吊钩上、下限位开关。

其 I/O 分配如表 8-3 所示。

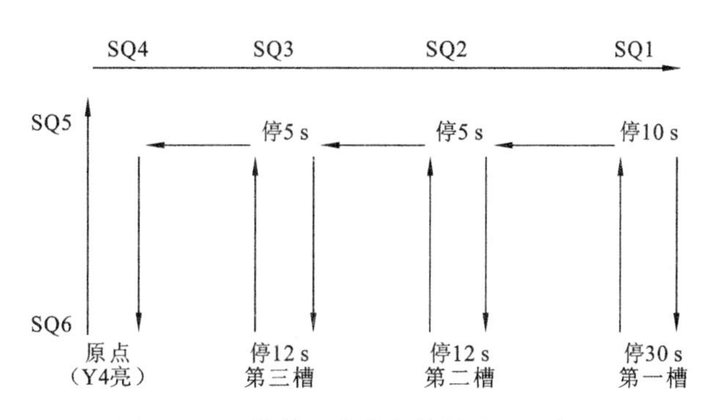

图 8-42　电镀槽生产线的控制流程示意图

表 8-3　输入/输出分配表

输　入		输　出	
X0	自动/手动转换	Y0	吊钩上升
X1	右限位	Y1	吊钩下降
X2	第二槽限位	Y2	行车右行
X3	第三槽限位	Y3	行车左行
X4	左限位	Y4	原点指示
X5	上限位		
X6	下限位		
X7	停止		
X10	自动位启动		
X11	手动上升		
X12	手动下降		
X13	手动右移		
X14	手动左移		

3. 设计一个用 PLC 控制的皮带运输机的控制系统。其控制要求如下：供料由电磁阀 DT 控制；电动机 M1～M4 分别用于驱动皮带运输线 PD1～PD4；储料仓设有空仓和满仓信号。其动作示意简图如图 8-43 所示，其具体要求如下。

(1) 正常启动。仓空或按启动按钮时的启动顺序为 M1、DT、M2、M3、M4，间隔时间为 5 s。

(2) 正常停止。为使皮带上不留物料，要求顺物料流动方向按一定时间间隔顺序停止，即正常停止顺序为 DT、M1、M2、M3、M4，间隔时间为 5 s。

(3) 故障后的启动。为避免前段皮带上造成物料堆积，要求按物料流动相反方向按一定时间间隔顺序启动，即故障后的启动顺序为 M4、M3、M2、M1、DT，间隔时间为 10 s。

(4) 紧急停止。当出现意外时，按下紧急停止按钮，则停止所有电动机和电磁阀。

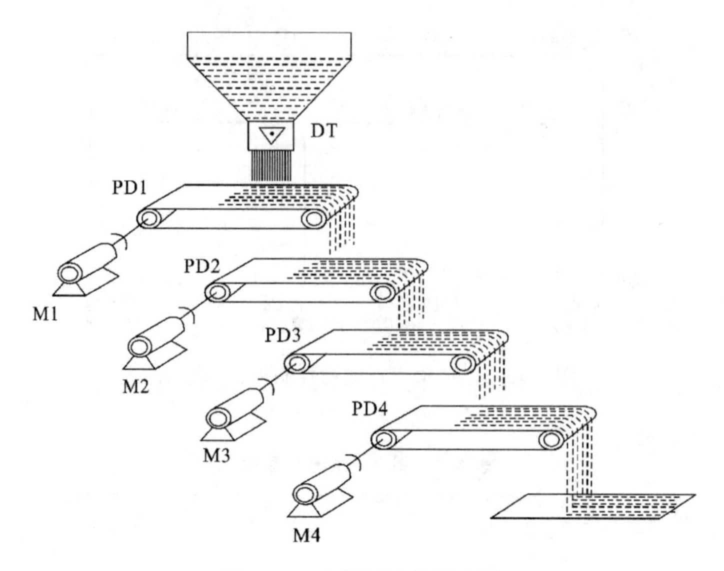

图 8-43　皮带运输机示意图

(5) 具有点动功能。

(6) 其 I/O 分配如表 8-4 所示。

表 8-4　输入/输出分配表

输入		输出	
X0	自动/手动转换	Y0	DT 电磁阀
X1	自动位启动	Y1	M1 电动机
X2	正常停止	Y2	M2 电动机
X3	紧急停止	Y3	M3 电动机
X4	点动 DT 电磁阀	Y4	M4 电动机
X5	点动 M1		
X6	点动 M2		
X7	点动 M3		
X10	点动 M4		
X11	满仓信号		
X12	空仓信号		

第9章　PLC控制系统设计

前面章节详细地介绍了PLC的概念、发展史，以及软硬件知识和编程方法，那么在此基础上，接下来学习如何利用PLC完整地进行控制系统的设计。

模块1　项目导入

(1) 掌握PLC系统设计方法的步骤。
(2) 掌握PLC系统设计时技巧及注意事项。
(3) 掌握利用PLC来实现十字路口双向交通灯自动控制的系统设计方法。

模块2　完成项目所需条件

1. 硬件条件

(1) PLC实训装置。
(2) 三菱公司FX系列PLC。
(3) 计算机(或者手持编程器)。
(4) 配套通信电缆。
(5) LED灯模块。
(6) 开关、按钮板模块若干。
(7) 导线若干。
(8) 电工常用工具一套。

2. 软件条件

(1) 三菱公司FX系列PLC配套编程软件GX Developer。
(2) GX-Simulator仿真软件。

模块3　控制要求

本设计要求与交通信号实际控制一致，采用LED模拟信号灯，信号灯分东西、南北两组，分别有红、黄、绿三色。其工作状态由程序控制，启动、停止按钮分别控制信号灯的启动与停止。白天/黑夜转换开关可对信号进行控制转换。并且要求能用两位数码管(或者一位数码管)来显示红灯或者绿灯等待的时间,在黄灯的时候数码管不显示。信号灯的控制要求如下。

(1) 假设东西方向交通繁忙为主干道,车流量为南北交通的两倍。因此东西方向的绿灯通行时间为南北方向上的两倍。

(2) 开始时东西方向绿灯先亮,南北为红灯。

(3) 按下启动按钮,开始工作,按下停止按钮,停止工作。白天/黑夜转换开关闭合时为黑夜工作状态,这时只有黄灯来回闪烁,断开为白天工作状态。

白天工作状态要求:东西方向绿灯亮 20 s,然后黄灯闪三下,共 5 s,然后红灯亮 10 s,而南北方向为红灯亮 6 s,然后绿灯亮 4 s,然后黄灯也闪三下;如此周期循环下去。

模块4 操作演示

1. 控制时序

根据对上述交通灯的控制要求的分析,可以画出其控制时序图如图 9-1 所示。

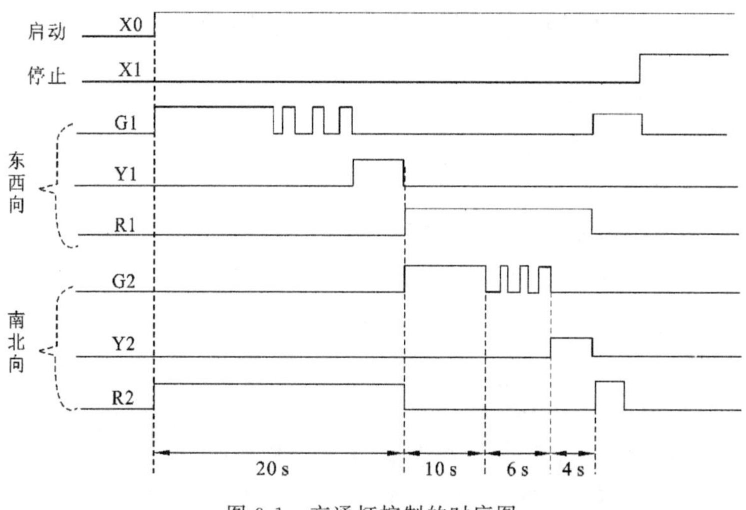

图 9-1 交通灯控制的时序图

2. 交通灯演示面板

十字路口交通灯演示面板图,如图 9-2 所示。

3. 分析工况

(1) 并行性流程控制程序。首先,根据图 9-1 的时序图可知,东西方向和南北方向信号灯的动作过程可以看成两个独立的顺序控制过程,可以采用并行性分支与汇合的编程方法,是一个典型的并行性流程控制程序。

(2) 该控制系统工作步。结合时序图,根据信号灯红灯亮、延时,黄灯亮、闪烁,绿灯

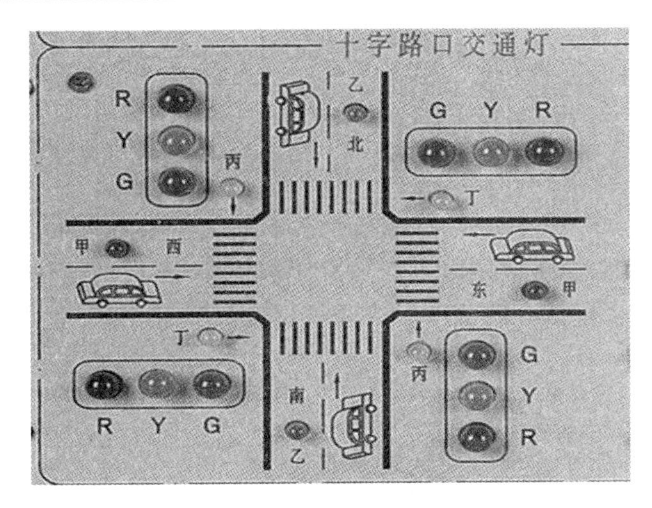

图 9-2　十字路口交通灯演示面板图

亮、延时等不同阶段的动作进行工作步的划分，南北方向和东西方向均可划分为 5 步，加上一个初始步。

(3) 输入/输出信号。输入/输出信号的确定：启动和停止按钮作为两个输入信号；东西方向绿黄红三个 LED 灯、南北方向绿黄红三个 LED 灯作为 6 个输出。

(4) PLC 的 I/O 分配。具体 I/O 地址分配表如表 9-1 所示。

表 9-1　十字路口交通灯 I/O 分配表

输入			输出		
器件	器件号	功能说明	器件	器件号	功能说明
0	X0	启动按钮	G1	Y0	东西向绿灯
1	X1	停止按钮	Y1	Y1	东西向黄灯
			R1	Y2	东西向红灯
			G2	Y3	南北向绿灯
			Y2	Y4	南北向黄灯
			R2	Y5	南北向红灯

4. PLC 硬件设计

根据控制要求，其系统接线图如图 9-3 所示。

5. PLC 顺序功能图设计

根据前面的分析，该程序是一个并行性流程，那么南北向和东西向分别在不同阶段完成不同的信号灯动作，可以画出其顺序功能图如图 9-4 所示。

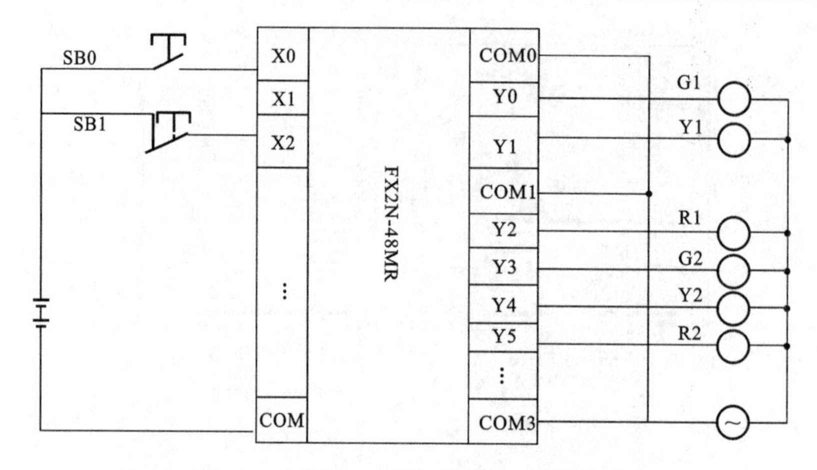

图 9-3　十字路口交通灯控制的系统接线图

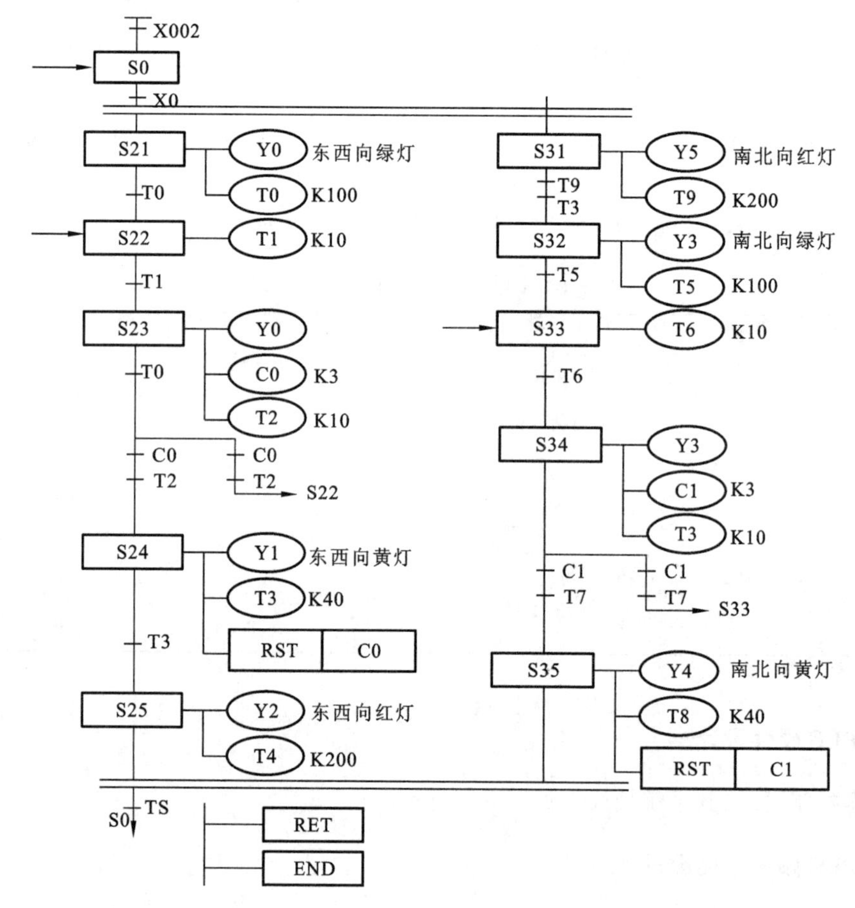

图 9-4　十字路口交通灯的顺序功能图

6. PLC梯形图程序设计

利用前面章节的方法，根据顺序功能图，画出其步进梯形图如图 9-5 所示。

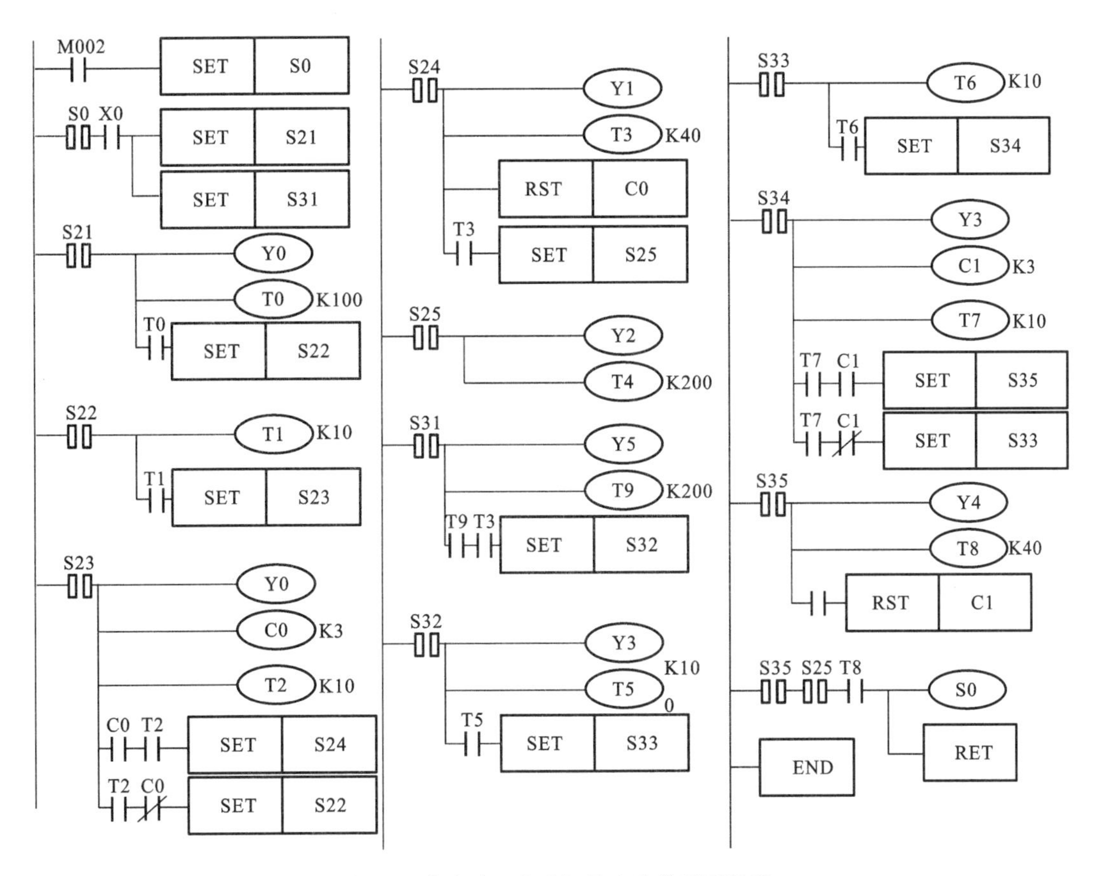

图 9-5　十字路口交通灯的步进梯形图程序

7. 系统调试

(1) 输入程序。按照图 9-5 所示的步进梯形图正确输入程序。

(2) 静态调试。按照图 9-3 所示的系统接线图正确连接好输入设备,进行 PLC 的模拟静态调试,观察 PLC 的输出指示灯是否按照要求指示,若不按要求指示,则检查并修改程序,直至指示正确。

(3) 动态调试。按照图 9-3 所示的系统接线图正确连接好输出设备,进行系统的动态调试,观察交通灯能否按照控制要求动作,若不按控制要求动作,则检查线路或修改程序,直至交通灯按控制要求动作。

8. 综述 PLC 系统设计的步骤

根据上述十字路口交通灯的控制实例,PLC 系统设计的完整步骤包括以下内容。

(1) 熟悉控制对象的工艺要求(工况分析)。

(2) 电器控制线路的设计(电路图、原理图、接线图等的绘制)。

(3) 程序设计(灵活采用不同编程语言)。

(4) 控制系统模拟调试。

(5) 现场调试。

(6) 技术文件整理。

模块5　项目知识点

1. PLC系统设计的主要内容

(1) 拟定控制系统设计的技术条件。技术条件一般以设计任务书的形式来确定,它是整个设计的依据。

(2) 选择电气传动形式和电动机、电磁阀等执行机构。

(3) 选定 PLC 的型号。

(4) 编制 PLC 的输入/输出分配表或绘制输入/输出端子接线图。

(5) 根据系统设计的要求编写软件规格说明书,然后再用相应的编程语言(常用梯形图)进行程序设计。

(6) 了解并遵循用户认知心理学,重视人机界面的设计,增强人与机器之间的友善关系。

(7) 设计操作台、电气柜及非标准电器元部件。

(8) 编写设计说明书和使用说明书。

根据具体任务,上述内容可适当调整。

2. 系统设计的基本步骤

(1)深入了解和分析被控对象的工艺条件和控制要求。这是整个系统设计的基础,以后的选型、编程、调试都是以此为目标的。

① 被控对象就是所要控制的机械、电气设备、生产线或生产过程。

② 控制要求主要指控制的基本方式、应完成的动作、自动工作循环的组成、必要的保护和联锁等。对较复杂的控制系统,还可将控制任务分成几个独立部分,这样可化繁为简,有利于编程和调试。

(2) 确定 I/O 设备。根据被控对象的功能要求,确定系统所需的输入、输出设备。常用的输入设备有按钮、选择开关、行程开关、传感器、编码器等,常用的输出设备有继电器、接触器、指示灯、电磁阀、变频器、伺服、步进等。

(3) 选择合适的 PLC 类型。根据已确定的用户 I/O 设备,统计所需的输入信号和输出信号的点数,选择合适的 PLC 类型,包括机型的选择、I/O 模块的选择以及特殊模块、电源模块的选择等。

(4) 分配 I/O 点。分配 PLC 的输入/输出点,编制出输入/输出分配表或画出输入/输出端子的接线图。接着就可以进行 PLC 程序设计,同时可进行控制柜或操作台的设计和现场施工。

(5) 编写梯形图程序。根据工作功能图表或状态流程图等设计出梯形图即编程。这一步是整个应用系统设计的最核心工作，也是比较困难的一步，要设计好梯形图，首先要十分熟悉控制要求，同时还要有一定的电气设计的实践经验。

(6) 进行软件测试。将程序下载到PLC后，应先进行测试工作。因为在程序设计过程中，难免会有疏漏的地方。因此在将PLC连接到现场设备上去之前，必须进行软件测试，以排除程序中的错误，同时也为整体调试打好基础，缩短整体调试的周期。

(7) 应用系统整体调试。在PLC软硬件设计和控制柜及现场施工完成后，就可以进行整个系统的联机调试，如果控制系统是由几个部分组成的，则应先进行局部调试，然后再进行整体调试；如果控制程序的步序较多，则可先进行分段调试，然后再连接起来总调。调试中发现的问题，要逐一排除，直至调试成功。

(8) 编制技术文件。系统技术文件包括说明书、电气原理图、电器布置图、电气元件明细表、PLC梯形图等。

在PLC系统设计时，确定控制方案后，下一步工作就是PLC的选型工作。应详细分析工艺过程的特点、控制要求，明确控制任务和范围，确定所需的操作和动作，然后根据控制要求，估算输入/输出点数、确定PLC的功能、外部设备特性等，最后选择有较高性能价格比的PLC和设计相应的控制系统。

3. PLC的选型与硬件配置

1) 选择合适的PLC类型

(1) PLC选择。PLC的选择主要考虑结构形式、性能、容量、输出类型、控制功能等。

① 熟悉被控对象，制订控制方案。在分析被控对象的基础上，根据PLC的技术特点，与继电接触器控制系统、DCS系统、微机控制系统进行比较，优选控制方案。

② 确定I/O点数及类型。根据被控对象，确定用户所需的输入、输出设备，并确定PLC的I/O点数和类型。确定I/O点数时则要按实际I/O点数再向上附加20%～30%的备用量。

选择I/O类型主要考虑：数字量/模拟量、电流容量、电压等级、工作速度等。

③ 选择PLC机型。对于以开关量控制为主的系统，PLC响应时间无须考虑。一般的机型都能满足要求。对于有模拟量控制的系统，特别是闭环控制系统，则要注意PLC响应时间，根据控制的实时性要求，选择合适的高速PLC。有时也可选用快速响应模块和中断输入模块来提高响应速度。

若被控对象不仅有逻辑运算处理，同时还有算术运算，如A/D、D/A、BCD码、PID、中断等控制，则需选择指令功能丰富的PLC。

若控制系统需要进行数据传输通信，则应选用具有联网通信功能的PLC。一般PLC都带有通信接口如RS232、RS422、RS485，但有些PLC通信口仅能用于连接手持编程器。

下面将三菱公司常用的几种序列的PLC进行简要介绍。

三菱FX1S系列PLC是一种卡片大小的PLC，适合在小型环境中进行控制。它具有卓越的性能、串行通信功能以及紧凑的尺寸，这使得它们能用在以前常规PLC无法安装的地方。

三菱FX1N系列PLC是一种普遍选择方案，最多可达128点控制。由于FX1N系列具有对于输入/输出、逻辑控制以及通信/连接功能的可扩展性，因此它对普遍的顺控解决方案有广泛的适用范围，并且能增加特殊功能模块或扩展板。

三菱 FX2N 系列 PLC 是 FX 系列中最高级的模块。它拥有无以匹及的速度、高级的功能、逻辑选件以及定位控制等特点，FX2N 是从 16 到 256 路输入/输出的多种应用的选择方案。

三菱 FX2NC 系列 PLC 在保留其原有的强大功能特色的前提下实现了极为可观的规模缩小，I/O 型连接口降低了接线成本并节省了时间。

对于开关量控制的系统，当控制速度要求不高时，一般的小型整体机 FX1S 就可以满足要求。对于以开关量控制为主、带有部分模拟量控制的应用系统，应选择具有所需功能的 PLC 主机，如用 FX1N 或 FX2N 型整体机。另外还要根据需要选择相应的模块，如开关量的输入/输出模块、模拟量输入/输出模块、配接相应的传感器及变送器和驱动装置等。

(2) I/O 点数的确定。根据被控对象，确定用户所需的输入、输出设备，并确定 PLC 的 I/O 点数和类型。确定 I/O 点数时则要按实际 I/O 点数再向上附加 20%～30%的备用量。

选择 I/O 类型主要考虑：数字量/模拟量、电流容量、电压等级、工作速度等。

一般地讲，PLC 控制系统的规模的大小是用输入、输出的点数来衡量的。在设计系统时，应准确统计被控对象的输入信号和输出信号的总点数并考虑今后调整和工艺改进的需要。

对于整体式的基本单元，输入/输出点数是固定的，不过三菱的 FX 系列不同型号输入/输出点数的比例也不同，根据输入/输出点数的比例情况，可以选用输入/输出点都有的扩展单元或模块，也可以选用只有输入(输出)点的扩展单元或模块。

(3) 用户存储器容量的估算。根据经验，对于开关量控制系统，用户程序所需存储器的容量等于 I/O 信号总数乘以 8。对于有模拟量输入/输出的系统，每一路模拟量信号大约需 100 存储器容量。如果使用通信接口，则每个接口需 300 存储器容量。一般估算时根据算出存储器的总字数再加上一个备用量。

PLC 的处理速度应满足实时控制的要求。PLC 是采用顺序扫描的工作方式，其顺序扫描工作方式使它不能可靠地接收持久时间小于 1 个扫描周期的输入信号。为此，对于快速反应的信号需要选取扫描速度高的机型。

关于 PLC 的选型问题，当然还应考虑到它的联网通信功能、价格等因素。系统可靠性也是考虑的重要因素。

2) 开关量输入/输出模块及扩展的选择

开关量输入模块的输入电压一般为 DC 24 V 和 AC 220 V 两种。直流输入可以直接与接近开关、光电开关等电子输入装置连接，三菱 FX 系列直流输入模块的公用端已经接在内部电源的 0 V，因此直流输入不需要外接直流电源，有些类型的 PLC 输入的公用端要另接电源，对初学者应该注意。交流输入方式的触点接触可靠，适于在有油雾、粉尘的恶劣环境下使用。最常用的还是直流输入模块。

开关量输出模块有继电器输出、晶体管输出及可控硅输出。继电器型输出模块的触点工作电压范围广，导通压降小，承受瞬时过电压和过电流的能力较强，但是动作速度较慢,寿命(动作次数)有一定的限制。一般控制系统的输出信号变化不是很频繁,所以优先选用继电器型,并且继电器输出型价格最低,也容易购买。晶体管型与双向可控硅型输出模块分别用于直流负载和交流负载,它们的可靠性高,反应速度快,寿命长,但是过载能力稍差。选择时应考虑负载电压的种类和大小、系统对延迟时间的要求、负载状态变化是否频繁等,还应注意同一输出模块对电阻性负载、电感性负载和白炽灯的驱动能力的差异。

3) 编程器和外围设备的选择

早期的小型可编程控制系统,通常都选用价格便宜的简易编程器。如果系统较大、PLC 多,可以选用一台功能强、编程方便的图形编程器;随着科技的发展,个人计算机的使用越来越普及,编程软件包的出现,在个人计算机上安装的编程软件包配上通信电缆,也可取代原编程器。

常用的输入设备有按钮、选择开关、行程开关、传感器等,常用的输出设备有继电器、接触器、指示灯、电磁阀等。

4. 节省 I/O 点数的方法

1) 减少所需输入点数的方法

(1)分组输入。多设备都有自动控制和手动控制两种状态,自动程序和手动程序不会同时执行,把自动和手动信号叠加起来,按不同控制状态要求分组输入到 PLC,可以节省输入点数。例如,电梯轿箱内的操纵箱内一般都设有检修运行的手动上、下按钮,也有自动运行的选层按钮,现在很多电梯在设计时就是利用最底层选层按钮和最顶层的选层按钮取代检修手动上、下按钮,这样不仅节省了输入点,同时还减少了两个按钮,进一步降低了成本,如图 9-6 所示。

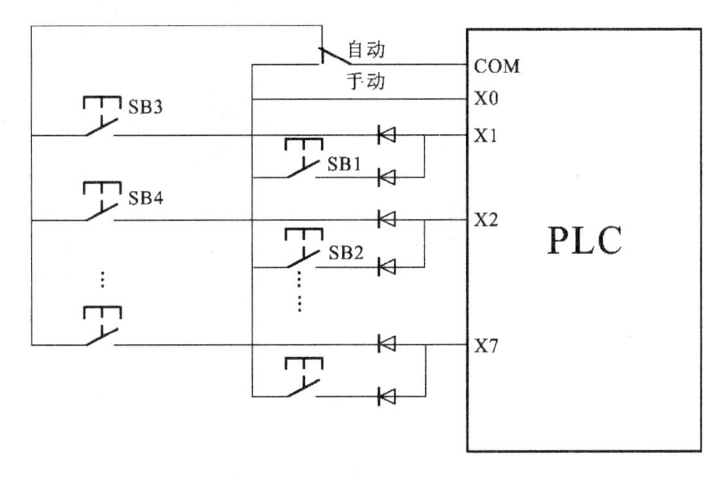

图 9-6 分组输入接线图

(2) 触点合并式输入。修改外部电路,将某些具有相同功能的输入触点串联或并联后再输入 PLC,这些信号就只占用一个输入点了。串联时,几个开关同时闭合有效。并联时,其中任何一个触点闭合都有效。例如,一般设备控制时都有很多保护开关,任何一个开关动作都要设备停止运行，这样在设计时就可以将这些开关串联在一起，用一个输入点。对同一台设备的多点控制一般将多点的控制按钮并联在一起，用一点输入，如图 9-7 所示。

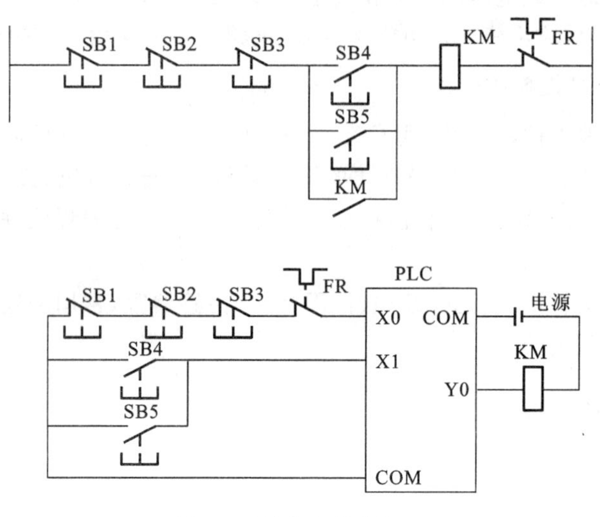

图 9-7　触点合并式输入

(3) 矩阵式输入。当 PLC 有两个以上富余的输出端点时，可将二极管开关矩阵的行、列引线分别接到 I/O 端点上。这样，当矩阵为 n 行 m 列时，可以得到 $n \times m$ 个输入信号供 PLC 组成的控制系统使用。对于 FX2N 系列，使用矩阵输入指令 MTR，只用 8 个输入点和 8 个输出点，就可以输入 64 个输入点的状态。

(4) 充分利用 PLC 的内部功能。使用 KEY 指令，只需 4 个输入点、4 个输出点就可以输入 10 个数字键和 6 个功能键；使用 DSW 指令，只需 4 个或 8 个输入点、4 个输出点就可以读入一个或两个 4 位 BCD 码数字开关信息。

利用转移指令，在一个输入端上接一开关，作为自动、手动工作方式转换开关，用转移指令，可将自动和手动操作加以区别。

利用计数器计数，或利用移位寄存器移位，也可以利用交替输出指令实现单按钮的起动和停止。

2) 减少所需输出点数的方法

(1) 通断状态完全相同的负载并联后，可以共用 PLC 的一个输出点，即一个输出点带多个负载，如果多个负载的总电流超出输出点的容量，可以用一个中间继电器再控制其他负载。

(2) 在采用信号灯做负载时，采用数码管做指示灯可以减少输出点数。例如，电梯的楼层指示，如果使用信号灯，则一层就要一个输出点，楼层越高占用输出点越多，现在很多电梯使用数字显示器显示楼层就可以节省输出点，常用的是 BCD 码输出，9 层站以下仅用 4 个输出点，10～19 层仅用 5 个输出点。

FX2N 系列 7 段译码指令 SEGD 可把十六进制数译为七段显示器所需的代码，直接控制一只七段显示器，用 7 个输出点；还有一些数字显示的指令，可以减少输出点的数量。

5. PLC应用中需注意的若干问题

PLC是专门为工业生产环境设计的控制装置，一般不需要采取什么特殊措施便可直接用于工业环境，但是，如果环境过于恶劣，电磁干扰特别强烈，或安装使用不当，都不能保证系统的正常安全运行，为了保证其正常安全运行和提高系统的可靠性和稳定性，在应用PLC时还要注意以下问题。

1）工作环境

（1）温度。一般情况下PLC的四周环境温度不应低于0℃或高于60℃，最好不高于45℃，否则应采取通风或其他保温措施。

（2）湿度。为了保证PLC的绝缘性能，其周围的湿度应保持在35%～80%RH范围内。

（3）振动。PLC不应在具有频繁振动、连续振动（频率为10～55 Hz，振幅大于0.5 mm）或超过10 g 的冲击加速度的环境下工作，否则应采取防振或减振措施。

（4）介质。PLC不应安装在充满导电尘埃、油雾或有机溶剂、腐蚀性气体的环境下工作，否则应将控制柜做成封闭结构或对柜内气体采取净化措施。

2）安装布线

PLC在安装时应注意以下事项。

（1）为了提供足够的通风空间，保证PLC正常的工作温度，基本单元与扩展单元之间要留30 mm以上间隙，各PLC单元与其他电器元件之间要留100 mm以上间隙，以避免电磁干扰。

（2）安装时远离高压电源线和高压设备，它们之间要留200 mm以上间隙，高压线、动力线等应避免与输入/输出线平行布置。

（3）安装时远离加热器、变压器、大功率电阻等发热源，必要时安装风扇。

（4）远离产生电弧的开关、继电器等设备；控制柜内部的布线，主要是指PLC的电源、接地、输入、输出、通信等接线端子到各输出端子板或柜内其他电器元件之间的连接。布线时应该注意：各种类型的电源线、控制线、信号线、输入线、输出线都应各自分开，最好采用线槽走线；信号线与电源线应尽量不要平行敷设；所有导线要分类编号，排列整齐；PLC的所有接线端子最好采用标准接插件统一连接到端子板上，以便于检修；不同的接线端子，其接线还应遵循各自的接线特点。

3）日常维护

日常维护工作主要包含以下内容。

（1）日常清洁与巡查。经常用干抹布和皮老虎为PLC的表面及导线间除尘除污，以保持工作环境的整洁和卫生；经常巡视、检查工作环境、工作状况、自诊断指示信号、编程器的监控信息及控制系统的运行情况，并做好记录，发现问题及时处理。

（2）定期检查与维修。在日常检查、记录的基础上，每隔半年（可根据实际情况适当提前或推迟）应对控制系统做一次全面停机检查，项目应包括工作环境、安装条件、电源电压、使用寿命和控制性能等方面。重点检查温度、湿度、振动、粉尘、干扰是否符合标准工作环境；接线是否安全、可靠；螺丝、连线以及接插头是否有松动；电气、机械部件是否有锈蚀和损坏等;检查电压大小、电压波动是否在允许范围内;检查导线及元件是否老化、锂电池寿命是否到期、继电器输出型触点开合次数是否已经超过规定次数(如 35 V·A 以下为 300 万次)、金属部件是否锈蚀等。

4) 故障诊断

可编程控制系统的常见故障,一方面可能来自于外部设备,如各种开关、传感器、执行机构和负载等;另一方面也可能来自于系统内部,如 CPU、存储器、系统总线、电源等。大量的统计分析与实践经验已经证明:PLC 本身一般是很少发生故障的,控制系统故障主要发生在各种开关、传感器、执行机构等外部设备。因此,当系统发生故障时首先检查外部设备。

在检查时根据 PLC 使用手册上给出的诊断方法、诊断流程图和错误代码表,根据它们可很容易检查出 PLC 的故障。

另外,利用 FX 系列 PLC 基本单元上 LED 指示灯诊断故障的方法。

PLC 电源接通,电源指示灯(POWER)LED 亮,说明电源正常;若电源指示灯不亮,说明电源不通,应按电源检查流程图。

当系统处于运行或监控状态时,若基本单元上的 RUN 灯不亮,说明基本单元出了故障。

锂电池(BATTERY)灯亮,应更换锂电池。

若一路输入触点接通,相应的 LED 灯不亮;或者某一路未输入信号但是这一路对应的 LED 灯亮,可以判断是输入模块出了问题。

输出 LED 灯亮,对应的硬输出继电器触点不动作,说明输出模块出了故障。

基本单元上 CPUERROR 灯 LED 闪亮,是 PLC 用户程序的内容因外界原因发生改变所致。可能的原因如下。

(1) 锂电池电压下降。

(2) 外部干扰的影响和 PLC 内部故障。

(3) 写入程序时的语法错误也会使它闪亮。

基本单元上 CPUERROR 灯 LED 常亮,表示 PLC 的 CPU 误动作后,监控定时器使 CPU 恢复正常工作。这种故障可能由外部干扰和 PLC 内部故障引起,应查明原因,对症采取措施。

本章以十字路口交通灯为例,介绍了一个完整的基于 PLC 的控制系统设计步骤,在实例分析的基础上,详细地展开了 PLC 控制系统设计的实施步骤、注意事项和相关技巧。

习　题

一、简答题

1. FX 系列 PLC 包含了哪 4 种基本类型?

2. PLC 有哪些主要技术性能指标?

3. PLC 系统设计的主要内容有哪些?

4. 在 PLC 控制系统设计中最为重要的原则是什么?

5. 节省 I/O 点数的方法有哪些?

6. PLC 日常维护包含哪些内容?

7. PLC 在安装时应注意哪些事项?

二、程序设计题

设计一个物料分拣系统,并在实训设备上完成模拟调试,其控制要求如下:系统设有一皮带运输线用于运输工件,设有一工件材质检测传感器用于分拣金属与非金属工件,设有一工件颜色识别传感器,用于检测白色和黑色工件,设有 3 个分拣气缸和 3 个分拣通道,用于分拣不同的工件。

(1) 完成所有硬件配置和选型。

(2) 原理图、接线图的设计和绘制。

(3) 按照设计好的图纸进行接线。

(4) 编写相关 PLC 程序。

(5) 利用实训设备完成模拟调试。

第10章　PLC的应用(用于模拟量的控制)

模块1　项目导入

(1) 熟悉模拟量输入/输出模块。

(2) 熟悉A/D转换、D/A转换过程。

模块2　完成项目所需条件

(1) 三菱公司FX系列PLC及其编程软件。编程软件名称为fxgpwin、GX Developer或者GX Works2。

(2) 制冷压缩机组。

模块3　控制要求

在一工厂制冷系统中,使用了两台压缩机组。制冷系统要求,当环境温度在低于10℃时,不起动制冷压缩机组。当周围环境温度高于10℃时,两台机组将被依次顺序起动;当环境温度降低到10℃时,停止其中一台机组(这时要求停止先启动的那台压缩机组);当环境温度降到5℃时,两台机组都停止。如果环境温度低于1℃,制冷系统将发出超低温报警,通知工作人员人工干预。

模块4　操作演示

1. 控制系统I/O分配

在工控环境中的制冷控制系统中,可以使用带开关量输出的温度传感器来完成温度点的检测工作。但是,有的制冷系统有很多温度检测点,或者需要根据周围环境温度的变化经常性地调整温度点。如果采用开关量温度传感器,可能会占用较多的PLC输入点,且安装布线不方便。当采用PLC控制一个模拟量控制系统时,控制性能可以得到极大的改善。当温度信号用温度传感器转换成连续变化的模拟量时,这个制冷机组的控制系统就是一个模拟量控制系统。制冷机组温度控制系统的I/O分配表如表10-1所示。在本制冷控制系统中,选用FX2N-32MR基本单元与FX2N-4AD-PT(4路PT型温度传感器)模拟量输入单元,就能方便地实现相应的控制要求,如图10-1所示。

表 10-1　制冷机组温度控制系统的 I/O 分配表

系统输入信号		系统输出信号	
X001	启动按钮	Y000	1 号机组控制
X002	停止按钮	Y001	2 号机组控制
X010	压力保护 1	Y010	压力报警灯
X011	压力保护 2	Y011	过载报警灯
X016	过载保护 1	Y012	超低温报警灯
X017	过载保护 2	Y013	正常运行灯
X003	手动/自动转换		
X004	手动启动 1		
X005	手动启动 2		

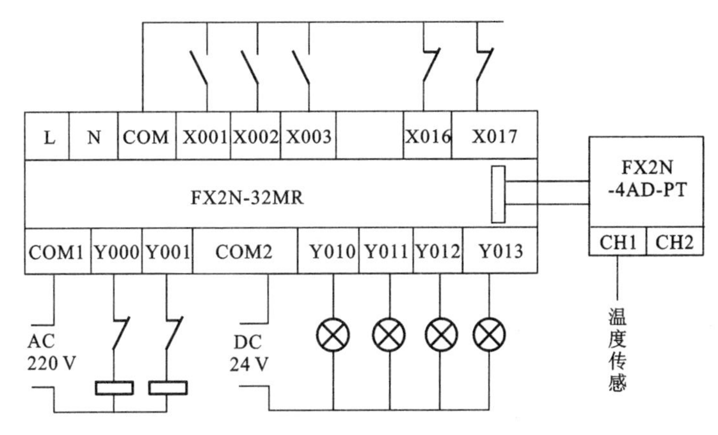

图 10-1　FX2N-32MR 基本单元连接 FX2N-4AD-PT 温度模拟量模块示意图

2. 软件设计

1）梯形图

程序梯形图主要部分如图 10-2 所示，以下逐行分析梯形图 10-2 中涉及的指令功能。

步骤①中，选择 FX2N-4AD-PT 温度模拟量控制模块，即在 PLC 的模块 N0 中，将 BFM＃30 中的此模块识别码送入 D4 数据寄存器中。

步骤②中，若 D4 数据寄存器中的识别码为 2040(即 FX2N-4AD-PT 模块)，则 M1 通用辅助继电器为 ON。

步骤③中，M1 通用辅助继电器为 ON，在 BFM＃1 中设置温度模块 CH1 通道的采样数位 4 次。

步骤④中，将 BFM＃29 中的错误状态信息分别写到 M10～M25 通用辅助继电器中。

步骤⑤中，当 M10、M20 通用辅助继电器状态正常时，即 BFM＃29 的 b0(错误)和

b10(数字范围错误)无错误状态时,将 BFM#5 中的温度 AD 转换值传送到 D0 数据寄存器中。

步骤⑥⑦⑧中,这 3 条指令分别判断温度在 10 ℃、5 ℃和 1 ℃不同温度监测点,便于后续逻辑功能实现。

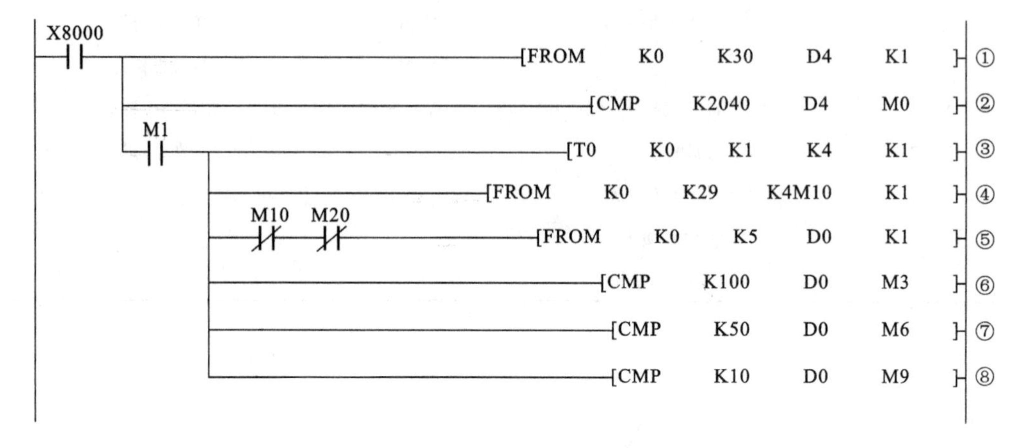

图 10-2 程序梯形图主要部分

2) 程序辅助解读

(1) FX2N-4AD-PT 温度模拟量控制模块。FX2N-4AD-PT 温度模拟量控制模块为 4 通道温度模块,它可以将来自 4 个箔温度传感器(PT100,3 线,100 Ω)的输入信号放大,并将模拟数据转换成 12 位的数字信息,存储到 PLC 的基本单元中。FX2N-4AD-PT 模块的转换速度是 4 通道 15 ms,它占用 FX2N 扩展总线的 8 个点。FX2N-4AD-PT 模块消耗 FX2N 系列 PLC 基本单元或有源扩展单元 5 V 电源槽的 30 mA 电流。本程序只使用了一个温度 AD 转换通道。

(2) FX2N-4AD-PT 模块的 BFM 表,如表 10-2 所示。

表 10-2 FX2N-4AD-PT 模块的 BFM 表

BFM	内 容
#1～#4	将被平均的 CH1～CH4 的平均温度可读值(1～4,096)缺省值=8
#5～#8	CH1～CH4 在 0.1 ℃单位下的平均温度
#9～#12	CH1～CH4 在 0.1 ℃单位下的当前温度
#13～#16	CH1～CH4 在 0.1 ℉单位下的平均温度
#17～#20	CH1～CH4 在 0.1 ℉单位下的当前温度
#21～#27	保留
#28	数字范围错误锁存

续表

BFM	内　容
#29	错误状态
#30	识别号 K2040
#31	保留

(3) BFM#29 错误状态表,如表 10-3 所示。

表 10-3　BFM#29 错误状态表

BFM #29 的位设备	开	关
b0:错误	如果 bl～b3 中任何一个为 ON,出错通道的 A/D 转换停止	无错误
bl:保留	保留	保留
b2:电源故障	24 V DC 电源故障	电源正常
b3:硬件错误	A/D 转换器或其他硬件故障	硬件正常
b4～b9:保留	保留	保留
b10:数字范围错误	数字输出/模拟输入值超出指定范围	数字输出伉正常
b11:平均错误	所选平均结果的数值超出可用范围。参考 BFM #1～#4	平均正常(1～4096)
b12～b15:保留	保留	保留

(4) 通用辅助继电器。通用辅助继电器 Mn(在 FX2N 和 FX3U 系列 PLC 中,n=0～499)和输出继电器一样,在 PLC 电源中断后,其状态为 OFF;当电源恢复后,除因程序原因使其变为 ON 外,其他仍保持 OFF。它们是位元件只有 0 (状态为 ON) 和 1(状态为 OFF),等于 0 时 M 就是断开,等于 1 时就接通。

在图 10-2 中,FROM K0 K29 K4M10 K1 指令中,BFM#29 中的状态信息数值被传送到 K4M10,也就是数值被写入通用继电器 M10～M25,长度为 4 * 4,共 16 位。

(5) CMP 指令。CMP 是比较指令,用于 16 位数据比较,比较的数据范围是－32 768～＋32 767,比较数据类型可以是常数 K、H 等,也可以是数据寄存器 D、计数器 C 和时间继电器 T 等。

使用 CMP 指令会连续占用以通用辅助继电器 M0 为首的三个连续的位地址存储器空间。其用法如下:CMP D0 D2 M0。该指令为比较指令,将比较的结果＜,＝,＞分别告知给 M0、M1、M2。如果 D0＞D2,则 M0＝1;如果 D0＝D2,则 M1＝1;如果 D0＜D2,则 M2＝1。

另外,若比较数据范围大于 65 535,则使用 DCMP,这个是双字比较指令,用法和 CMP 一样,只不过比较的数据都是双字 32 位数据,所以使用时不要出现如下指令:DCMP D0 D1 M0。

模块5　项目知识点

由于 PLC 的普通 I/O 端口是开关量端口，为了使 PLC 能够处理模拟量信号，通常的方法是为 PLC 基本单元加配模拟量特殊功能模块。

如图 10-3 所示，模拟量特殊功能模块可以将外部的模拟量转换为 PLC 可处理的数字量，或可以将 PLC 内部运算结果转换为外部所需的模拟量。

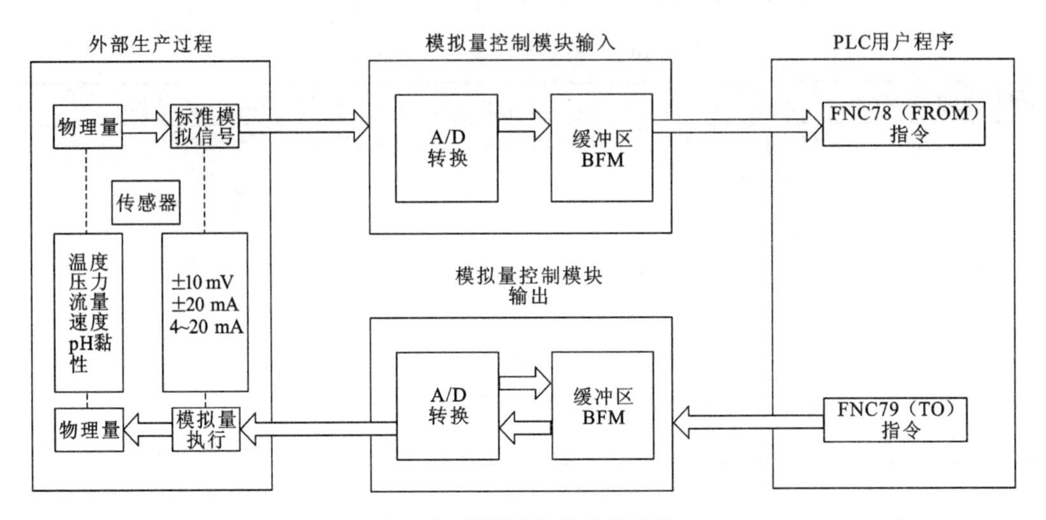

图 10-3　模拟量与数字量转换

1. 特殊功能模块

特殊功能模块使用缓冲存储区(BFM)，与 PLC 进行数据交换。如图 10-4 所示，特殊功能模块连接在 FX 系列 PLC 的右侧，最多可连接 8 块特殊功能模块。

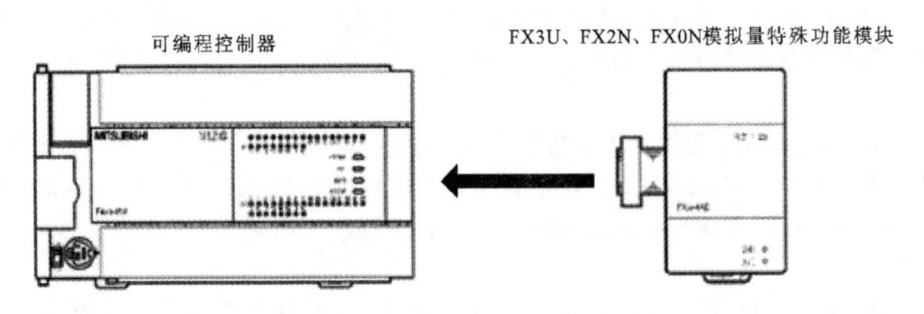

图 10-4　模拟量特殊功能模块的连接方式

FX 特殊功能模块手册中介绍了 FX0N-3A、FX2N-2/4/8AD、FX2N-4AD-PT/TC、FX2N-2/4DA、FX2N-2LC、FX2N-1HC、FX-1PG/FX2N-1PG、FX2N-10/20GM、FX2N-232/422-BD、FX2N-232IF RS232C 等多种型号的特殊功能模块，如表 10-4 所示。

表 10-4　FX 系列特殊模块型号表

FX 系列	型　号
FX3U 用模拟量特殊功能模块	FX3U-4AD、FX3U-4DA
FX2N 用模拟量特殊功能模拟	FX2N-8AD、FX2N-4AD、FX2N-2AD、FX2N-4DA、FX2N-2DA、FX2N-5A、FX2N-4AD-PT、FX2N-4AD-TC、FX2N-2LC
FX0N 用模拟量特殊功能模块	FX0N-3A

2. 模拟量模块介绍

FX 系列的模拟量特殊模块有电压・电流输入、电压・电流输出、电压・电流输入/输出混合、温度传感器输入 4 种类型。

(1) 模拟量输入模块。FX2N 常用的模拟量输入模块有 FX2N-2AD、FX2N-4AD、FX2N-8AD 模拟量输入模块和温度传感器输入模块。FX-2AD 为 2 通道 12 位 A/D 转换模块。根据外部连接方法及 PLC 指令,可选择电压输入或电流输入,是一种具有高精确度的输入模块。通过简易的调整或根据 PLC 的指令可改变模拟量输入的范围。瞬时值和设定值等数据的读出和写入用 FROM/TO 指令进行,表 10-5 所示为 FX-2AD 的技术指标。

表 10-5　FX-2AD 的技术指标

项　目	输入电压	输入电流
模拟量输入范围	0～10 V 直流, 0～5 V 直流(输入电阻 200 kΩ) 绝对最大量程:－0.5 V 和＋15 V 直流	4～20 mA(输入电阻 250 Ω) 绝对最大量程: －0.5 V 和＋15 V 直流
数字输出	12 位	
分辨率	2.5 mV(10 V/4000)、1.25 mV(5 V/4000)	4 μA((20－4)/4000)
总体精度	±1%(满量程 0～10 V)	±1%(满量程 4～20 mA)
转换速度	2.5 ms/通道(顺控程序和同步)	
隔离	在模拟和数字电路之间光电隔离。直流/直流变压器隔离主单元电源 (在模拟通道之间没有隔离)	
电源规格	5 V、20 mA 直流(主单元提供的内部电源) 24 V±10%、50 mA 直流(主单元提供的内部电源)	
占用的 I/O 点数	这个模块占用 8 个输入或输出点(输入或输出均可)	
适用的控制器	FX1N/FX2N/FX2NC(需要 FX2NC-CNV-IF)	
尺寸 宽 * 厚 * 高	43 mm * 87 mm * 90 mm	

(2) 模拟量输出模块。FX2N 常用的模拟量输出模块有 FX2N-2DA、FX2N-4DA、FX2N-8DA 模拟量输出模块。FX-2DA 为 2 通道 12 位 D/A 转换模块,是一种具有高精

确度的输出模块。通过简易的调整或根据PLC的指令可改变模拟量输出的范围。瞬时值和设定值等数据的读出和写入用FROM/TO指令进行，表10-6所示为FX-2DA的技术指标。

表10-6　FX-2DA的技术指标

项　目	输入电压	输入电流
总体精度	±1%(满量程0～10 V)	±1%(满量程4～20 mA)
转换速度	4 ms/通道(顺控程序和同步)	
隔离	在模拟和数字电路间光电隔离 直流/直流变压器隔离主单元电源(在模拟通道间没有隔离)	
电源规格	5 V、30 mA(主单元提供内部电源) 24 V±10%,85 mA 直流(主单元提供的内部电源)	
占用的I/O点数	这个模块占用8个输入或输出点(输入或输出均可)	
适用的控制器	FX1N/FXNC/FX2NC(需要FX2NC-NC-1F)	
尺寸 宽*厚*高	43 mm*87 mm*90 mm	
质量(重量)	0.2 kg(约0.44 lb)	

3. 模拟量模块使用

1）输入/输出软继电器

PLC是通过软件来实现控制的，采用内部的软元件替代实际的电气控制元件，并让每一条操作指令对应一个电气连接。这样的软元件通常称为内部软继电器，它们与若干个不同的指令配合起来，就能够组成各种不同的电气元件和不同的连接方式，构成实际生产环境中所需要的各种复杂的控制系统或者控制电路，完全实现以软件功能替代硬件及实际连线的控制系统集成方案。

PLC的内部软继电器包括：输入继电器(X)、输出继电器(Y)、辅助继电器(M及SPM)、状态继电器(S)、计数器(C)、定时器(T)、数据寄存器(D)、编址寄存器(V/Z)、指针寄存器(P/I和K/H)。FX系列PLC的软继电器编号或者地址由字母和数字组成，形如X000、Y010等。其中输入继电器和输出继电器，统称为I/O继电器，其地址采用八进制编号。其他继电器均采用十进制数字编号。

PLC的输入端子是从机器外部接收信号的连接端，而输出端子是向机器外部负载输出信号的连接端。通常，开发人员将PLC的输入/输出继电器也称为输入/输出端子，并采用输入/输出继电器的编号来命名输入/输出端子的编号。如图10-5所示，PLC内部与输入端子连接的输入继电器(X)是用光电隔离的电子继电器，是PLC用于存储输入信号的内部软继电器，又称为输入映像区。输入继电器的线圈由外部输入信号来驱动，只有当外部信号接通时，对应的继电器才通电。输入继电器不能由程序指令来驱动。

PLC的输出继电器则是PLC将运算结果信号经输出端子送达并控制外部负载的软

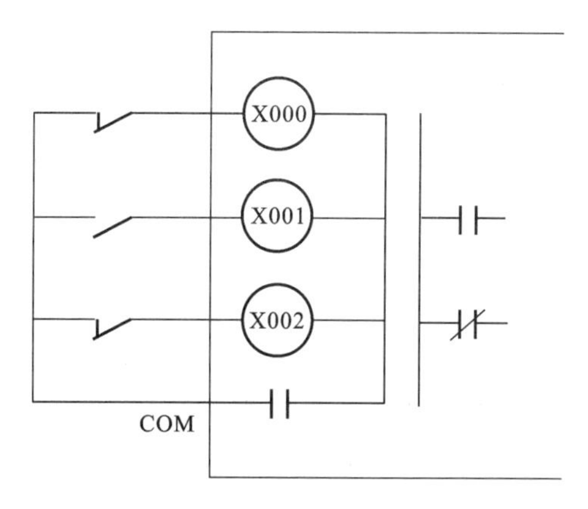

图 10-5 输入继电器

继电器,又称输出映像区。外部信号无法直接驱动输出继电器,如图 10-6 所示,输出继电器线圈由 PLC 内部程序指令驱动,其线圈状态传送给输出端子,再由输出端子对应的动合硬触点来驱动外部负载。

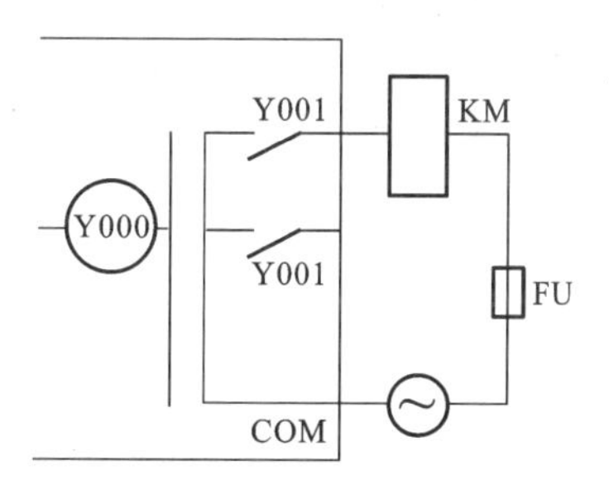

图 10-6 输出继电器

2) 确定模块的编号

在 FX 系列 PLC 的基本单元的右侧,可以连接最多 8 块特殊功能模块,它们的编号从最靠近基本单元的那一个开始顺次编为 0~7 号。当各个 PLC 模块单元通过总线和 PLC 基本单元连接好后,除扩展单元外,各个模块根据安装的位置其编号也就确定了。如图 10-7 所示,该配置使用 FX2N-48MR 系列 PLC 基本单元,共有输入/输出点数 48 个,其中 24 点用于输入,24 点用于输出。如图 10-7所示,该 PLC 基本单元共连接了 FX-4AD 型模拟量控制模块、FX2N-8EX 型扩展单元、FX-4DA 型模拟量控制模块、FX2N-16EX 型扩展单元、FX-2AD 型模拟量控制模块等 5 块功能模块。其中 2 块 I/O 扩展模块用于增加 PLC 总的 I/O 点数,它们不影响其他模拟量控制模块的编号。该 PLC 基本单元右边的 FX-4AD、FX-4DA、FX-2AD 这 3 个模拟量控制模块的编号分别为 N0、N1、N2 号。每个模拟量控制模块占用 PLC 基本单元的 8 个 I/O 点数,它们会影响到该 PLC 总的输入/输出点数。

三菱 FX2N 系列 PLC 的 I/O 总数最大不能超过 256 点,并且最大输入点数或者最大输出点数不能超过 184 点。这 3 块模拟量特殊功能模块共占用 24 点,那么该 PLC 基本单元和扩展模块最大的总输入/输出点数能够达到 232 点,当前输入/输出点数是 48 点。

FX2N-48MR X0~X27 Y0~Y27	FX-4AD	FX2N-8ER X30~X37	FX-4DA	FX2N-16ER X40-X47 Y30~Y37	FX-2AD
	0 号		1 号		2 号

图 10-7 模拟量控制模块编号

FX系列PLC的输入继电器一般位于机器的上端，输出继电器一般位于机器的下端。FX2N系列PLC带扩展时，输入继电器最多可达184点，其地址范围为X000～X001、X010～X017、X020～X027、…、X260～X267，FX3U系列的输入继电器地址范围为X000～X377共256个。而FX2N系列的输出地址范围为Y000～Y007、Y010～Y017、Y020～Y027…、Y260～Y267共184个，FX3U系列的输出地址范围为Y000～Y377共256个。

3）缓冲寄存器(BFM)分配表和FROM/TO指令

FX系列PLC基本单元与FX-4AD、FX-2DA等模拟量模块之间的数据通信是由FROM指令和TO指令来执行的，FROM是基本单元从FX-4AD、FX-2DA读数据的指令，TO是从基本单元将数据写到FX-4AD、FX-2DA的指令。

实际上读、写操作都是对FX-4AD、FX-2DA的缓冲寄存器BFM进行的。这一缓冲寄存器区由32个16位的寄存器组成，编号为BFM＃0～＃31。

FROM指令用于从BFM中读取数据，格式如图10-8所示，表示将编号为m1的特殊功能模块内，从BFM号为m2开始的n个数据读入到PLC基本单元中，并存放到从[D.]开始的n个数据寄存器中去。

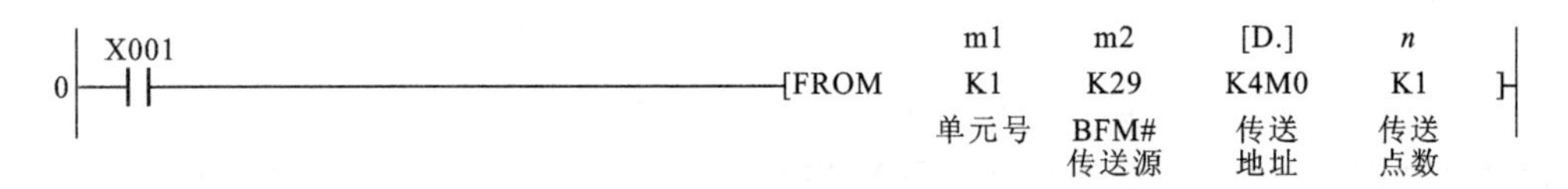

图10-8　FROM指令格式

TO指令用于向BFM中写入数据，格式如图10-9所示，表示将编号为m1的特殊功能模块内，从[S.]开始的n个数据写入到BFM号为m2开始的n个单元中去。

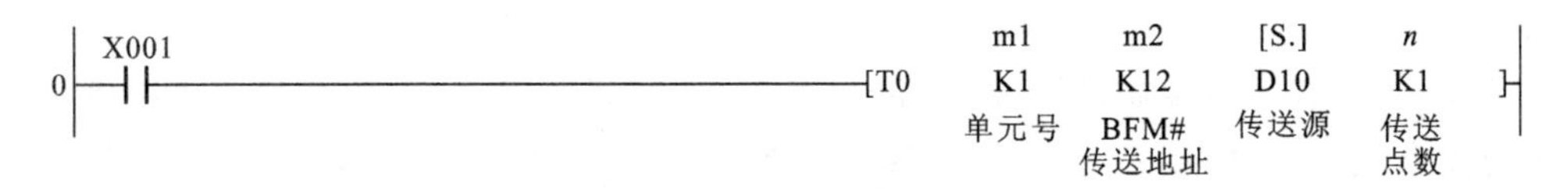

图10-9　TO指令格式

4）FX-4AD模块BFM的分配表

如表10-7所示为FX-4AD模块BFM的分配表。

表10-7　FX-4AD模块BFM的分配表

<table>
<tr><th>BFM</th><th colspan="2">内　容</th></tr>
<tr><td>＊＃0</td><td colspan="2">通道初始化，缺省设定值为H0000</td></tr>
<tr><td>＊＃1</td><td>通道1</td><td rowspan="4">平均值取样次数　缺省值为8</td></tr>
<tr><td>＊＃2</td><td>通道2</td></tr>
<tr><td>＊＃3</td><td>通道3</td></tr>
<tr><td>＊＃4</td><td>通道4</td></tr>
</table>

续表

<table>
<tr><th>BFM</th><th colspan="9">内　容</th></tr>
<tr><td>#5</td><td colspan="2">通道 1</td><td colspan="7" rowspan="4">平均值</td></tr>
<tr><td>#6</td><td colspan="2">通道 2</td></tr>
<tr><td>#7</td><td colspan="2">通道 3</td></tr>
<tr><td>#8</td><td colspan="2">通道 4</td></tr>
<tr><td>#9</td><td colspan="2">通道 1</td><td colspan="7" rowspan="4">当前值</td></tr>
<tr><td>#10</td><td colspan="2">通道 2</td></tr>
<tr><td>#11</td><td colspan="2">通道 3</td></tr>
<tr><td>#12</td><td colspan="2">通道 4</td></tr>
<tr><td>#13～19</td><td colspan="9">保留</td></tr>
<tr><td>* #20</td><td colspan="9">复位到缺省设定值　缺省值为 0</td></tr>
<tr><td>* #21</td><td colspan="9">禁止调整偏移、增益值,缺省值为 0(1 为允许调整)</td></tr>
<tr><td rowspan="2">* #22</td><td rowspan="2">偏移、增益调整</td><td>b7</td><td>b6</td><td>b5</td><td>b4</td><td>b3</td><td>b2</td><td>b1</td><td>b0</td></tr>
<tr><td>G4</td><td>O4</td><td>G3</td><td>O3</td><td>G2</td><td>O2</td><td>G1</td><td>O1</td></tr>
<tr><td>* #23</td><td colspan="9">偏移量　缺省值为 0</td></tr>
<tr><td>* #24</td><td colspan="9">增益值　缺省值为 5000</td></tr>
<tr><td>#25～28</td><td colspan="9">保留</td></tr>
<tr><td>#29</td><td colspan="9">错误状态</td></tr>
<tr><td>#30</td><td colspan="9">识别码 K2010</td></tr>
<tr><td>#31</td><td colspan="9">禁用</td></tr>
</table>

5）编程举例

PLC 基本单元 FX2N-48MR 右边直接连接着 FX-4AD 模拟量输入模块。当前场景，仅开通 FX-4AD 的 CH1 和 CH2 两个通道作为电压量输入通道,且电压计算平均值的取样次数定为 4 次。PLC 中的 D0 和 D1 分别接收这两个通道输入量平均值数字量。

实现上述逻辑,并编写梯形图程序。

(1) 梯形图。编写程序梯形图如图 10-10 所示。

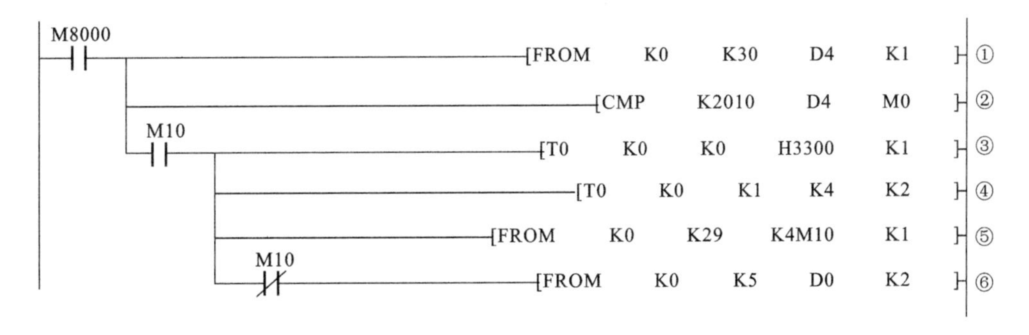

图 10-10　程序梯形图

(2) 程序说明。M8000(M8001)是监视状态用的特殊辅助继电器,用于程序执行条件及状态显示。通常情况,PLC运行(RUN)时M8000通电(M8001断电),PLC停止(STOP)时M8000断电(M8001通电)。FX-4AD模拟量输入模块连接在最靠近PLC基本单元FX2N-48MR的地方,那么它的编号为N0。

步骤①中,如图10-10所示,将模块N0中BFM#30中的识别码传送到数据寄存器D4中。

步骤②中,比较D4中的内容是否等于FX-4AD的识别码。

步骤③中,如果相等,位软元件M1置为ON,将十六进制数3300传送到BFM#0中。即将FX-4AD的通道CH1和CH2置为电压输入,CH3和CH4关闭。

步骤④中,在BFM#1和#2中设置通道CH1和CH2计算平均值的采样次数为4次。

步骤⑤中,将BFM#29中的状态信息传送到位软元件M10开始的4*4位M10软元件中(M10~M25中)。

步骤⑥中,当通道CH1~CH4状态信息无错误,同时FX-4AD状态准备无错误时,将通道CH1和CH2的AD采样数据传送到D0数据寄存器中。

第 11 章　PLC 的应用(通信与编程)

模块 1　项 目 导 入

(1) 熟悉数据通信模块。

(2) 熟悉 PLC 的通信模式和通信过程。

模块 2　完成项目所需条件

(1) 三菱公司 FX 系列 PLC 及其编程软件,编程软件名称为 fxgpwin、GX Developer 或者 GX Works2。

(2) 数据通信模块 FX2N-485-BD 通信板。

(3) 通信主/从站点配套屏蔽双绞线等辅助材料。

模块 3　控 制 要 求

一个通信控制系统由三个站点组成,其中一个主站,两个从站。如图 11-1 所示,每个通信站点的 PLC 基本单元都连接一个 FX2N-485-BD 通信板。各个站点的通信板之间用单根屏蔽双绞线连接起来。主/从站点间位元件和字元件的刷新范围选择模式 1,通信重试次数选择 6,通信超时选 100 ms。

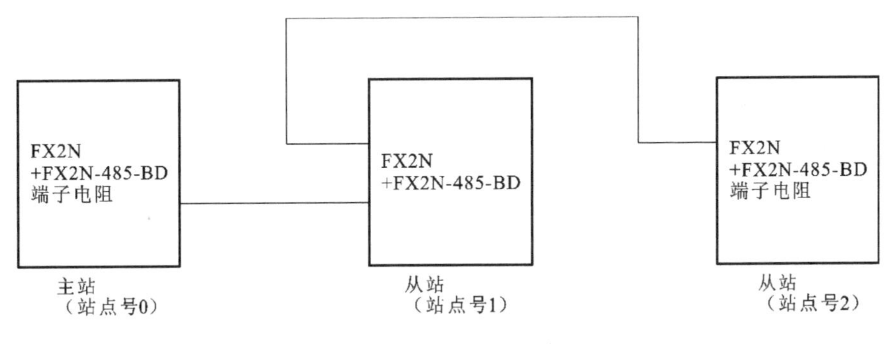

图 11-1　主/从站点连接图

模块4　操作演示

1. 系统要求

(1) 主站点的输入点X0～X3连接到从站点1和从站点2的输出点Y10～Y13。

(2) 从站点1的输入点X0～X3连接到主站和从站点2的输出点Y14～Y17。

(3) 从站点2的输入点X0～X3连接到主站和从站点1的输出点Y20～Y23。

(4) 操作演示。

2. 软件设计

1) 主站点的主要梯形图

在上述梯形图中，如图11-2所示，此系统各个站点间是通过N∶N的连接方式组网进行通信的，相应站点涉及的位元件(M)和字元件(D)参考“项目知识点”章节说明。

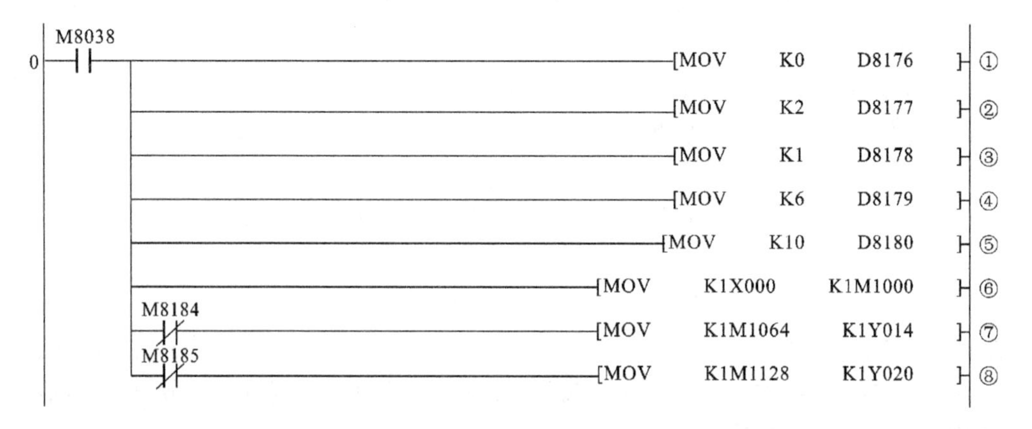

图11-2　主站点的梯形图

步骤①中，通过MOV指令设置主站点。

步骤②中，通过MOV指令设置好从站点数目为2。

步骤③中，设置主/从站点间的位元件和字元件的刷新模式为1，即通信数据更新范围涉及位元件(M)和字元件(D)。

步骤④中，设置通信的重复次数为6。

步骤⑤中，设置主/从站点通信超时时间为100 ms。

步骤⑥中，将主站从输入X000～X003软元件的数据传送到通信辅助位元件中，以及主站将通信内容放到通信辅助继电器中。

步骤⑦中，如果从站点1通信无错误，则将从站点1的通信辅助位元件M1064开始的4位数据传送到主站的传送输出Y014～Y017软元件中，即将从站点1数据在主站输出。

步骤⑧中,如果从站点 2 通信无错误,则将从站点 2 的通信辅助位元件 M1128 开始的 4 位数据传送到主站的传送输出 Y020～Y023 软元件中,即将从站点 2 数据在主站输出。

2) 从站点 1 的主要梯形图编制

如图 11-3 所示,从站点 1 通信主要过程如下。

步骤①中,是从站点号 1 的设置。

步骤②中,从站点 1 检测,如果主站点通信没有错误,主站点通信数据传送到从站点 1 的输出软元件 Y010～Y013 中,即主站点通信内容在从站点 1 输出。

步骤③中,从站点 1 将输入软元件 X000～X003 数据传送到通信辅助软元件 M1064 开始的 4 位中,即从站点 1 将通信内容放入通信辅助继电器中。

步骤④中,如果从站点 2 通信没有错误,则将通信辅助软元件 M1128 开始的 4 位数据传送到从站点 1 的输出软元件 Y020～Y023 中,即从站点 2 的通信数据在从站点 1 中输出。

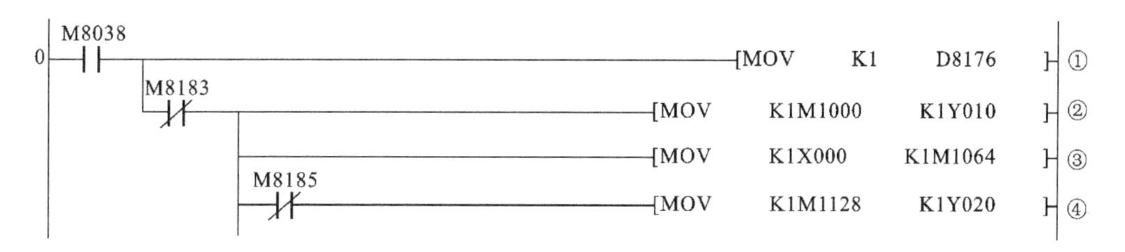

图 11-3　从站点 1 的梯形图

3) 从站点 2 的主要梯形图

如图 11-4 所示,从站点 2 通信主要过程如下。

步骤①中,是从站点号 2 的设置。

步骤②中,从站点 2 检测,如果主站点通信没有错误,主站点通信数据传送到从站点 2 的输出软元件 Y010～Y013 中,即主站点通信内容在从站点 2 输出。

步骤③中,从站点 2 将输入软元件 X000～X003 数据传送到通信辅助软元件 M1128 开始的 4 位中,即从站点 2 将通信内容放入通信辅助继电器中。

步骤④中,如果从站点 1 通信没有错误,则将通信辅助软元件 M1064 开始的 4 位数据传送到从站点 2 的输出软元件 Y014～Y017 中,即从站点 1 的通信数据在从站点 2 中输出。

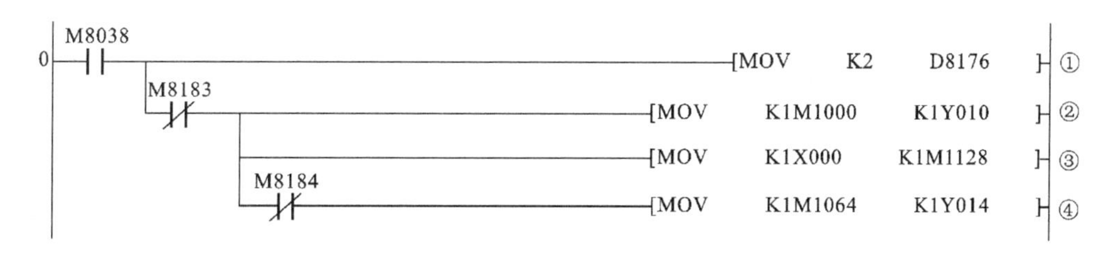

图 11-4　从站点 2 的梯形图

模块5　项目知识点

FX系列支持5种类型的通信过程。

1. N∶N网络通信

1)通信解决方案

用FX2N、FX2NC、FX1N、FXONPLC进行的数据传输可建立在*N*∶*N*的网络基础上。如图11-5所示,使用此网络通信方式,各站点通信模块能够连接成一个小规模网络系统,并支撑各个站点中的数据进行传递。

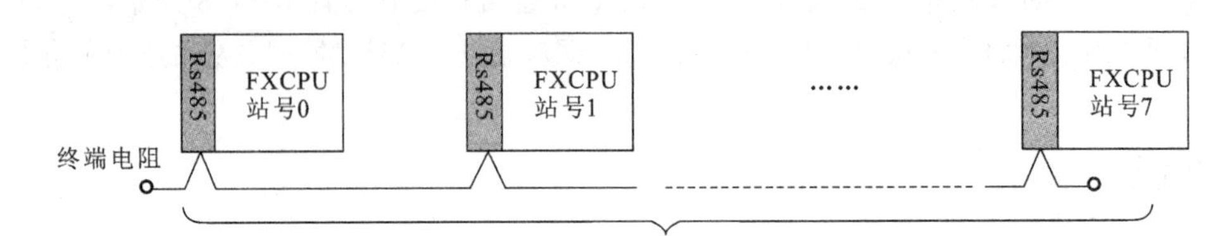

图11-5　*N*∶*N*网络通信方式

FX系列PLC间的最大连接距离是500 m,最多可以连接8台PLC。如果PLC基本单元采用FX2N-485-BD通信模块连接,则相互间最大距离不超过50 m。

表11-1　N∶N通信解决方案

项　目	N∶N网络	并联连接	计算机连接(专用协议)	无协议通信
传输标准	符合RS485	符合RS485和RS422	符合RS485,RS422和RS232C	
传输距离	最大500 m		RS485 (RS422)；最大500 m	
			RS232C;最大15 m	
连接数目	总站点数最大为8个	1∶01	1∶*N*(*N*最大为16个站点)	RS232C∶1∶1
				RS485∶1∶N^{+1}
通信方式	半双工通信			FX,FX2C,FX0N,FX1S:半双工通信 FX2N,FX2NC:全双工通信
数据长度	固定		7位/8位	
奇偶校验			无/命/偶	
停止位			1位/2位	
波特率(Bd)	38400	19200	300/600/1200/2400/4800/9600/19200	
标题字符	固定		无/有效	
终结字符				

续表

项目	N：N 网络	并联连接	计算机连接(专用协议)	无协议通信
协议	—		格式 1/格式 4	无
和校验	固定		无/有效	
支持的 PLC	FX2N,FX2NC, FX1N,FX1S,FX0N	FX2N,FX2NC,FX1N,FX1S,FX0N		

2）RS 485 串口通信协议

在工业控制场合,RS485 总线因其接口简单、组网方便、传输距离远等特点而得到广泛应用。RS485 串口通信协议(以下简称 RS485)是 RS422 串口通信协议的变形。RS485 为半双工,只有一对平衡差分信号线,它能够以最少的信号线完成远距离的通信任务。

RS485 接口组成的半双工网络,一般是两线制,多采用屏蔽双绞线传输。这种接线方式为总线式拓扑结构在同一总线上最多可以挂接 32 个结点。在 RS485 通信网络中一般采用的是主从通信方式,即一个主机带多个从机。如图 11-6 所示,很多情况下,连接 RS485 通信链路时只是简单地用一对屏蔽双绞线将各个接口的“A”、“B”端连接起来。

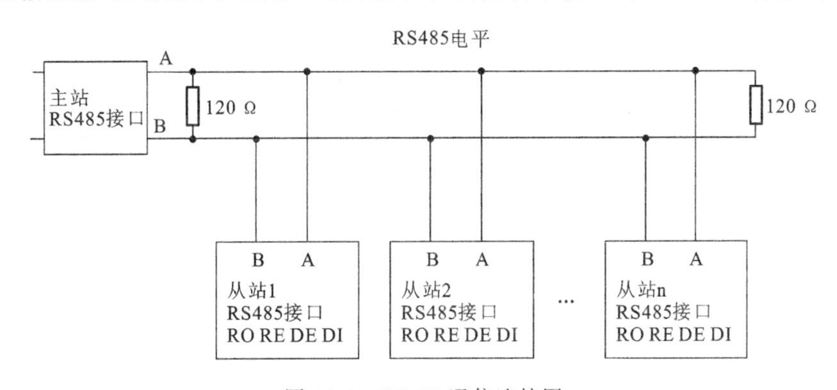

图 11-6　RS485 通信连接图

因此,RS485 通信方式在 PLC 的控制网络中被广泛应用。

3）相关标志和数据寄存器

在 FXlN/FX2N/FX2NC 系列 PLC 的特殊辅助继电器中,如表 11-2 所示,该系统使用位继电器 M8038 来设置网络参数,位继电器 M8183 在主站点的通信错误时为 ON,位继电器 M8184～M8190 在从站点产生错误时为 ON(第 1 个从站点的位继电器 M8184,第 7 个从站点的位继电器 M8190),位继电器 M8191 在与其他站点通信时为 ON。

表 11-2　*N*：*N* 网络的特殊辅助继电器功能表

特殊辅助继电器	功能	说明	影响站点	特性
M8038	网络参数设置	设置 *N*：*N* 网络参数时为 ON	主站、从站	只读
M8183	主站通信错误	主站点发生错误时为 ON	从站	只读
M8184～M8190	从站通信错误	从站点发生错误时为 ON	主站、从站	只读
M8191	数据通信	与其他站点通信时为 ON	主站、从站	只读

在 N ∶ N 网络中，使用特殊数据寄存器 D8176 设置站点号，若 D8176＝0 为主站点，则 D8176＝1～7 为从站点号。特殊数据寄存器 D8177 设定从站点的总数，设定值 1 为 1 个从站点，2 为 2 个从站点，默认值为 7(即 7 个从站点)。如表 11-3 所示，特殊数据寄存器 D8178 设定刷新范围，0 为模式 0(默认值)，1 为模式 1，2 为模式 2(对于从站点此设置不需要)。D8178 为模式 1 时各站点通信数据更新范围如表 11-4 所示。特殊数据寄存器 D8179 主站设定通信重试次数，设定值为 0～10，默认值为 3。当主站向从站发出通信信号时，如果在规定的重复次数内没有完成连接，则发出通信错误信号。特殊数据寄存器 D8180 设定主站点和从站点间的通信驻留时间，通信超时是主站点与从站点之间通信延迟等待时间，设定值为 5～255(每 1 单位为 10 ms，默认值为 5)，对应时间为 50～2550 ms。

表 11-3　特殊数据寄存器 D8178 的通信数据更新范围的模式

通信元件类型	模式 0	模式 1	模式 2
位元件(M)	0 点	32 点	64 点
字元件(D)	4 个	4 个	32 个

表 11-4　D8178 为模式 1 时各站点通信数据更新范围

站点	元件编号	
	bit 元件(M)	word 元件(D)
	32 点	4 点
站点 0	M1000～M1031	D0～D3
站点 1	M1064～M1095	D10～D13
站点 2	M1128～M1159	D20～D23
站点 3	M1192～M1223	D30～D33
站点 4	M1256～M1287	D40～D43
站点 5	M1320～M1351	D50～D53
站点 6	M1384～M1415	D60～D63
站点 7	M1448～M1479	D70～D73

2. 并联连接通信

1) 并行通信解决方案

用 FX2N、FX2NC、FX1N、FX2C 系列 PLC 进行数据传输时，是采用 100 个辅助继电器和 10 个数据寄存在 1∶1 的基础上完成的。如图 11-7 所示为并行 PLC 连接的通信方式。

FX 系列 PLC 间的最大连接距离是 500 m，如果 PLC 基本单元采用 FX2N-485-BD 通

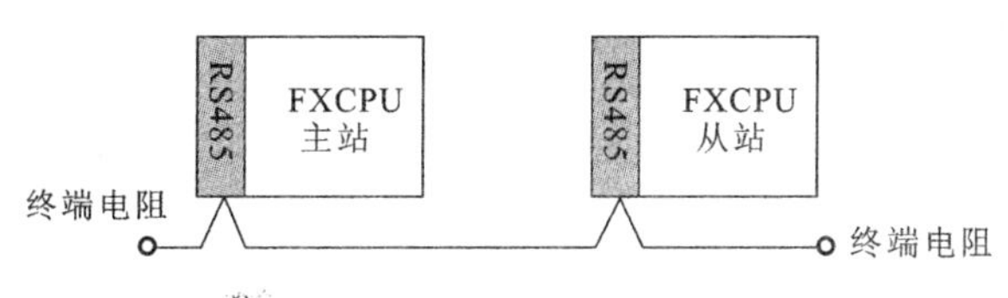

图 11-7　并行 PLC 连接的通信方式

信模块连接,则相互间最大距离不超过 50 m。

并行通信解决方案如表 11-5 所示。

表 11-5　并行通信解决方案

<table>
<tr><th>项　目</th><th colspan="2">N : N 网络</th><th colspan="2">并联连接</th><th colspan="2">计算机连接(专用协议)</th><th colspan="2">无协议通信</th></tr>
<tr><td>传输标准</td><td colspan="2">符合 RS485</td><td colspan="2">符合 RS485 和 RS422</td><td colspan="4">符合 RS485、RS422 和 RS232C</td></tr>
<tr><td rowspan="2">传输距离</td><td colspan="4" rowspan="2">最大 500 m</td><td colspan="4">RS485 (RS422); 最大 500 m</td></tr>
<tr><td colspan="4">RS232C;最大 15 m</td></tr>
<tr><td rowspan="2">连接数目</td><td colspan="2" rowspan="2">总站点数最大为 8 个</td><td colspan="2" rowspan="2">1 : 01</td><td colspan="2" rowspan="2">1 : N(N 最大为 16 个站点)</td><td colspan="2">RS232C:1 : 1</td></tr>
<tr><td colspan="2">RS485:1 : N^{+1}</td></tr>
<tr><td>通信方式</td><td colspan="6">半双工通信</td><td colspan="2">FX,FX2C,FX0N,FX1S:
半双工通信
FX2N,FX2NC:全双工通信</td></tr>
<tr><td>数据长度</td><td colspan="3" rowspan="3">固定</td><td colspan="4">7 位/8 位</td><td></td></tr>
<tr><td>奇偶校验</td><td colspan="4">无/命/偶</td><td></td></tr>
<tr><td>停止位</td><td colspan="4">1 位/2 位</td><td></td></tr>
<tr><td>波特率(Bd)</td><td>38 400</td><td colspan="2">19 200</td><td colspan="4">300/600/1 200/2 400/4 800/9 600/19 200</td><td></td></tr>
<tr><td>标题字符</td><td colspan="5" rowspan="2">固定</td><td colspan="2" rowspan="3">无/有效</td><td></td></tr>
<tr><td>终结字符</td><td></td></tr>
<tr><td>控制线</td><td colspan="5">—</td><td></td></tr>
<tr><td>协议</td><td colspan="3">—</td><td colspan="2">格式 1/格式 4</td><td colspan="2" rowspan="2">无</td><td></td></tr>
<tr><td>和校验</td><td colspan="3">固定</td><td colspan="2">无/有效</td><td></td></tr>
<tr><td>支持的 PLC</td><td colspan="2">FX2N,FX2NC,
FX1N,FX1S,FX0N</td><td colspan="6">FX2N,FX2NC,FX1N,FX1S,FX0N</td></tr>
</table>

2) 使用方法

当两个 FX 系列的 PLC 的主单元分别安装一块通信模块后,用单根双绞线连接即可,编程时设定主站点和从站点,应用特殊继电器在两台 PLC 间进行自动的数据传送,很容易实现数据通信连接。主站点和从站点的设定由 M8070 和 M8071 设定,另外并联连接有一般和高速两种模式,由 M8162 的通断状态识别。

如图 11-8 所示为在 RS485 接口模式下的 FX 系列 PLC 并联连接时,两个 PLC 间软元件的相互通信方式。

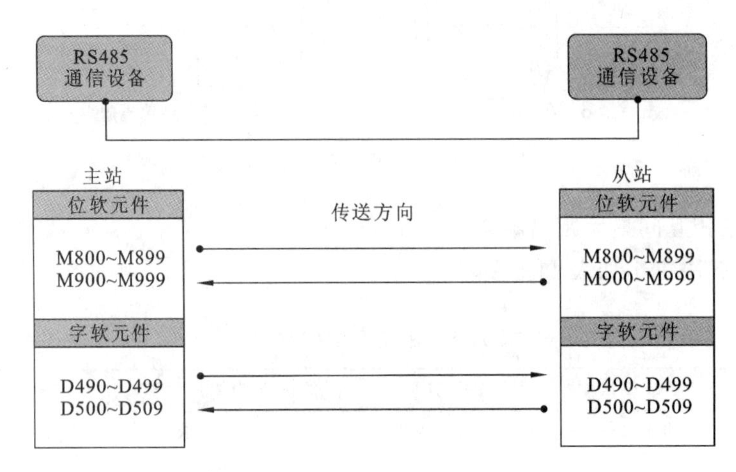

图 11-8　两个 PLC 间软元件间的通信方式

3）通信实例

在并行通信系统中，控制要求如下。

（1）主站点输入软元件 X000～X007 的 ON/OFF 状态输出到从站点的输出软元件 Y000～Y007。

（2）当主站点的计算结果（D0＋D2）大于 100，从站点的 Y010 通。

（3）从站点的位软元件 M0～M7 的 ON/OFF 状态输出到主站点的 Y000～Y007。

（4）从站点中数据寄存器 D10 的值用来设置主站点中定时器。

4）并联连接 PLC 示例

以下是 FX2C、FX1N、FX2N、FX3U、FX1NC、FX2NC、FX3UC 系列的 PLC 间的并联示例梯形图。如表 11-6 所示，主/从站点间采用普通并联连接模式，主站点的 M8070 置为 ON，从站点的 M8071 置为 ON。

表 11-6　并联连接设置用的软元件

软元件	名　称	内　容
M8070	设定为并联连接主站点	置 ON 时，作为主站点连接
M8071	设定为并联连接从站点	置 ON 时，作为从站点连接
M8178	通道的设定	设定要使用的通信口的通道 （使用 FX3U，FX3UC 时 OFF：通道 1 ON：通道 2）
D8070	判断为出错的时间（ms）	设定判断并联连接数据通信出错的时间[初始值：500]

（1）主站点梯形图，如图 11-9 所示。

步骤 1 中，设置位软元件 M8070＝ON，此 PLC 作为并联连接组网方式的主站点接入。

步骤 2 中，设置主站点并联连接数据通信出错的时间为 500 ms。

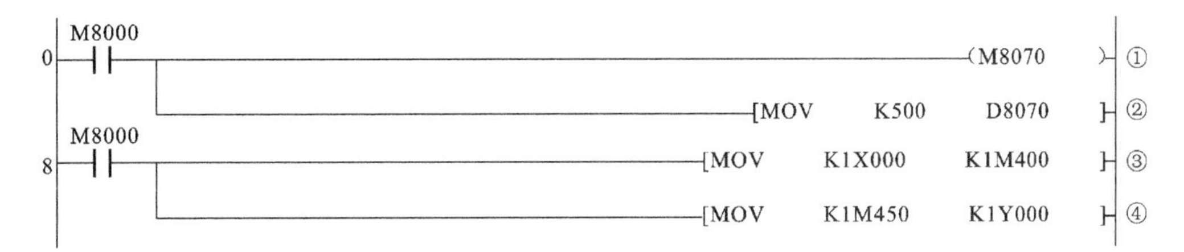

图 11-9　主站点通信数据输出

步骤 3 中,将主站点输入软元件 X000～X003 数据传送到以位元件 M400 开始的 4 位通用辅助继电器上。

步骤 4 中,将主站点位软元件 M450 开始 4 位的数据传送到输出软元件 Y000～Y003,即实现从站点数据在主站点的输出。

(2) 从站点梯形图,如图 11-10 所示。

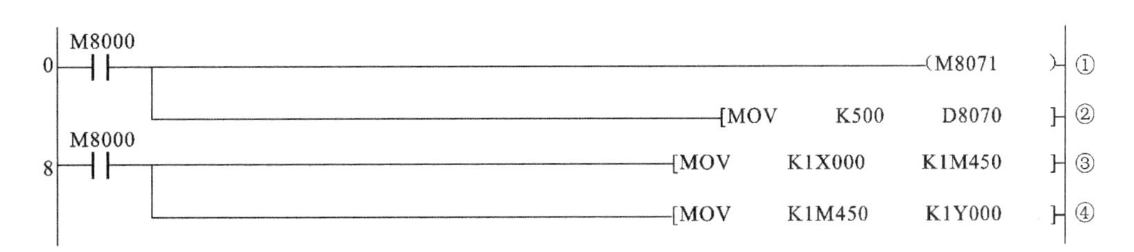

图 11-10　从站点通信数据输出

步骤 1 中,设置位软元件 M8071＝ON,此 PLC 作为并联连接组网方式的从站点接入。

步骤 2 中,设置从站点并联连接数据通信出错的时间为 500 ms。

步骤 3 中,将从站点输入软元件 X000～X003 数据传送到以位元件 M450 开始的 4 位通用辅助继电器上。

步骤 4 中,将从站点位软元件 M400 开始 4 位的数据传送到输出软元件 Y000～Y003,即实现主站点数据在从站点的输出。

3. 计算机连接

小型控制系统中的 PLC 除了使用编程软件外,一般不需要与别的设备通信。PLC 的编程器接口一般都是 RS422 或 RS485,而计算机的串行通信接口是 RS232C,编程软件与 PLC 交换信息时需要配接专用的带转接电路的编程电缆或通信适配器。

(1) 计算机 1∶N 方式连接 PLC,如图 11-11 所示。计算机最大连接 FX 系列 PLC,并与它们进行通信。计算机与 FX 系列 PLC 间的最大连接距离是 500 m,如果 PLC 基本单元采用 FX2N-485-BD 通信模块连接,则最大距离不超过 50 m。

(2) 计算机 1∶1 方式连接 PLC,如图 11-12 所示。1∶1 方式下,计算机连接 1 台 FX 系列 PLC,它们间最大距离不超过 15 m。

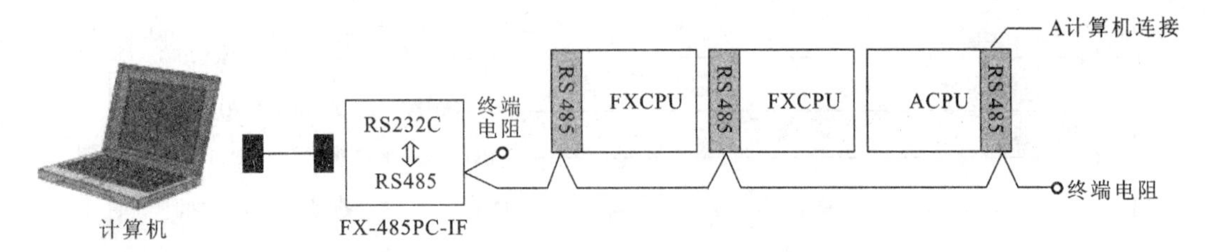

图 11-11　计算机 1∶N 方式连接 PLC

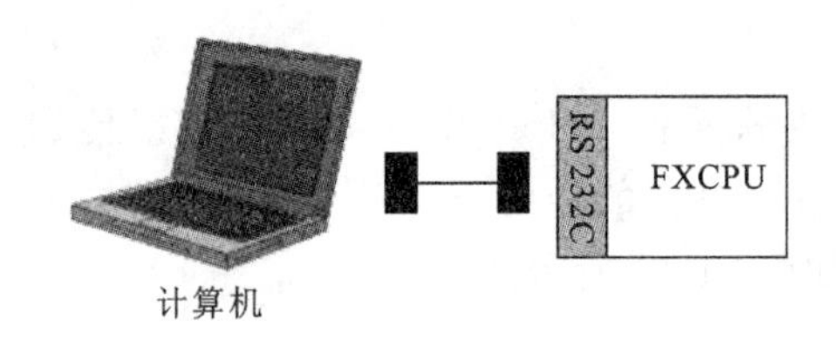

图 11-12　计算机 1∶N 方式连接 PLC

4. 无协议通信

大多数 PLC 都有一种串行口无协议通信指令，如 FX 系列的 RS 指令，它们用于 PLC 与上位计算机或其他 RS232C 设备的通信。这种通信方式最为灵活，PLC 与 RS232C 设备之间可以使用用户自定义的通信规定，但是 PLC 的编程工作量较大，对编程人员的要求较高。如果不同厂家的设备使用的通信规定不同，即使物理接口都是 RS485，也不能将它们接在同一网络内，在这种情况下一台设备要占用 PLC 的一个通信接口。如图 11-13 所示，各个 RS485 接口设备连接 PLC 时，最大距离为 500 m。当 PLC 采用 FX2N-485-BD 通信模块后，相互间最大距离为 50 m。

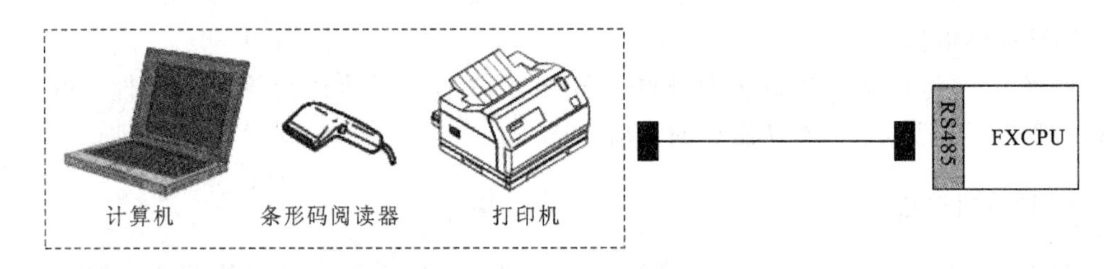

图 11-13　PLC 的无协议 RS485 方式连接

用各种 RS232C 单元，包括个人计算机、条形码阅读器和打印机，来进行数据通信，可通过无协议通信完成，如图 11-14 所示。此时，通信使用 RS 指令或一个 FX2N-232IF 特殊功能模块完成。

5. 可选编程端口通信

现在的可编程终端产品如三菱的 GOT-900 系列图形操作终端一般都能用于多个厂

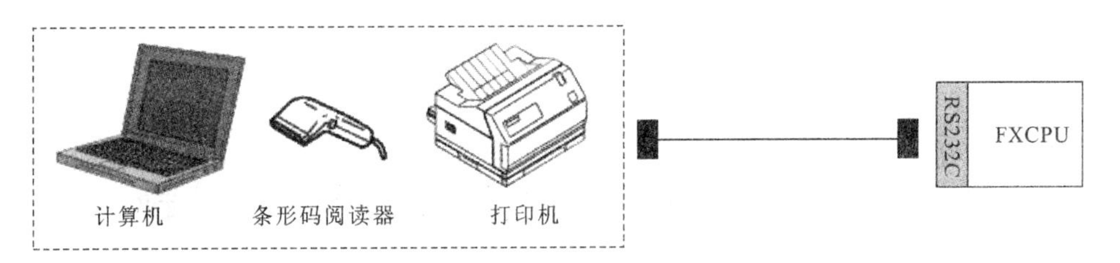

图 11-14 PLC 的无协议 RS232C 方式连接

家的 PLC。与组态软件一样,可编程终端与 PLC 的通信程序也不需要由用户来编写,在为编程终端的画面组态时,只需要指定画面中的元素(如按钮、指示灯)对应的 PLC 编程元件的编号就可以了,二者之间的数据交换是自动完成的。

对于 FX2N、FX2NC、FX1N、FXlS 系列的 PLC,当该端口连接在 FX2N-232-BD、FX0N-32ADP、FX1N-232-BD、FX2N-422-BD 上时,可支持一个编程协议。

第12章　PLC控制系统设计与习题

模块1　PLC控制系统设计概要

要设计出经济、可靠、简洁的PLC控制系统，需要开发人员具有丰富的专业知识和实际的工作经验。在学习好PLC的相关基础知识的基础上，开发人员要能够把其运用在实际案例当中。

本章将了解PLC控制系统设计的基本规则、基本内容和步骤；学习全书内容的相关习题。

1. 基本原则

(1) 最大限度地满足被控对象的控制要求。

(2) 保证控制系统的高可靠性、安全性。

(3) 控制系统要求简单、经济、实用和维修方便。

(4) 选择PLC时，要考虑生产和工艺改进所需的余量。

2. 基本内容

(1) 选择合适的用户输入设备、输出设备以及输出设备驱动的控制对象。

(2) 分配I/O端口。设计电气接线图，并考虑相应的安全措施。

(3) 选择适合被控制系统的PLC基本元件。

(4) 进行程序设计。

(5) 调试程序。初步调试时，可以通过模拟调试，检查程序流程及处理步骤正确与否。但是，与外围电气元件、外部电气控制部分联调测试，还是得进行联机调试。

(6) 设计控制柜。编写好系统交付使用的技术文件，包括说明书、电气图、电气元件明细表等。

(7) 验收。由使用方进行验收，验收完成后交付使用。

3. 一般步骤

(1) 进行流程图功能说明。

(2) 分析生产工艺的过程，关键生产工艺环节。

(3) 根据实际控制要求确定所需的用户输入、输出设备，分配I/O端口。

(4) 选择适合控制系统的PLC。

(5) 设计PLC接线图以及电气施工图。

(6) 完成程序设计,进行控制柜接线施工。

PLC 程序设计的步骤:①对于复杂的控制系统,需绘制编程流程图。在绘制过程中,开发人员可以确定设计思路。②设计梯形图。③程序写入 PLC 进行模拟调试、修改,直到满足要求。④现场施工完毕后进行联机调试,直至可以安全、可靠地满足实际的场地要求和控制要求。⑤编写好技术文件。⑥向用户交付系统,并使用。

PLC 控制系统设计步骤如图 12-1 所示。

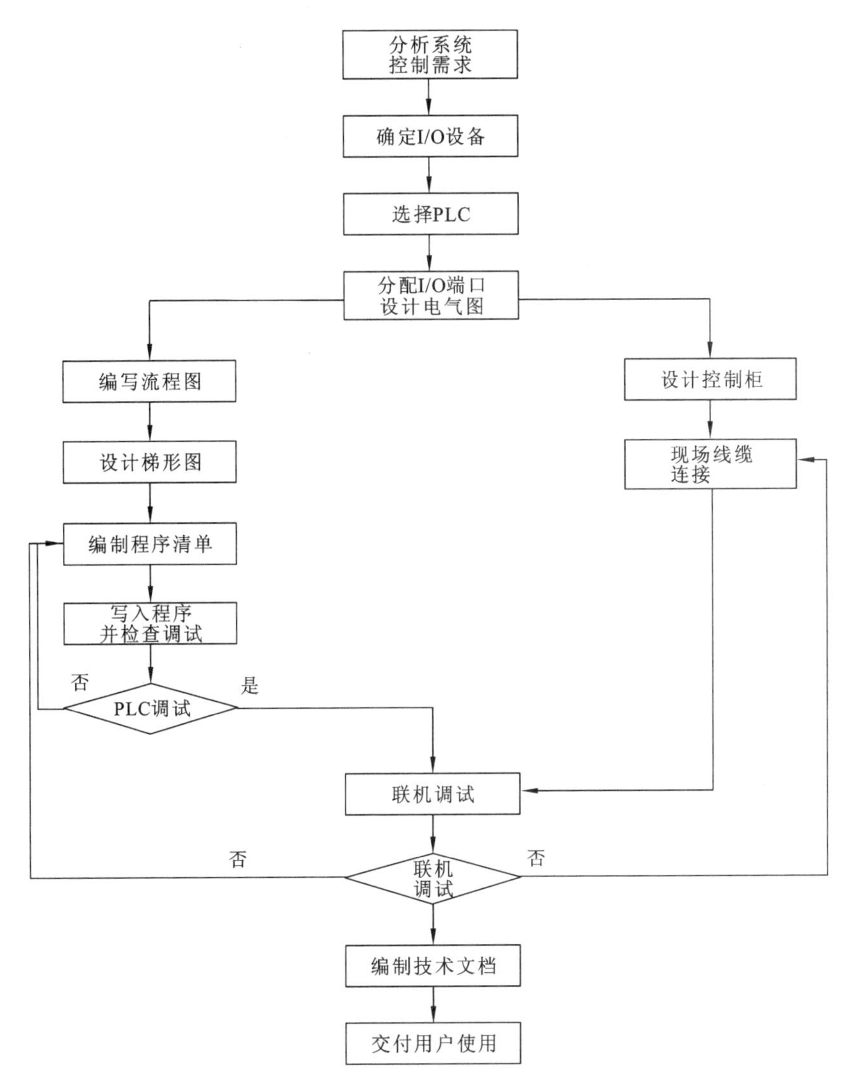

图 12-1　PLC 控制系统设计步骤

模块 2　设计题练习

1. 基础设计练习

1）示例 1

水位自动控制系统，防止水位过高而溢出。通常情况下，水位控制器连接一个传感器，在未到预定水位时，水泵电动机工作，运行指示灯点亮。当水位到达预定水位时，水泵电动机关闭，运行指示灯熄灭。

梯形图如图 12-2 所示，传感器的开关为 X001，Y001 连接触发水泵电动机的开关，Y002 接运行指示灯。

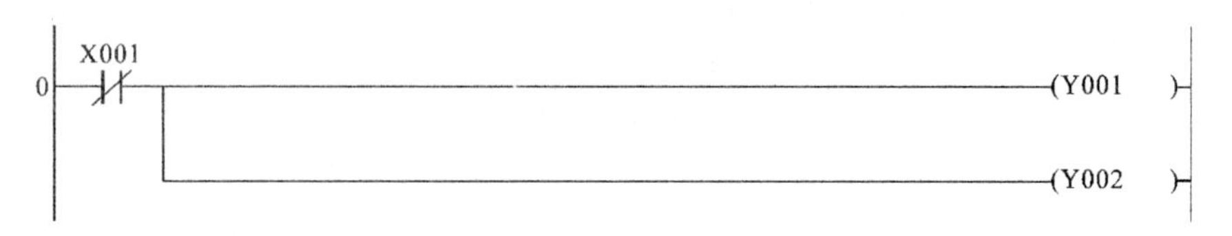

图 12-2　示例 1 梯形图

水位控制传感器 X001，在未到预定水位时，传感器的开关闭合，Y001 开关接通，水泵电动机运行，指示灯 Y002 点亮；当水位到达预定水位时，传感器的开关断开，Y001 开关接通，水泵电动机关闭，运行指示灯 Y002 熄灭。

2）示例 2

设计一个带自锁的电路，要求该电路具有三种功能：电路起动、电路保持、电路停止。

梯形图如图 12-3 所示，此类带自锁功能的电路，又称为“起-保-停”电路。电路起动开关为 X000，Y001 连接电路输出开关，X001 为此自锁电路的停止开关。

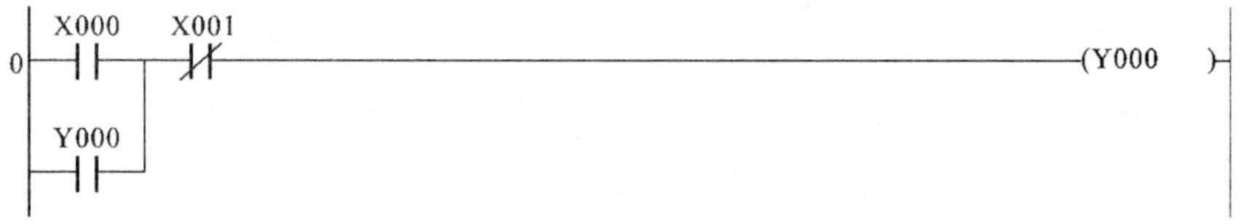

图 12-3　示例 2 梯形图

当 X000 开关闭合时，此自锁功能的电路起动。由于停止开关 X001 为常闭合开关，此电路的输出开关 Y000 得电。当开关 X000 断开后，由于存在自锁关系，电路的输出开关依然得电。当需要关闭此电路时，可以通过断开 X001 开关完成功能。

3）示例 3

PLC 控制一盏指示灯，当按钮按下后灯亮，5 s 后自动熄灭。

此系统具备自锁功能。梯形图如图 12-4 所示，指示灯起动开关为 X000，Y000 连接指示灯控制开关，T0 定时器开关为此自锁电路的停止开关。

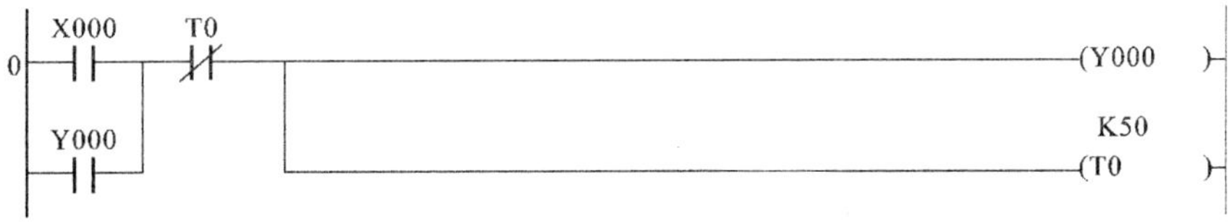

图 12-4　示例 3 梯形图

指示灯起动开关 X000 闭合，T0 常闭开关不影响指示灯回路，Y000 开关接通指示灯，指示灯点亮。同时，T0 计时器开始计时。T0 定时器的精度为 100 ms，所以 K50 表示定时 5 s。当 T0 计时到 5 s 后，T0 常闭开关开启，指示灯回路断开。

4）示例 4

某一工程的功能是：按起动开关 X000，Y000 开关连接电路得电，10 s 后，Y000 开关连接电路失电，Y001 开关连接电路得电；若按停止开关 X002，Y001 开关连接电路失电。

梯形图如图 12-5 所示，工程电路起动开关为 X000，Y000 开关连接一路电路输出，Y001 开关连接一路电路输出。

FX2N 中有两条步进指令：STL（步进触点指令）和 RET（步进返回指令）。STL 和 RET 指令需要与状态器 S 配合才能具有步进功能。

图 12-5　示例 4 梯形图

第一步，初始步进点采用特殊辅助继电器 M8002 来驱动，并设置步进点 S0。

第二步，X000 开关闭合，进入下一个步进点 S21 的驱动。

第三步，步进点 S21 有输出，一个是 Y000，Y000 开关连接电路得电；另一个输出是定时器 T1。定时器 T1 的常开触点作为下一个步进点 S22 的移行条件。

第四步，当定时器 T1 到达 1 s 时(T1 定时器精度为 100 ms，因此 K10 表示定时 1 s)，T1 的常开触点闭合，进入下一个步进点 S22 的驱动。

第五步，步进点 S22 有一个输出，是 Y001 开关。此时，Y000 开关连接电路得电。

第六步，X002 开关闭合，返回步进点 S0 的驱动。

第七步，否则步进梯形图结束。

5）示例 5

有一个指示灯。其控制要求为：当按下起动按钮后，指示灯亮 1 s 灭 2 s，重复 5 次后自动停止工作。

步进指令是专为顺序控制而设计的指令。在工业控制领域，许多的控制过程都可用顺序控制的方式来实现，使用步进指令实现顺序控制既方便实现又便于阅读修改。

梯形图如图 12-6 所示，Y000 开关接通，指示灯亮 1 s(T1 定时器精度为 100 ms，因此 K10 表示定时 1 s)。T1 定时器达到 1 s 时间，当 T1 定时器开关闭合时，Y001 开关接通，指示灯灭 2 s(T2 定时器精度为 100 ms，因此 K20 表示定时 2 s)。T2 定时器达到 2 s 时间，当 T2 定时器开关闭合时，C0 计数器当前值计数加 1。当计数未到 5 时，计数器的输出触点 C0 不动作，处于断开状态。指示灯重复亮 1 s 灭 2 s 的过程。当计数到 5 时，计数器的输出触点 C0 动作，处于闭合状态，步进梯形图状态结束。

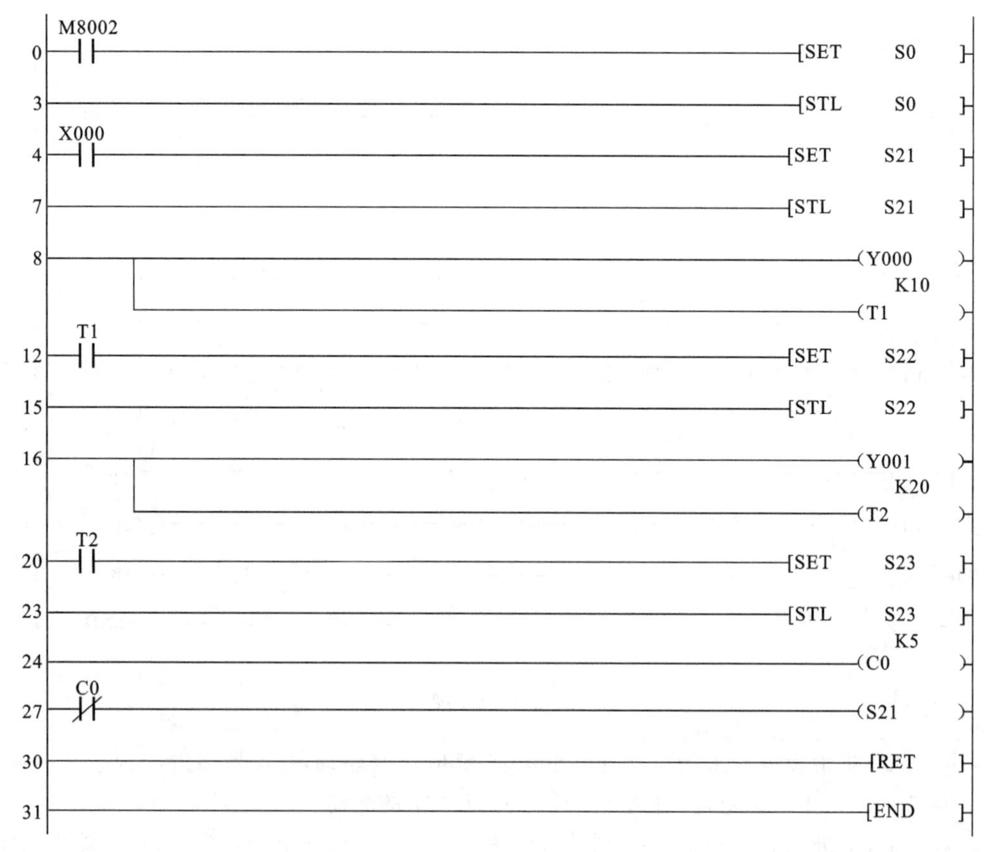

图 12-6　示例 5 梯形图

2. 综合设计练习

1）电热水箱

（1）硬件组成。如图 12-7 所示，PLC 控制一个电热水箱，电热水箱用 5 kW 电加热器烧水，用 2 个水位开关检测水箱内水位。

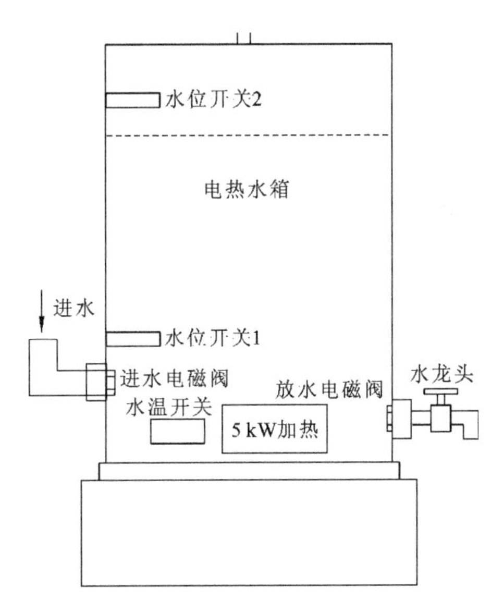

图 12-7　电热水箱控制示意图

（2）控制要求。①进水电磁阀得电打开，进水，当水位高于水位开关 1 时，加热器得电开始加热；②当水位高于水位开关 2 时，进水电磁阀失电关闭；③当加热器加热到 100 ℃时停止，放水电磁阀得电将放水阀打开，水龙头可以放水；④当水位低于水位开关 1 时，加热器不得加热，进水电磁阀重新得电开始进水。进水时放水电磁阀关闭。

（3）输入/输出元件。如表 12-1 所示，介绍电热水箱所用到的输入/输出元件及控制功能。

表 12-1　电热水箱输入/输出元件及控制功能

PLC 元件	元件名称	控制功能
X0	开关 1	水温传感器
X1	开关 2	低水位传感器
X2	开关 3	高水位传感器
Y0	电磁阀 1	进水电磁阀
Y1	电磁阀 2	放水电磁阀
Y2	指示灯 1	放水指示灯
Y3	控制元件	加热接触器开关

（4）软件设计。电热水箱梯形图，如图 12-8 所示，此电热水箱实现自动加水、自动检

测水温功能。相应功能说明参考“控制要求”说明。

图 12-8　电热水箱梯形图

步骤 1 中，当水箱低水位时，进水阀门打开，水箱加水。而且，当水箱加水过程中，只要不超过高水位检测传感器，水箱一直加水；当水位超过高水位检测传感器时，水箱停止加水。

步骤 2 中，当水温传感器检测水温过低且低水位检测传感器关闭(水箱已经加水)时，加热接触器开关打开，水箱开始加水。

步骤 3 中，当水温传感器关闭，且水箱停止加水时，开启放水阀门，电热水箱开始供应热水。

2）自动售卖机

(1) 硬件组成。自动售卖机装置由光电探测开关 X000、光电探测开关 X001、光电探测开关 X002 检测到 1 元、5 元、10 元币值；X003、X004 开关为可乐、咖啡输出按钮；Y000、Y001 开关为出可乐、咖啡阀；Y002、Y003 开关为可乐、咖啡指示灯；Y004 为找零输出口等部件组成。

(2) 控制要求。①自动售货机可投入 1 元硬币和 5 元、10 元的纸币。②当投入的币值等于或大于 5 元时，可乐按钮指示灯亮；当投入的硬币总值等于或大于 15 元时，可乐、咖啡按钮指示灯都亮。③当可乐按钮指示灯亮时，按可乐按钮，则可乐弹出，7 s 后自动停止。可乐弹出时相应指示灯闪烁。④当咖啡指示灯亮时，操作同可乐一样。⑤若投入的硬币总值超过按钮所需钱数(可乐 5 元，咖啡 15 元)，找钱指示灯亮。

(3) 输入/输出元件。X001、X002、X003 开关分别检测到 1 元、5 元、10 元币值；X004 开关为可乐输出按钮，X005 开关为咖啡输出按钮。Y004 开关为找零输出，Y002 为可乐指示灯，Y003 为咖啡指示灯，Y000 为出可乐阀，Y001 为出咖啡阀。

如表 12-2 所示，介绍电热水箱所用到的输入/输出元件及控制功能。

表 12-2　电热水箱输入/输出元件及控制功能

PLC 元件	元件名称	控制功能
X000	检测元件	检测 1 元硬币
X001	检测元件	检测 5 元纸币
X002	检测元件	检测 10 元纸币
X003	开关 1	可乐按钮
X004	开关 2	咖啡按钮
Y000	电磁阀 1	出可乐
Y001	电磁阀 2	出咖啡
Y002	指示灯 1	币值大于等于 5 元
Y003	指示灯 2	币值大于等于 15 元
Y004	电磁阀 3	找零

(4) 软件设计。自动售卖机梯形图，如图 12-9 所示，此自动售卖机实现硬币、纸币投币识别金额，自动出可乐、咖啡，自动找零等功能。相应功能说明参考“控制要求”说明。

步骤 1 中，当投入 1 元硬币时，X000 开关得电，D0 中的数据累加 1。

步骤 2 中，当投入 5 元纸币时，X001 开关得电，D0 中的数据累加 5；当投入 10 元纸币时，X002 开关得电，D0 中的数据累加 10。

步骤 3 中，当 D0 数据中 D0＜5 时，M0 置 1；当 5≤D0＜15 时，M1 置 1；当 D0≥15 时，M2 置 1。

步骤 4 中，当 D0≥5 时，M1＝1，Y002 得电；当 D0≥15 时，M2＝1，Y002 也得电，可乐指示灯点亮。

步骤 5 中，当 D0≥15 时，M2＝1，Y003 得电，咖啡指示灯点亮。

步骤 6 中，当 Y003 得电、可乐灯亮时，按下出咖啡按钮 X004，出咖啡，定时器 T0 得电延时 7 s，然后关断 Y001。

步骤 7 中，当 Y002 得电、可乐灯亮时，按下出可乐按钮 X003，出可乐，定时器 T1 得电延时 7 s，然后关断 Y000。

步骤 8 中，当 M1＝1 或者 M2＝1 时，按下出可乐按钮 X003，执行 SUBP 指令找钱，将 D0 中的钱数减去 5，余数保存到 D1 中。

步骤 9 中，当 M2＝1 时，按下出咖啡按钮 X004，执行 SUBP 指令找钱，将 D0 中的钱数减去 15，余数保存到 D1 中。

步骤 10 中，执行比较指令，如果 D1＝0，表示币值余额为 0，则 M4 置 1，不用找零；如果 D1＞0，表示币值余额不为 0，需要找零。

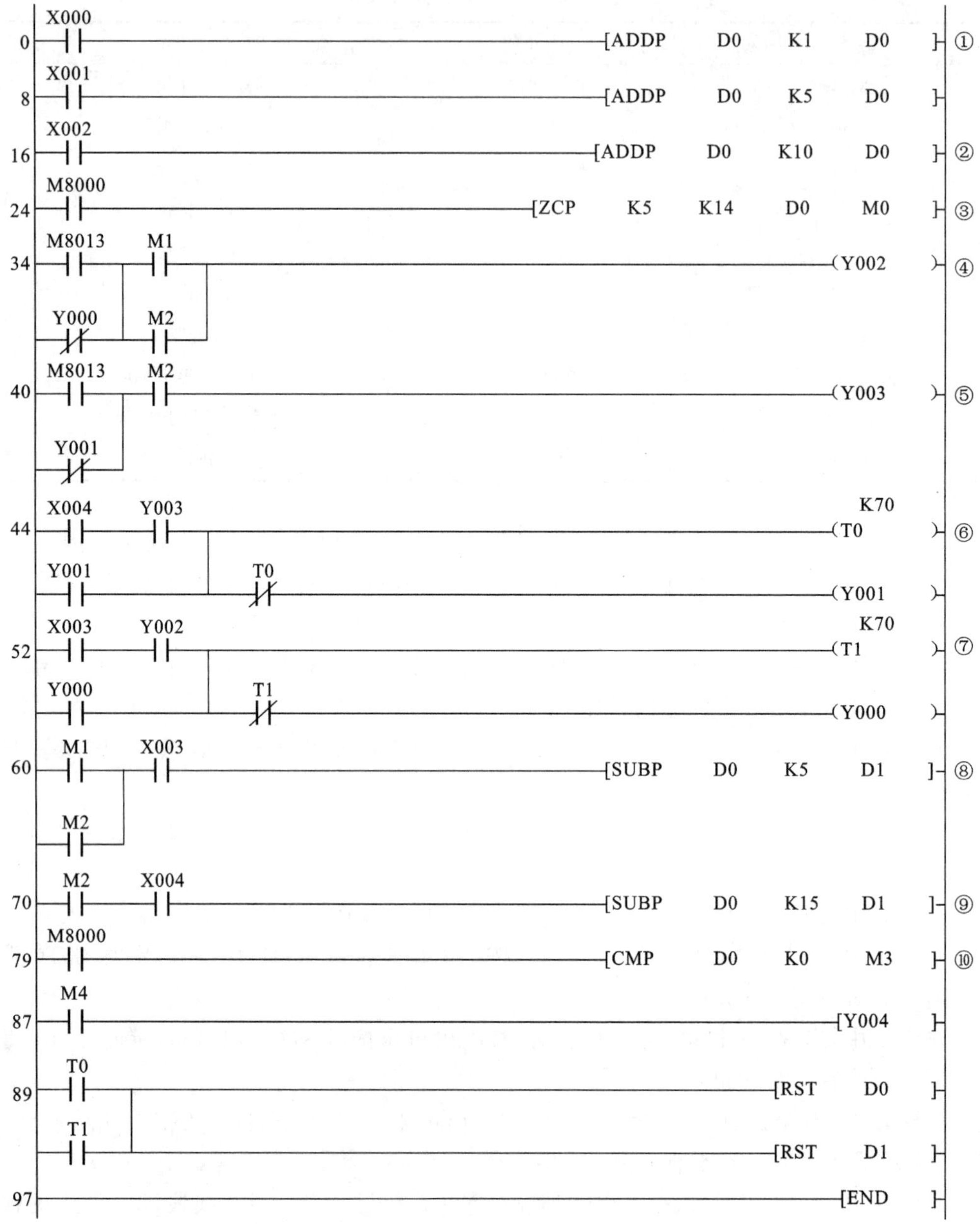

```
    X000
0  ─┤├──────────────────────[ADDP  D0   K1   D0  ]  ①
    X001
8  ─┤├──────────────────────[ADDP  D0   K5   D0  ]
    X002
16 ─┤├──────────────────────[ADDP  D0   K10  D0  ]  ②
    M8000
24 ─┤├──────────────────[ZCP   K5   K14  D0   M0  ]  ③
    M8013   M1
34 ─┤├──┬──┤├──┬────────────────────────(Y002    )  ④
    Y000 │  M2  │
   ─┤/├──┴──┤├──┘
    M8013   M2
40 ─┤├──┬──┤├───────────────────────────(Y003    )  ⑤
    Y001 │
   ─┤/├──┘
                                          K70
    X004    Y003
44 ─┤├─────┤├──┬────────────────────────(T0      )  ⑥
    Y001       │     T0
   ─┤├─────────┴────┤/├─────────────────(Y001    )
                                          K70
    X003    Y002
52 ─┤├─────┤├──┬────────────────────────(T1      )  ⑦
    Y000       │     T1
   ─┤├─────────┴────┤/├─────────────────(Y000    )
    M1      X003
60 ─┤├──┬──┤├───────────────[SUBP  D0   K5   D1  ]  ⑧
    M2   │
   ─┤├──┘
    M2      X004
70 ─┤├─────┤├───────────────[SUBP  D0   K15  D1  ]  ⑨
    M8000
79 ─┤├──────────────────────[CMP   D0   K0   M3  ]  ⑩
    M4
87 ─┤├──────────────────────────────────[Y004    ]
    T0
89 ─┤├──┬───────────────────────────[RST   D0    ]
    T1   │
   ─┤├──┴───────────────────────────[RST   D1    ]
97 ─────────────────────────────────────[END     ]
```

图 12-9　自动售卖机梯形图